程序员书库

PROGRAMMING
WITH
RUST

RUST
编程思想

[美] 多尼斯·马歇尔（Donis Marshall） ◎著

唐刚 陶克勤 张汉东 ◎译

U0191484

机械工业出版社
CHINA MACHINE PRESS

Authorized translation from the English language edition, entitled Programming with Rust, ISBN: 9780137889655, by Donis Marshall, published by Pearson Education, Inc., Copyright © 2024 Pearson Education, Inc..

All rights reserved. No part of this book may be reproduced or transmitted in any form or by any means, electronic or mechanical, including photocopying, recording or by any information storage retrieval system, without permission from Pearson Education, Inc.

Chinese simplified language edition published by China Machine Press, Copyright © 2025.

Authorized for sale and distribution in the Chinese Mainland only (excluding Hong Kong SAR, Macao SAR and Taiwan).

本书中文简体字版由 Pearson Education（培生教育出版集团）授权机械工业出版社在中国大陆地区（不包括香港、澳门特别行政区及台湾地区）独家出版发行。未经出版者书面许可，不得以任何方式抄袭、复制或节录本书中的任何部分。

本书封底贴有 Pearson Education（培生教育出版集团）激光防伪标签，无标签者不得销售。

北京市版权局著作权合同登记　图字：01-2024-1459 号。

图书在版编目（CIP）数据

Rust 编程思想 /（美）多尼斯·马歇尔

(Donis Marshall) 著；唐刚，陶克勤，张汉东译 .

北京 ：机械工业出版社，2025.1. --（程序员书库）.

ISBN 978-7-111-77019-0

I. TP312

中国国家版本馆 CIP 数据核字第 20246J7G45 号

机械工业出版社（北京市百万庄大街 22 号　邮政编码 100037）
策划编辑：刘　锋　　　　　　　　责任编辑：刘　锋　冯润峰
责任校对：李可意　张雨霏　景　飞　责任印制：任维东
北京瑞禾彩色印刷有限公司印刷
2025 年 1 月第 1 版第 1 次印刷
186mm × 240mm · 22 印张 · 474 千字
标准书号：ISBN 978-7-111-77019-0
定价：109.00 元

电话服务　　　　　　　　　网络服务
客服电话：010-88361066　　机 工 官 网：www.cmpbook.com
　　　　　010-88379833　　机 工 官 博：weibo.com/cmp1952
　　　　　010-68326294　　金 书 网：www.golden-book.com
封底无防伪标均为盗版　　机工教育服务网：www.cmpedu.com

亲爱的读者：

　　当第一次接触 Rust 语言时，我就被它独特的设计理念和强大的功能所深深吸引。作为一名有多年编程经验的开发者，我深知一门优秀的编程语言对于提高开发效率、保证代码质量的重要性。Rust 正是这样一门语言——它不仅继承了 C/C++ 的高性能，还通过创新的内存管理机制和并发模型解决了传统系统编程语言的诸多痛点。

　　Rust 的出现无疑是编程语言发展史上的一个重要里程碑。它巧妙地平衡了开发效率和运行效率，为开发者提供了一种全新的编程范式。Rust 的核心理念——安全性、并发性和性能，正是现代软件开发所追求的目标。通过所有权系统和借用检查器，Rust 在编译时就能够捕获大多数内存错误和并发问题，这不仅大大提高了程序的可靠性，还减轻了开发者的心理负担。

　　能够翻译这本优秀著作，我感到由衷的兴奋和荣幸。本书不仅全面系统地介绍了 Rust 语言的各项特性，还通过大量精心设计的示例深入浅出地讲解了 Rust 的编程思想。从基础语法到高级特性，从内存管理到并发编程，本书几乎涵盖了 Rust 语言的方方面面。无论你是 Rust 新手，还是有一定经验的开发者，相信都能从本书中获益良多。

　　本书结构清晰，循序渐进，非常适合系统学习 Rust。书中首先介绍 Rust 的基本语法和核心概念，如变量、函数、控制流等，为读者打下坚实的基础。接着深入探讨 Rust 的特色功能，包括所有权系统、生命周期、智能指针等，这些是理解和掌握 Rust 的关键。在此基础上，作者又详细讲解了 Rust 的模块系统、错误处理机制、并发编程模型等高级主题，帮助读者全面提升 Rust 编程水平。

　　最令我印象深刻的是，本书不仅教授了"如何使用 Rust"，还解释了"为什么要这样使用 Rust"。通过深入剖析 Rust 的设计哲学和背后的原理，本书将帮助读者真正理解 Rust 的独特之处，从而写出更加优雅、高效的 Rust 代码。

在翻译过程中，我们遇到了不少挑战，也收获了许多宝贵的经验。Rust 有许多独特的概念和术语，如"所有权""借用""生命周期"等，这些概念在其他语言中往往没有直接对应的表述。为了准确传达这些概念，我们借鉴了其他 Rust 相关著作中的翻译，建立了标准的术语表，力求在准确性和可读性之间找到最佳平衡，并在必要时保留了英文原文，以帮助读者更好地理解和使用。

同时，考虑到中文读者的阅读习惯，我们也对部分内容的表述做了适当调整，以使行文更加流畅自然。对于原作者书写过程中少量表述不够准确的地方，我们做了批注和更正，并以译者注的形式放在脚注中。

Rust 语言正在全球范围内迅速崛起，被越来越多的开发者和企业所采用。在国内，我们也看到越来越多的公司开始在关键项目中使用 Rust。从系统编程到 Web 开发，从游戏引擎到区块链应用，Rust 的身影无处不在。我相信，随着更多开发者认识到 Rust 的优势，它在中国的应用将会更加广泛。

作为译者，我们衷心希望本书能够成为你学习和掌握 Rust 的得力助手，帮助你在 Rust 的世界里畅游自如。Rust 的学习曲线确实比较陡峭，尤其是对于那些习惯了垃圾回收语言的开发者来说。但是，一旦你掌握了 Rust 的核心概念，你就会发现它带来的编程体验是如此令人愉悦和充实。Rust 不仅能让你写出更安全、更高效的代码，还能帮助你建立更严谨的编程思维，这些都将成为你宝贵的职业资产。

在这个软件和 AI 正在"吞噬世界"的时代，我们比任何时候都更需要一种能够构建可靠、高效、安全系统的编程语言。Rust 正是为此而生的，因为在 Rust 强大、严格的编译器的保证下，使用 AI 生成的 Rust 代码能够更加安全、高效，并能够让开发者少写很多测试用例。AI+Rust，能够为一些关键领域（操作系统、驱动、数据库、自动驾驶、机器人等）的编程带来巨大的生产效率提升，同时还能保证可靠性。这是其他大部分语言做不到的。Rust 不仅是一门编程语言，更是一种新的编程哲学，倡导在编译时就发现和解决问题，而不是将其留到运行时。这种思想正在改变我们构建软件的方式，使得即便是大型、复杂的系统也能保持较高的可靠性和性能。

让我们一起拥抱 Rust，探索这门令人兴奋的现代编程语言！无论你是想提升自己的编程技能，还是希望在职业发展中占得先机，学习 Rust 都是一个明智的选择。

最后，我要特别感谢本书作者 Donis Marshall 为我们带来了这本精彩的著作，感谢机械工业出版社给了我这个翻译的机会，感谢审校专家们的宝贵意见，还要感谢我的家人在我翻译期间给予的理解和支持。当然，还要感谢你——亲爱的读者，是你的热情和需求推动着 Rust 语言和社区的不断发展。

如果你在阅读过程中发现任何问题或有任何建议，欢迎随时与我们联系。让我们共同努力，为 Rust 在中国的发展贡献一份力量。祝你阅读愉快，编程无忧！

唐　　刚

2024 年 8 月

目　　录 *Contents*

第 1 章 *Chapter 1*

Rust 简 介

欢迎来到 Rust 编程世界。

你的 Rust 编程之旅就从这里开始。请你系好安全带,准备享受一段令人惊叹的学习和探索之旅。在这段旅程中,你将领略到 Rust 的诸多优势,以及它如何积极地改变人们对现代编程语言的认知。旅程的每一步都将探索该语言的不同方面。通过这种方式,你将完整地探索这个语言,并最终成为 Rustacean,一名专业的 Rust 实践者,我最希望的是你最终也能成为日益壮大的 Rust 社区的活跃成员。

本章的内容包括以下几点:

- Rust 语言的概述
- Rust 编程风格
- Rust 的诸多优点
- Rust 相关术语的定义和解释
- Rust 应用程序的关键要素
- 创建第一个 Rust 程序

1.1 简介

Rust 是一种通用编程语言,用于开发安全、可靠和可扩展的应用程序。它融合了多种编程范式(很快会在后面讲到)。Rust 最初被设计为一种系统编程语言,但随着发展,它已成为一门更加通用的语言,能够用于开发各种类型的应用程序,包括系统软件、网络服务、桌面应用程序、嵌入式系统等。只有你想不到的,没有 Rust 做不到的。

"与众不同"，这是对 Rust 比较准确的评价。尽管 Rust 语法是基于 C 和 C++ 语言的，但它与其他基于 C 的语言的相似性通常仅限于此。此外，Rust 并非单纯为了与众不同而与众不同，它的不同是有其目的性的。

一个很好的说明这种目的性的例子就是 Rust 的借用检查器（borrow checker）。借用检查器是 Rust 独有的特性，它通过强制单一所有权原则来促进安全编码实践。这是其他语言不具有的特性。因此，借用检查器对许多开发者来说是一个陌生的概念，但它却是无价的。

从许多方面来看，Rust 其实代表了吸取的经验和教训。Rust 的一些独有特性有的源于其他语言的经验总结，有的源于其他语言的失败教训，Rust 也愿意在必要时另辟蹊径，比如许多编程语言在内存的有效管理方面存在困难，而 Rust 的所有权特性正是为了解决这一问题而设计的。

坦率地说，学习 Rust 有时可能会令人沮丧。这需要我们投入大量时间，并耗费一些脑力。然而，你会发现学习 Rust 是非常值得的。例如，学会与借用检查器合作而不是和它对抗，就是一笔宝贵的财富。

我写这本书的目的是培养更多的 Rustacean——精通 Rust 编程语言的人。我希望你能掌握这一门编程语言，并成为 Rust 社区的活跃分子。现在你已正式迈出了成为 Rustacean 的第一步。

1.1.1 函数式编程

Rust 拥抱多种编程范式，包括函数式编程、面向表达式的编程和面向模式的编程。让我们从函数式编程开始探索这些不同的范式。由于我们的重点是 Rust，因此在本书中我将仅对这些编程范式进行简单回顾。

什么是函数式编程？它是指以函数为基础构建块的编程模型。在函数式编程中，函数被视为一等公民。你可以在任何通常使用变量的地方（局部变量、函数参数或函数返回值）使用函数。函数甚至可以操作其他函数，这被称为高阶函数。

Rust 的函数式编程是轻量级的，因为它并没有包含函数式编程中的所有特性，比如惰性求值、声明式编程风格、尾调用优化等。然而，Rust 确实支持函数式编程风格。

典型的函数式编程语言会限制过程式编程的部分能力，例如，限制全局函数。但由于过程式和函数式编程风格并不矛盾，因此 Rust 允许将两者混合使用。

纯函数（pure function）是函数式编程的核心。作为一个纯函数，其功能完全通过其函数接口来描述。函数参数与特定返回值之间有直接的关联，没有副作用。此外，纯函数的结果应该是可重入的。例如，一个依赖内部随机数的函数，因为它的结果不可预测，所以它不是纯函数。

不变性是函数式编程的一个重要组成部分，这也是 Rust 的一个核心原则。例如，纯函数大量依赖不可变状态来消除副作用，所以也会避免指针、全局变量和引用在纯函数中的使用。

总结一下，函数式编程有几个好处：

- 更加灵活，函数是一等公民。
- 更加透明，关注功能而不是单独的代码行。
- 不变性，它通过消除函数内的常见副作用，使程序更易于维护。

1.1.2 面向表达式编程

Rust 也是一种支持面向表达式编程的语言，在这种编程范式中，大多数操作是能返回一个值的表达式（expression），而不是什么都不返回的语句（statement）。面向表达式编程是函数式编程的近亲，所有的函数式编程语言也都是面向表达式的语言。

那什么是语句，什么又是表达式呢？

- 语句不返回值，但它们可以改变程序状态。其实是可能改变任意的状态，比如数据库操作或更新共享变量。实际上，某些语句的目的就是改变程序状态（即副作用）。
- 表达式是指返回一个值并且只产生最小甚至没有副作用的一个或多个操作。纯函数正是表达式的典型例子。

在 Rust 中，表达式更受青睐，就连像 if 和 while 这样的控制流语句实际上也都是表达式。

面向表达式编程的诸多好处如下：

- 没有副作用，程序更容易维护。
- 更加透明，表达式的值完全由其接口定义。
- 易于测试，因为表达式是基于接口的。
- 更容易编写文档。在没有副作用的情况下，表达式甚至可以替代文档。
- 更易于组合。

能将各种编程范式结合使用是 Rust 的另一个优势。

代码清单 1.1 提供了 Rust 中函数式编程和面向表达式编程的示例。阶乘函数（factorial）是一个没有副作用的纯函数。作为一个表达式，阶乘函数返回阶乘计算的结果。

代码清单 1.1 factorial 是一个纯函数也是一个表达式

```
fn factorial(n:i32) -> i32 {
    match n {
        0..=1=>1,
        _=> n*factorial(n-1)
    }
}
```

1.1.3 面向模式编程

专业的 Rust 编程通常涉及大量的模式（pattern）。可以说，模式在 Rust 编程中无处不在。这种对模式匹配的偏好增强了 Rust 编程风格的独特性，例如，Rust 源代码外观看起来就与 C++ 或 Java 截然不同！

模式匹配（pattern matching）经常与 `switch` 语句联系在一起。例如，C++、Java、Go 等语言都有 `switch` 语句，但它们都基于字符串或整型表达式的单维度模式匹配。而在 Rust 中，模式匹配被进一步扩展到用户自定义类型和序列的实例。

Rust 使用 `match` 表达式而不是 `switch` 语句。然而，面向模式编程远远超出了只匹配表达式的范畴。在 Rust 中，任何表达式的每一个实例都可能进行模式匹配。例如，即使是一个简单的赋值或条件表达式也可能构成模式匹配。这将为重新构思代码提供一种有趣的方式。

Rust 中的面向模式编程有以下几个好处：

- 表达力强，能够将复杂的代码简化为更简单的表达式。
- 更全面，面向模式的编程是面向表达式编程的补充。
- 更可靠，支持穷举模式匹配，这样更可靠且不易出错。

在代码清单 1.2 中，`display_firstname` 函数演示了模式匹配。函数参数是 `name`，它是一个元组。元组的字段分别是 `last` 和 `first`。在匹配表达式中，模式被用来解构元组，提取姓氏并输出 `first` 的值。

代码清单 1.2　`display_firstname` 函数用于输出姓氏

```
fn display_firstname(name:(&str, &str)){
    match name{
        (_, first)=> println!("{}", first),
    }
}
```

1.2　特性

在最近的多项调查中，很多专业软件工程师都选择 Rust 作为他们最喜欢的编程语言，这种认可很大程度上归因于 Rust 拥有的特性。

让我们一同探索一下那些让 Rust 得以流行的核心特性。

1.2.1　安全性

安全性是一个重要的跨领域问题，几乎影响到语言的方方面面。安全代码是稳健可靠、可预测的，并且不容易出现意外的错误。凭借这些优点，Rust 为开发者能够自信地开发应用程序提供了一个坚实的基础。不可变变量、单一所有权原则以及其他特性也都有助于实现这一目标。

此外，Rust 在编译时强制执行安全编码实践。绝佳的例子当属所有权模型与借用检查器。在编译时，借用检查器会执行包括所有权检查在内的一系列检查，如果所有权检查失败，则借用检查器会给出解释说明，并且编译也会失败。

下面的几个因素确保了 Rust 的安全性：

- 不变性是默认行为，以防止意外更改。
- 强制检查生命周期的正确性，以防类似悬垂引用等反模式。
- 以引用的方式安全地使用指针。
- 对于大小动态变化的资源（例如向量），使用"资源获取即初始化"（Resource Acuisition Is Initialization，RAII）策略进行可靠的内存管理。

1.2.2　所有权

所有权特性通过单一所有者原则保证安全的内存访问。这一原则将变量指派给单一所有者，并且永远不会有超过一个所有者。

这种方法防止共享相同内存的所有权，从而解决了竞争条件、不稳定变量和悬垂引用等引起的潜在问题。本书后面还会介绍需要共享所有权的一些例外情况。

我们用汽车来类比说明单一所有者原则。基本事实如下：有一辆车，Bob 是它的唯一所有者。

现在有两个场景：

- Bob 拥有一辆车。
- Ari 偶尔想开一下这辆车。

作为车主，Bob 总是可以驾驶这辆车，除非他把车借给了别人。如果 Ari 想控制这辆车，则有两种情况：Bob 将车卖给他或者借给他。无论哪种方式，Bob 至少暂时失去了车辆的控制权。

如果 Bob 借车给 Ari，则有以下步骤：

- Bob 拥有这辆车。
- Bob 把车借给了 Ari，Ari 可以使用该车。在 Ari 用完后，他把车还给了 Bob。
- Bob 重新能够使用这辆车。

借用检查器负责在编译时确保程序有正确的所有权，包括借用。我们将在本书后面揭开借用检查器的神秘面纱，你将熟练掌握它，并让它成为你的好朋友。

1.2.3　生命周期

生命周期（lifetime）是 Rust 语言中的一个重要特性，用于避免程序访问已失效的数据。Rust 中，引用（reference）本质上也是指针。如果不加约束，那么程序可能通过悬垂引用访问到已经被释放的内存区域，从而导致程序不稳定并产生不可预期的行为，甚至崩溃。Rust 通过生命周期模型解决了这个问题。

借用检查器用来对生命周期的正确性进行检查，如果有错误的生命周期，则会用编译错误的形式进行解释和告知。这类问题最好在编译时被发现，而不是在运行时。

生命周期标注是当生命周期存在歧义时，开发者显式提供给借用检查器的信息。但是如果生命周期是显而易见的，那么就不需要生命周期标注了，借用检查器会进行自动推导，这被称为生命周期省略（lifetime elision）。

有了生命周期这一特性，Rust 程序就能够避免悬垂引用等问题，从而得到一个稳定的内存环境。

1.2.4　无畏并发

无畏并发是 Rust 最主要的特性之一。无畏并发为并发编程提供了一个安全的环境，消除了并发编程中的竞争条件。在很大程度上，这个安全环境是由前面讲到的所有权模型等特性创建的。

当程序从顺序过渡到并发时，通常会进行一个称为强化（hardening）的过程，以确保多线程代码有安全运行环境，其中一个标准步骤是移除作为共享数据的全局变量。有了无畏并发就不需要这一强化过程了。

并发编程通常被认为是编码中的难题，它会增加应用程序的复杂性同时降低可维护性。最糟糕的是，并发编程中的问题通常要到运行时才能被发现。而无畏并发为并发编程创建了一个更安全的环境。

1.2.5　零成本抽象

零成本抽象是 Rust 的重要特性，也是本章介绍的最后一个特性。零成本抽象是 Rust 语言各个特性都遵循的准则，即如无必要就应避免在运行时带来性能上的损失。

垃圾收集是一些流行的托管型语言（如 Java、C# 和 Go）的内在特性，用于管理动态分配的内存。垃圾收集可能代价昂贵且存在很强的不确定性，因为你永远不知道垃圾收集会在何时发生。而 Rust 没有垃圾收集。正如本章前面所描述的，所有权机制提供了无开销的确定性内存管理，这正体现了零成本抽象的理念。

1.3　Rust 术语

许多技术都有它们自己的术语，编程语言也一样。熟悉这些术语有助于与同行和更广泛的 Rust 社区中的其他人进行交流。

对于 Rust 而言，最基础的是那些 crate，就像航运的板条箱（crate）一样。

以下是 Rust 中的一些重要术语：

- Rust：我们先来探讨最核心的概念——Rust。Rust 不是首字母缩写词也不是专有名词。它源于 "rust fungi"（锈菌）一词，指的是一种侵染活体植物的强致病真菌。Rust 原始设计者 Graydon Hoare 曾有这样的表述："我认为我是根据真菌来命名的。锈菌是了不起的生物。"

- crate：在 Rust 中，crate 是最基本的编译单元。最常见的 crate 分为可执行 crate、库 crate 或外部 crate。

  可执行 crate：可执行 crate 是一个可以独立于其他 crate 运行的二进制可执行文件。

  库 crate：库 crate 为其他 crate 提供服务，不能独立运行。

  外部 crate：外部 crate 是外部依赖。例如，Crate A 引用 Crate B，但 B 不在同一个包内。因此，Crate B 是 Crate A 的一个外部 crate，或者说是依赖。

- 包：一个包由多个提供特定服务的 crate 组成。包可由多个可执行 crate 和可能的一个库 crate 组成。

- 模块：Rust 中的模块类似于其他编程语言中的命名空间。你可以使用模块在一个 crate 内创建层次化的程序结构。模块也有助于避免名称冲突（name collision）。

- Cargo：在 Rust 中有几个 Cargo 相关的部分，它们一起丰富了 crate 的世界。

  cargo 命令行工具：Rust 的包管理器。

  cargo.toml：Rust 的项目代码清单和配置文件。

  cargo.lock：用来记录所有依赖项及其特定版本。

- RS：Rust 源文件（Rust Source）的扩展名。

图 1.1 展示了 Rust 各个元素之间的相互关系。

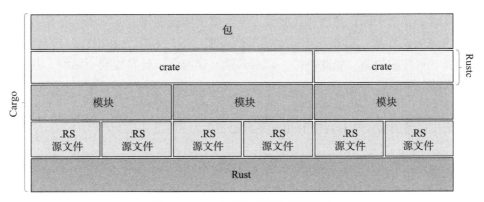

图 1.1 Rust 中各种元素的相互关系

1.4 工具

Rust 编程环境中包含了各种工具，这些工具涵盖了从编译 Rust 源代码到发布 crate 的多种功能，理解这些工具将能提高生产力。由于工具实在太多了，无法一一列举，本书的后面会介绍其中的一些。

下面列举了一些重要的 Rust 工具：

- Rustup：Rust 的安装程序，安装 Rust 以及整个工具链。你可以在 https://rustup.rs 下载这个安装程序并按照那里的教程安装 Rust。

- cargo：一个多功能工具，其主要功能是包管理，辅助功能包括编译代码、格式化源代码以及创建新的 crate 等。

  下面是一个创建库类型 crate 的 cargo 命令：

  ```
  cargo new --lib mylib
  ```

- rustc：Rust 语言的编译器。它能够将 Rust 源文件（.rs）编译成可执行文件或库。

  下面是用来编译一个简单的 crate 的命令：

  ```
  $ rustc source.rs
  ```

- Rustdoc：将嵌入在 Rust 源代码中的文档注释编译成帮助文档，并将其输出为 HTML 格式。

- Clippy：一个由多个 lint 组成的综合测试工具。该工具能够识别代码中的常见问题，并提供最佳实践建议，帮助改进代码质量。

- Rustfmt：能将源代码文件转换为符合 Rust 的风格指南的格式。

  Cargo 是 Rust 编程环境中至关重要的工具，能够完成维护开发环境和管理包的绝大部分任务。

关于安全性的说明

在当今这个安全意识日益增强的时代，安全编码实践变得必不可少。几乎所有应用程序都需要考虑安全问题。随着计算技术的不断发展，应用程序无处不在，包括移动设备、物联网设备、可穿戴设备、企业内部，以及云端。这使得一旦发生安全漏洞，其潜在的影响将是巨大的。

Rust 提供了一个安全的编码环境，减少了攻击面，使得使用 Rust 进行开发本质上更加安全，网络攻击者能够发现和可能利用的漏洞也更少。

1.5 总结

本章介绍了与 Rust 相关的编程范式以及 Rust 的许多显著特性。

各种可用的编程范式提供了灵活性，以及博采众长的方法。以下的 Rust 特性不但对各种编程模型形成了补充，也定义了该语言的重要属性：

- 安全性。
- 所有权。
- 生命周期。
- 可信并发。
- 零成本抽象。

在掌握了 Rust 的基础知识以及它的工具链后，在第 2 章，我们将完成第一个 Rust 应用程序，并进一步探索其中的一些重要工具，如 Rustc 和 Cargo。

第 2 章 *Chapter 2*

入　门

本章会介绍创建、编译和运行 Rust 可执行文件和库所需的核心概念。这包括完成第一个 Rust 应用程序——著名的"Hello，World"应用程序。这个应用程序通常是在学习一门编程语言时的第一个例子。它是学习新编程语言的绝佳工具。我们很熟悉这个应用程序，但是你可能不知道这个示例第一次出现在书本上可以追溯到 1972 年 Brian Kernighan 和 Dennis Ritchie 的 *The C Programming Language*⊖一书。本书又怎能打破传统呢？

在后面探索不同的"入门"主题时，也会展示多种"Hello,World"程序的变体。

本章还将继续探索 Rust 工具链。掌握工具链中的工具如 Cargo 和 Rustc 等，对于与 Rust 环境高效交互至关重要，因此我们把它们放在这里进行介绍。

2.1　准备工作

在我们创建第一个应用程序之前，必须安装 Rust。Rustup 是 Rust 的安装程序和工具链管理器。Rustup 负责为具体平台进行正确的安装。

默认情况下，Rustup 安装最新的稳定版 Rust，稳定构建版本也被称为一个发布渠道。目前，Rust 遵循六周一次的发布周期。即将到来的发布计划会在 Rust Forge（https://forge.rust-lang.org/）上公布。以下是三个可用的渠道：

- 稳定版：最新发布。
- 测试版：即将发布的下一个版本。
- 夜间构建：包含实验性功能的发布。

⊖　本书已由机械工业出版社翻译出版，书名为《C 程序设计语言》（书号为 978-7-111-12806-9）。——编辑注

你也可以用 Rustup 安装特定版本的 Rust 环境。对于还没有升级到最新版本的团队来说，这个功能特别有用。

安装 Rust 有多种方法，每种方法对用户的参与程度要求都不同。对于标准安装，选择最简方法就可以了。然而，如果你想要自定义安装，则需要更多的参与细节。

2.2 Rust 和 Windows

当在 Windows 平台上安装 Rust 时，需要最近版本的 Microsoft Visual Studio 的 C++ 构建工具。Linux 开发者则很幸运，可以完全不需要这一步。如果已经安装了 Visual Studio，那么你可能已经拥有了构建工具。这些工具是否已经存在可以通过 Microsoft Visual C++ 可再发行组件包（Microsoft Visual C++ Redistributable）来确认。

必要时，请按照这里的说明安装 Visual C++ 构建工具：https://visualstudio.microsoft.com/visual-cpp-build-tools/。

至此安装 Rust 的准备工作就做好了。

2.3 安装 Rust

安装 Rust 语言和工具链最直接的方法是访问 Rustup 网站。这是快速安装标准 Rust 环境的最简方法。呈现给用户的选项和文档都将是最基础的内容。这里是网址：https://rustup.rs。

另外也可以访问 Install Rust 页面以获取更多文档和其他的选项，例如选择 32 位或 64 位安装。以下是该页面的地址：www.rust-lang.org/tools/install。

要获取更多详细信息，请访问 Rust Getting Started 页面。该页面记录了如何安装 Rust 以及一些可选项，并提供了一些有用的 Cargo 的"入门"命令。网页底部列出了可供开发者使用的各种支持 Rust 开发的编辑器和集成开发环境（Integrated Development Environment，IDE）：www.rust-lang.org/learn/get-started。

Rustup 会在本机的这些目录中安装 Rust 工具链：

- Windows:\users\{user}\.cargo\bin
- Linux:home/.cargo/bin
- macOS:/users/{user}/.cargo/bin

一个最佳实践是信任的同时也要验证。这当然包括安装 Rust 的过程。可以通过 `rustc` 或 `cargo` 工具轻松完成这个验证，因为这两个工具都包含在新安装的 Rust 工具链中。在命令行中输入命令：

```
rustc --version
cargo --version
```

正确的输出是这些工具的当前版本：

```
$ cargo --version
  cargo 0.00.0 (a748cf5a3 0000-00-00)

$ rustc --version
  rustc 0.00.0 (a8314ef7d 0000-00-00)
```

如果任何一个命令返回错误，都意味着 Rust 没有正确安装或者环境变量没有正确设置。

2.4　Rustup 高级主题

正如前面展示的，`rustup` 是一个出色的 Rust 环境安装工具。它还可以安装特定版本的 Rust 环境。这可以给很多特殊情况带来好处，例如产品要求某个稳定版本，又或是要复现旧版本构建中发现的问题，也可能是要在基于旧版本 Rust 的代码分支上进行开发。`rustup install version` 命令将安装指定的 Rust 版本。例如，Rust 1.34.2 是 2019 年的一个旧版本。假设出于某种原因需要这个版本，那么 `rustup` 可以按照以下方式安装该特定版本：

```
$ rustup install 1.34.2
```

如前所述，安装也可以指定前面提到的三个发布渠道。默认是稳定版渠道。以下是使用 Rustup 从其中一个发布渠道安装 Rust 的命令。

```
$ rustup
$ rustup install beta
$ rustup install nightly
```

安装后，你可以使用 `rustup self uninstall` 命令来卸载 Rust 环境。

现在 Rust 已经安装好了，是时候来编写"Hello,World"应用程序了。

2.5　"Hello，World"

代码清单 2.1 展示了"Hello,World"应用程序。因为没有任何转移控制语句，它会按顺序运行，输出文本"Hello,world!"，然后退出。

代码清单 2.1　"Hello,World"应用程序

```
fn main() {
    println!( "Hello, world!");
}
```

让我们来分析一下这个程序。

首先，可执行 crate 的源代码保存在一个扩展名为 .rs 的文件中，例如 hello.rs，这是标准的 Rust 源文件扩展名。

在 Rust 中，函数以 `fn` 关键字开头，然后是函数名、参数和返回值（如果有的话）。以下是一个函数的语法：

```
fn func_name(parameters)->returnval
```

蛇形命名法（`snake_case`）是 Rust 语言中函数命名所遵循的约定。按照这种约定，函数名的每个单词都以小写字母开头，单词之间用下划线分隔。

`main` 函数是可执行 crate 的入口函数，也是应用程序的起始点。在 Rust 中，我们的 `main` 函数没有函数参数也没有显式返回值。

函数的代码被包含在花括号 `{}` 内，叫作函数体，程序在 `main` 函数体的末尾结束。这也是应用程序的主线程。

在 `main` 函数中，`println!` 宏输出"Hello,world!"消息和一个换行符。函数体可以包含表达式、语句和宏。Rust 中的宏在名称后面有一个感叹号（！）。在大多数情况下，表达式和语句以分号结束。

2.6 编译并运行

Rust 是一种提前编译的语言，crate 会编译成一个真正的二进制文件，而不是一种需要虚拟机才能执行的中间语言。Rust 不是一种托管语言，一旦编译完成，Rust 二进制文件几乎可以在任何其他地方执行，甚至是在没有安装 Rust 的地方。

如前所述，`rustc` 是 Rust 编译器，包含在 Rust 工具链中。默认情况下它会与工具链的其余工具一起安装。根据不同平台，`rustc` 可以构建出不同类型的二进制文件。对于 Linux，二进制是可执行与可链接格式（Executable and Linkable Format，ELF）文件；对于 Windows，则会生成可移植可执行（Portable Excutable，PE）格式文件。

在此示例中，`rustc` 工具将"Hello,World"的 crate 编译成一个可执行二进制文件：

```
rustc hello.rs
```

当可执行的 crate 被编译时，会生成两个文件：

- cratename.exe：这是可执行的二进制文件。
- cratename.pdb：此 PDB（程序数据库）包含有关二进制文件的元数据，例如符号名称和源代码行信息。诸如 GDB 之类的调试器会读取此 PDB 文件以向开发者提供用户友好的诊断信息。

`rustc` 从 hello.rs 源文件创建了 hello.exe 和 hello.pdb 文件。

`rustc` 编译器输出的信息相当详细，会给出详尽的警告和错误消息，也可能提供包含更多细节的参考资料。下面是当 `println!` 宏被不恰当地使用时（没有必需的感叹号）显示的编译器错误信息：

```
error[E0423]: expected function, found macro `print`
 --> hello.rs:2:2
  |
2 |     println("Hello, world!");
  |     ^^^^^ not a function
  |
help: use `!` to invoke the macro
  |
2 |     print!("Hello, world!");
  |          +
  |
error: aborting due to previous error

For more information about this error, try `rustc --explain E0423`.
```

尽管 Rust 编译器很详细，但有时要在编译过程中显示所有的错误信息还是不切实际。这种情况会显示一个错误标识符，需要使用 rustc--explain erroridentifier 命令来显示额外的错误信息。这些额外信息包括错误的详细解释、纠正问题的建议，以及示例代码等。

2.7　cargo

你可以使用 cargo 代替直接使用 rustc 编译器来编译 Rust crate 并创建二进制文件。cargo 的功能比较多，比如创建和管理包、编译二进制文件、维护安全环境以及管理依赖关系。在执行编译时，cargo 会将实际的编译工作委派给 rustc 编译器完成。

由于 cargo 的灵活性，Rustaceans 通常更喜欢使用 cargo 而不是 rustc 来进行编译。这也意味着只需要学习一个命令行界面而不是两个。由于大多数 Rustaceans 可能已经开始使用 cargo，比如创建新的包，因此和他们使用同一个工具会更简单。不过，请记住，rustc 工具仍将继续被使用，只是以间接的方式。

如下所示，cargo new 命令用于创建一个新的可执行 crate 或者库。默认情况下创建的是可执行 crate。可以通过 --lib 选项来创建库。

```
cargo new name
```

cargo new 命令还会为新包创建一个目录结构。包括一个根目录和 src 子目录。后续也会将根据需要添加更多目录。在根目录中有两个文件：.gitignore 和 cargo.toml，在 src 子目录中要么是 main.rs，要么是 lib.rs，具体取决于这是一个可执行 crate 还是库。

也可以在已存在目录中创建一个包。在那个目录下执行以下命令，一个包就会在那个位置被创建：

```
cargo init
```

.gitignore 文件列出了从 GitHub⊖中排除的目录和文件，初始状态的时候包括 target 子目录（该目录中包含编译后的一些二进制文件）和 cargo.lock 文件。

cargo.toml 是包的代码清单和配置文件。其中的 TOML 后缀指的是 Tom's Obvious Minimal Language，是一种便于阅读的标准化格式。cargo.toml 内含了包括包名在内的重要配置细节。`cargo new` 命令创建初始的 cargo.toml，如代码清单 2.2 所示。

代码清单 2.2　示例 cargo.toml 文件

```
[package]
name = "packagename"
version = "0.1.0"
edition = "2021"

# See more keys and their definitions at https://doc.rust-
        lang.org/cargo/reference/manifest.html

[dependencies]
```

在 cargo.toml 文件中，包含了以下信息：

- `name`：包名，来自 `cargo new` 命令。
- `version`：分为三部分的语义版本号（主版本号 . 次版本号 . 修订号）。
- `edition`：使用的 Rust 语言版本。
- `dependency`：记录依赖关系。
- 注释：字符 # 表示单行注释的开始。

`cargo new` 命令创建了 cargo.toml 文件。也可以手动编辑该文件，例如添加许可证信息、简短描述以及文档的链接等。

除了 cargo.toml 文件外，`cargo new` 命令还会在 src 子目录中创建一个源文件。对于可执行的 crate 来说，这是包含 "Hello,World" 应用程序示例代码的 main.rs 文件。当然你可以自由地用你的实际代码替换它。代码清单 2.3 展示了由 `cargo` 工具生成的 main.rs 文件。

代码清单 2.3　由 `cargo` 生成的源文件

```
fn main() {
    println!("Hello, world!");
}
```

可以使用以下命令编译 crate 并创建一个二进制可执行文件：

```
cargo build
```

此命令必须在包内执行。`cargo build` 命令执行增量构建，只重新构建有更改的部分。

⊖ 这里用 GitHub 不太精确，可能更好的是用：git 版本控制系统。——译者注

然而对 crate 的更改，或者是在 cargo.toml 中修改依赖项，以及其他一些原因，就可能会强制进行完整构建而不只是增量构建。

cargo build 命令会在包的根目录创建一个 target 目录。在这个目录中，会根据构建目标的类型是调试版本还是发布版本，对应创建调试或发布目录。**cargo build** 命令默认情况是构建一个调试版本。调试版本二进制文件几乎没有任何优化，这方便调试。发布二进制文件通常会对性能和文件大小进行优化。使用 **cargo build --release** 命令来创建一个发布版本二进制文件，并放入发布目录中。

你可以使用以下命令运行一个可执行的 crate：

```
cargo run
```

这个命令也必须在包内运行。如果这个二进制文件尚未构建，则 **cargo** 会自动先执行 **cargo build**。因此，对应可执行 crate，一些人完全跳过了单独构建步骤，直接完全依赖于 **cargo run** 命令。

2.8　库

当你使用 **cargo** 创建库时，它和可执行 crate 最大的区别就是会创建一个 lib.rs 文件，而不是 main.rs 文件和"Hello, World"示例代码。lib.rs 文件包含一个简单的示例代码，内容是一个函数执行一个简单数学操作。所有这些都在单元测试的上下文中。以下命令创建一个带有库的新包：

```
cargo new --lib packagename
```

与可执行二进制文件不同，库不是自动执行的。将库的源代码放置在单元测试中，提供了一个执行该代码的机制。你可以使用以下命令运行库的测试：

```
cargo test
```

此命令会在 crate 中运行单元测试。对于 lib.rs，这提供了执行和测试库中源代码的方法。**cargo test** 命令运行结束会显示单元测试的结果是通过还是失败。

代码清单 2.4 展示了用 **cargo** 创建 lib.rs，以及示例代码。

代码清单 2.4　cargo 生成的 lib.rs

```
fn add(left: usize, right: usize) -> usize {
    left + right
}

#[cfg(test)]
mod tests {
    use super::*;

    #[test]
```

```
fn it_works() {
    let result = add(2, 2);
    assert_eq!(result, 4);
}
}
```

让我们分析一下 lib.rs。文件以 `#[cfg(test)]` 标注开始。这个标注要求 cargo build 命令在编译时忽略这部分代码（因为它是单元测试），也就是不将它们包含在生成的二进制文件中。每个单元测试都标有 `#[test]` 标注。单元测试执行了一个简单的加法操作，在 `assert_eq!` 宏内将操作的结果与预期值进行比较。一般你需要更新单元测试中的代码来调用库里面的特定公共功能。通常库中的每个公共函数都应该有单元测试。

代码清单 2.5 该示例库带有两个函数。get_hello 函数是公共的，它返回 "Hello,world!" 字符串。test_get_hello 函数是一个单元测试，用来测试 get_hello 函数。

代码清单 2.5　单元测试和目标函数示例

```
fn get_hello()->String {
    "Hello, world!".to_string()
}

#[cfg(test)]
mod tests {
    #[test]
    fn test_get_hello() {
        let result = get_hello();
        assert_eq!(result, "Hello, world!");
    }
}
```

你可能想要创建一个调用该库的可执行 crate。可执行文件的 cargo.toml 文件必须更新以引用该库。代码清单 2.6 显示了更新后的 cargo.toml，在依赖项部分引用本地的 hello 库，文件中的变更部分以粗体突出显示。

代码清单 2.6　更新了包含 hello 依赖的 cargo.toml

```
[package]
name = "use_hello"
version = "0.1.0"
edition = "2021"

# See more keys and their definitions at https://doc.rust-lang.org/cargo/reference/
  manifest.html

[dependencies]
hello={path = "../hello" }
```

在前面的 cargo.toml 文件中，可执行的 crate 可以访问库中的公共函数。在库中访问函数的语法是 `libraryname::function`。代码清单 2.7 中的代码调用了 `hello` 库中的 `get_hello` 函数。

代码清单 2.7　调用 `hello` 库中的 `get_hello` 函数

```
fn main() {
    println!("{}", hello::get_hello());
}
```

你现在可以使用 `cargo run` 命令来运行可执行的 crate 并输出 "Hello,world!" 字符串。

2.9　注释

到目前为止，本章节中的源代码还没有包含任何注释。很多情况我们都希望在源代码中加入注释，包括标识作者、突出许可信息、记录函数、解释复杂算法，或者仅仅是提供重要的上下文。

Rust 支持 C 风格的注释。`//` 字符开始一个行注释，直到行尾。你可以在 `/*` 和 `*/` 字符之间写多行注释。

在代码清单 2.8 中，注释被添加到 "Hello,World" 源代码中以说明作者、源文件，以及应用程序的目的。同时代码清单 2.8 也展示了多行和单行注释。

代码清单 2.8　带有注释的 "Hello,World" 程序

```
/*  Author: Donis Marshall
    Hello.rs
    Hello, World program
*/

// Displays hello, world message
fn main(){
    println!("Hello, world!");
}
```

Rust 也支持文档注释。文档注释可以被 `rustdoc` 工具编译成 HTML 页面。这个工具自动包含在 Rust 工具链中。编译文档注释会在 {package}/target/doc/{package} 目录下创建多个 HTML 文件。主 HTML 文件是 index.html，可以在任何浏览器中打开。

对于文档，有单行注释和多行注释——两者都支持 Markdown。单行文档注释使用 `///` 字符。多行文档注释包含在 `/**` 和 `**/` 字符之间。文档注释应用的对象是源文件中的下一个实体，例如结构体或函数。

让我们来看看 "Hello,World" 应用程序的另一个版本——作为一个库。库公开了一个

hello_world 函数，该函数返回多种语言的问候。该函数接受一个参数，使用主要 – 次要语言代码，用于显示 "Hello,world!"。代码清单 2.9 展示了带有文档注释的函数。

代码清单 2.9　带有文档注释的多语言 "Hello,World" 程序

```
/** Display hello based on the
    language (major.MINOR) provided.
    Languages support: enUS, enUK,
    frFR, and hiIN.
**/
pub fn hello_world(language:&str)->&'static str {
    match language {
        "enUS"=>"Hello, world!",
        "enUK"=>"Good day, world!",
        "frFR"=>"Bonjour le monde!",
        "hiIN"=>"नमस्ते दुनिया!",
        _=>"Hello, world!"
    }
}
```

//! 字符串起到前置文档注释的作用，这些注释适用于父实体，而不是下一个实体。通常就是当前的 crate。这里是带有标记语言的 hello 库的文档。

● 标记语言以粗体突出显示第一行：

```
//! <b>Hello library crate</b>
```

● 用段落标签插入换行符：

```
//! <p>Author: Donis Marshall
//! <p>Apache 2.0 License
```

可以在文档注释中添加示例代码。这能为应用程序的使用者提供宝贵的指导。文档中的示例代码也可以作为单元测试执行。将示例代码放在 Examples 段落。段落标题是用 /// # 字符串标识的。注意在 /// 和 # 之间有一个空格。用三个反引号（/// ```）在前后括起代码片段。代码清单 2.10 展示了示例代码。

代码清单 2.10　在文档注释中包含示例代码

```
/// # Examples
///
/// ```
/// let greeting=hello::hello_world("hiIN");
/// ```assert_eq!(greeting, "नमस्ते दुनिया!");
/// ```
///
```

cargo test 命令将执行常规测试和文档单元测试。以下命令使用 rustdoc 工具编译文档注释，生成 index.html 文件和其他相关文件：

```
cargo doc
```

图 2.1 展示了在浏览器中打开了编译文档注释后的 index.html 文件。

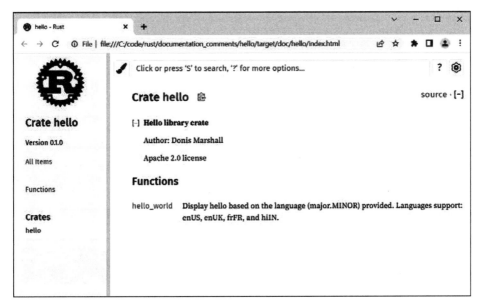

图 2.1　编译文档注释得到的 index.html

图 2.2 展示了 `hello_world` 函数的文档注释。

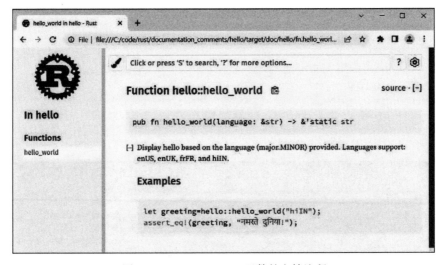

图 2.2　`hello_world` 函数的文档注释

2.10　crate 仓库

前面展示了几种创建"Hello,World"应用程序的方法。接下来，我们将创建一个该程序的变体，来展示使用已经发布到 crates.io 的 crate。Rustascii 是在 crates.io 中的一个公开 crate，用于显示各种 Rust 的 ASCII 艺术字，例如 Rust 标志。该 crate 的 `display_rust_ascii` 函数显示"Hello,Rustaceans!"。下面是该函数的结果：

```
Hello, Rustaceans!
```

　　首先你必须在 crates.io 仓库中找到 rustascii 这个 crate。幸运的是，crates.io 页面顶部有一个搜索功能。搜索 rustascii 将定位到该 crate 的最新版本。当找到 crate 时，会看见一个简短的描述、当前版本号以及关于已发布 crate 的其他有用信息，如图 2.3 所示。

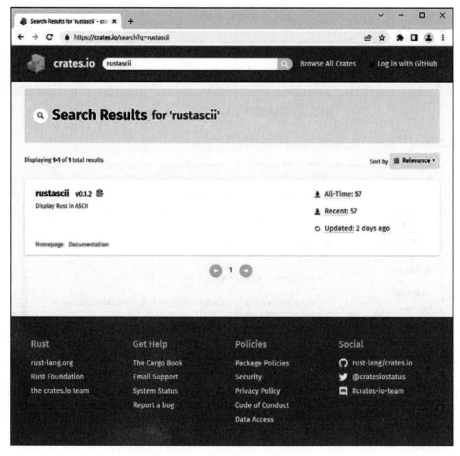

图 2.3　crates.io 仓库中的 rustascii

　　如果使用了外部 crate，那么你需要更新 cargo.toml 以引用这个 crate。你应该在 `dependencies` 部分填入 crate 的名称和版本。在 crates.io 上的 rustascii 页面中找到剪

贴板图标。选择剪贴板来复制标识该 crate 当前版本的依赖项信息。然后将该信息粘贴到
cargo.toml 文件的 dependencies 部分，如代码清单 2.11 所示。

代码清单 2.11 包含了 rustascii 依赖项的 cargo.toml 文件

```
[package]
name = "use_rust_ascii"
version = "0.1.0"
edition = "2021"

# See more keys and their definitions at https://doc.rust-lang.org/cargo/reference/
  manifest.html

[dependencies]

rustascii = "0.1.1"
```

更新了 cargo.toml 文件之后，使用 :: 运算符调用 rustascii 包中的 display_rust_
ascii 函数。语法是 crate::function。代码清单 2.12 展示了一个可执行 crate 的样例
代码。

代码清单 2.12 用 ASCII 艺术字输出"Rust"

```
fn main() {
    rustascii::display_rust_ascii();
}
```

在运行的时候，这个 crate 调用 rustascii 中的 display_rust_ascii 函数来输出问
候语。

2.11 main 函数

main 函数是可执行 crate 的入口函数。程序运行从这个函数开始。main 函数原型无参
数，返回值要么是单元类型 ()，要么实现了 Termination trait（特征）。在 Rust 中，单元类
型 () 表示一个空元组，它是 main 函数的默认返回值[⊖]。

从 main 函数中，可以用 Termination trait 返回一个整数值给操作系统。该 trait 的默认
实现返回 libc::EXIT_SUCCESS 或 libc::EXIT_FAILURE 作为退出码，这两个值很
可能是 1 和 0，但这取决于具体的实现。

如果 main 没有返回值，那么你可以调用 exit 函数（std::process::exit）来提
前退出应用程序。然而，exit 函数会立即终止该程序，不会为当前调用栈上的函数执行
清理，也很可能会阻止程序有序退出。exit 函数的参数用于设置操作系统层面的进程返
回值。

⊖ 从 Rust 1.26.0 开始，main 函数的返回值可以是 Result。——译者注

2.12　命令行参数

命令行参数有时被用来影响应用程序的初始化、选项或流程控制。这是一个用于接收用户的指令的常用技术。在命令行输入的参数形成一个从零开始索引的值集合。应用程序本身的完整路径通常作为命令行的第一个参数。由于不同的环境命令行参数的细节可能有所不同，因此务必查阅特定操作系统的具体文档。

以下命令行有三个参数：

```
myapp arg1 arg2
```

对于 `cargo run` 命令，可以直接在后面附加其他命令行参数。应用程序的完整名称作为第一个参数是隐式设置的，因此本例中的 arg1 和 arg2 实际上从应用程序的视角来看，分别是第二和第三个命令行参数：

```
cargo run arg1 arg2
```

命令行参数在许多语言中会被当作输入提供给 `main` 函数。然而，Rust 语言中的 `main` 函数并没有参数。命令行参数需要通过 `std::env::args` 函数以编程的方式来读取，该函数位于 `std::env` 模块中。`args` 函数会返回一个指向命令行参数序列的迭代器。此外，还可以使用 `nth` 和 `collect` 等迭代器函数来访问命令行参数。`nth` 函数可以返回特定序号的命令行参数（如果存在）。`collect` 函数则会将参数作为集合返回。

代码清单 2.13 展示了访问命令行参数的各种方式。

代码清单 2.13　访问命令行参数的各种方式

```
fn main() {
    // display arg 0
    if let Some(arg)=std::env::args().nth(0) {
        println!("{}", arg);
    }

    // iterate and display args
    for arg in std::env::args() {
        println!("{}", arg);
    }

    // collect and display args
    let all_arg: String=std::env::args().collect();
    println!("{}", all_arg);
}
```

2.13　总结

本章从如何安装 Rust 开始，为 Rust 编程提供了基础，这将支撑本书剩余部分的内容。

我们将不断在这个基础上进行拓展。许多提到的概念，如 traits、依赖管理，迭代器等内容将在本书后面进行更详细深入的讨论。

rustc、rustdoc 和 cargo 等工具是 Rust 日常开发的利器。深入理解并熟练运用这些工具是高效开发 Rust 程序的关键。你现在已经掌握了使用这些工具完成常见开发任务的标准流程。

crates.io 是 Rust 的包管理仓库，在该仓库中能找到各种 crate，往往能对想要解决的问题提供独特的解决方案，从而扩展了 Rust 编程的能力。随着社区成员对新方案的积极贡献，该仓库每天都在持续增长。任何 Rust 社区中的成员都可以参与贡献。你也可以！

接下来，我们将探索 Rust 的类型系统。在你更好地理解了类型安全性、不变性以及 Rust 中可用的各种类型之后，你的应用程序在范围和功能上都将得到更好的提升。

变　量

对于一种编程语言，类型系统包括了其所有可用的类型及其特性。当然，Rust 类型系统具有一些独有的特性，这些特性有助于实现该语言的总体目标：安全性、可靠性和可扩展性。

类型系统会影响编程语言的方方面面。例如，可变性就对语言有广泛的影响。类型系统也是组成应用程序的主线。因此，透彻地掌握 Rust 的类型系统是至关重要的。

Rust 是一种强类型语言，因此变量都具有静态类型。变量的类型在声明时就确定了，之后不能更改。即使有类型推断，一旦一个变量被赋予了一个推断得到的类型后也不能再更改。这样可以避免弱类型系统语言中的常见问题，包括由于变量误用而产生的错误。此外，Rust 在推断正确类型方面比其他语言更加灵活，包括间接推断。

不变性是 Rust 中的默认行为，这有助于提高安全性和可靠性。变量在默认情况下都是不变的。这防止了对变量的意外变更，也提高了透明性。

Rust 提供了丰富的标准类型和运算符，也支持创建自定义类型或者组合其他类型来建模更复杂的问题。例如，建模一个会计系统、区块链，甚至是航天飞机系统。

Rust 类型系统也提供了丰富的类型大小选择，可以帮助开发者高效管理内存，特别是在对每一比特都锱铢必较的应用程序中。

3.1　术语

本章将反复提到类型、变量和内存，这些术语是密切相关的。内存是数据存储的地方。变量就是给特定内存取了个更容易记住的名字而已，这样我们无须使用内存地址就能引用数据！内存本来没有固有的格式，类型的作用就是描述一个值（比如整数或浮点数）的内存布局。

变量绑定是 Rust 类型系统中另一个重要术语。声明语句（例如 let）创建了变量名和内存位置之间的绑定关系。换言之，内存位置被绑定到变量上。Rust 支持灵活的绑定。关于绑定的全面讲解见第 15 章。

3.2　变量简介

变量对应到一个内存地址，该地址可以定位特定的内存位置。变量名比原始内存地址更具描述性和一致性。这不仅在编码时有帮助，在维护或调试应用程序时也很有用。具有描述性的变量名更易于理解，它不需要额外的注释和文档，这是代码自文档化很重要的一点。

以下是变量命名的规则和约定：

- 区分大小写。
- 由字母数字字符和下划线组成。
- 不能以数字开头。
- 约定是蛇形命名法。

可以使用 let 语句声明一个非静态局部变量。其类型可以在 let 语句中显式指定，也可以通过类型推断得到。但无论使用哪种方式，变量都是静态类型的。你可以在 let 语句中直接初始化变量，也可以稍后初始化，但是，变量必须在被使用之前进行初始化。

以下是几种声明不可变变量的语法：

```
let varname:type=value;
let varname=value;
let varname:type;
let varname;
```

代码清单 3.1 展示了变量声明示例。

代码清单 3.1　变量声明示例

```
let var1: i8 = 10;    //  完整声明
let var2 = 11;        //  类型推断
let var3: i8;         //  未初始化变量
let var4;             //  未初始化的类型推断
var3 = 12;            //  延迟初始化
var4 = 13;            //  延迟初始化
```

3.3　原生类型

原生类型是 Rust 语言中最基本的类型。你可以组合原生类型来创建更复杂的类型，比如结构体和枚举。原生类型也是 Rust 内置的类型，由 Rust 编译器实现。原生类型的方法和属性是在 Rust 标准库中实现的。例如，i32::MAX 是为 i32 原生类型实现的关联常量。

Rust 既有标量原生类型，也有非标量原生类型。标量原生类型包括以下类型：

- 有符号整数
- 无符号整数
- 浮点数
- 布尔值
- 引用

非标量原生类型包括：

- 数组
- 元组
- 切片
- 字符串

其他原生类型有：

- ()：单元类型
- fn：函数指针类型
- 原始指针

在本章中，我们将介绍标量原生类型。其他原生类型，如字符串和数组，将在后续章节中介绍。

3.4 整数类型

除了 isize 和 usize，整数类型一般都是固定大小的，类型名称的后缀就说明了其占用的二进制位。例如，i64 是一个有符号的 64 位整数。

以下是有符号整数类型：

- isize
- i8
- i16
- i32
- i64
- i128

以下是无符号整数类型：

- usize
- u8
- u16

- u32
- u64
- u128

isize 与 usize 类型的大小取决于所运行的操作系统，实际上等同于该环境下指针的大小。开发者可利用 std::mem 模块中的 size_of 函数获取任意类型的确切大小，具体用法如代码清单 3.2 所示。

代码清单 3.2　确认 isize 的大小

```
let size = mem::size_of::<isize>();
println!("Size of isize: {}", size);
```

如果有符号整数类型没有明确指定，则默认推断为 i32。对于无符号整数，默认推断为 u32。代码清单 3.3 列出了整数类型的默认推断类型。这段代码也展示了几个新概念，包括泛型、内省以及 any 类型，我们将在后续章节中更详细地介绍它们。

代码清单 3.3　print_type_of 函数输出参数的类型

```
fn print_type_of<T>(_: &T) {
    println!("{}", std::any::type_name::<T>())        // i32
}

fn main() {
    let value=1;                                      // 推断得到的类型
    print_type_of(&value);
}
```

为了提高可读性，对于整数值和浮点数值，可以在数字字面量中插入下划线作为分隔符。通常下划线用于对每三位数字做一个分割。然而，Rust 并未对下划线的位置做硬性规定。你可以将下划线放置在数字中的任何位置，如代码清单 3.4 所示。

代码清单 3.4　为数字添加下划线作为分隔符

```
let typical1=123_456_678;
let typical2=123_456.67;
let interesting=12_3_456;
```

3.5　溢出

整数上溢或下溢是指给整数类型的值超出了其最大或最小值范围的情况，这两种情况都被视为溢出。溢出发生时产生的结果取决于编译的二进制文件是调试版还是发布版。如果是调试版，则在发生溢出时会产生 panic，并且如果 panic 未被处理，则应用程序会终止。然而，如果在发布版中发生溢出时，则不会产生 panic，而是会使数字从最大值反转到最小值，反之亦然。在代码清单 3.5 中，当发生溢出时，数字从最大的 i8 值 127 反转到最小的

i8 值 −128。

代码清单 3.5　发生溢出

```
let mut number = i8::MAX;
    number = number + 1;         // 上溢        result=-128
```

下溢也类似，只是它的反转方向相反，从 −128 反转到 127，如代码清单 3.6 所示。

代码清单 3.6　发生下溢

```
let mut number = i8::MIN;
number = number - 1;         // 下溢        result=127
```

由于整数溢出在调试与发布版本下的处理行为不一致，因此可能导致程序运行时的不确定性问题。为解决此问题，Rust 提供了 `overflowing_add` 方法，以返回一致的溢出处理结果。该方法执行加法运算，并以元组形式返回计算结果及是否发生溢出的状态标志。如果发生溢出，则状态标志将被设置为 `true`。代码清单 3.7 是使用 `overflowing_add` 函数的一个示例。

代码清单 3.7　使用 overflowing_add 函数检查溢出

```
let value = i8::MAX;
let result = value.overflowing_add(1); // (127, true)
```

对于支持下溢检测的减法运算，可以使用 `overflowing_sub` 方法。此外，Rust 标准库还提供了一系列针对不同算术运算的溢出检测方法，包括 `overflowing_mul`（乘法溢出检测）、`overflowing_div`（除法溢出检测）和 `overflowing_pow`（幂运算溢出检测）等，这些方法的命名也较为直观。

3.6　字面量标注

在 Rust 中，整数字面量默认采用十进制。不过，也可以使用特定的前缀符号将整数字面量标注为其他进制：

- 0b 代表二进制
- 0o 代表八进制
- 0x 代表十六进制

代码清单 3.8 提供了一些示例代码。

代码清单 3.8　各种基数的字面量标注

```
println!("{}", 10);           // 10
println!("{:04b}", 0b10);     // 0010
println!("{}", 0o12);         // 10
println!("{}", 0xA);          // 10
```

3.7　浮点数类型

在 Rust 语言中，实数具有符合 IEEE 754 标准的单精度浮点型和双精度浮点型。这两种类型均由符号位、指数位和尾数位三部分组成。f32 类型用于 32 位宽的单精度数字，f64 类型用于 64 位宽的双精度数。如果变量没有明确指定浮点型，则会默认推断为 f64 类型。

与整型不同，浮点类型或浮点数总是有符号的。代码清单 3.9 是一个浮点数示例。

代码清单 3.9　浮点数示例

```
use std::f64::consts;

fn main() {
    let radius=4.234;
    let diameter=2.0*radius;
    let area=consts::PI*radius;

    println!("{} {} {}", radius, diameter, area);
}
```

浮点类型（f32 或 f64）都不适合用于固定位数的小数运算。例如，对于货币等需要保证精确位数的场景，就尤其应该避免使用浮点类型。即使是微小的精度损失，累积起来也会造成较大误差。推荐使用 rust_decimal crate 提供的 Decimal 类型进行固定位数小数的计算。你可以在 crates.io 代码仓库找到 rust_decimal crate。通过 from_str 构造函数或 dec! 宏创建十进制数，如代码清单 3.10 所示。

代码清单 3.10　创建一个十进制数

```
use rust_decimal::prelude::*;
use rust_decimal_macros::dec;

fn main() {
    let mut number1 = Decimal::from_str("-1.23656").unwrap();
    let mut number2 = dec!(-1.23656);        // 另一种定义方法

    // round up value to 2 decimal places
    number = number1.round_dp(2);
    println!("{}", number);
}
```

3.8　浮点数常量

为了方便使用，Rust 标准库提供了一些常用的浮点常量。这些常量作为 std::f64::consts 模块中的 f64 原生类型实现。表 3.1 是一些 f64 常量的列表。

表 3.1　一些 f64 常量的列表

名称	描述	值
E	Euler's number	2.7182818284590451f64
FRAC_1_PI	1/π	0.31830988618379069f64
FRAC_1_SQRT_2	1/sqrt(2)	0.70710678118654757f64
FRAC_2_PI	2/π	0.70710678118654757f64
FRAC_2_SQRT_2	2/sqrt(2)	1.1283791670955126f64
LN_10	ln(10)	2.30258509299940459f64
LOG10_2	Log10(2)	0.30102999566639812f64
PI	π	3.1415926535897931f64
SQRT_2	sqrt(2)	1.4142135623730951f64
TUA	2π	6.2831853071795862f64

3.9　无限

Rust 支持 32 位和 64 位版本的正无穷大和负无穷大，即 INFINITY 和 NEGATIVE_INFINITY，分别位于 std::f32 或 std::f64 模块中。下面是两个例子：

```
let space:f32=f32::INFINITY;
let stars:f64=f64::INFINITY;
```

代码清单 3.11 展示了 INFINITY 常量的示例代码。

代码清单 3.11　INFINITY 常量示例

```
let circle_radius=10.0;
let pointw=0.0;
let number_of_points=circle_radius/pointw;
if number_of_points==f64::INFINITY {
    // 处理无穷大
} else {
    // 处理非无穷大
}
```

3.10　NaN

"非数字"（Not a Number，NaN）代表数值运算得到的结果是未定义的或未知的。这种情况经常出现在含有无穷值的计算中。还有负数的平方根运算也会得到 NaN 结果，如代码清单 3.12 所示。

代码清单 3.12　使用 NaN 常量

```
let n=0.0;
let result=f64::sqrt(n);
```

```
if f64::NAN!=result {
    // 处理正常 result
} else {
    // 处理 NAN
}
```

3.11 数字范围

与其他一些语言相比，Rust 中的类型大小更为明确和具体，这使得开发者能够打造出更符合需求、更高效的应用程序。表 3.2 展示了有符号整型的最小和最大取值范围。

表 3.2 有符号整型的取值范围

类型	大小	范围
i8	8-bit	−128 至 127
i16	16-bit	−32768 至 32767
i32	32-bit	−2147483648 至 2147483647
i64	64-bit	−9223372036854775808 至 9223372036854775807
i128	128-bit	−170141183460469231731687303715884105728 至 170141183460469231731687303715884105727
isize	同指针类型一样大	依赖于具体架构

表 3.3 展示了无符号整型的取值范围。

表 3.3 无符号整型的取值范围

类型	大小	范围
u8	8-bit	0 至 255
u16	16-bit	0 至 65535
u32	32-bit	0 至 4294967295
u64	64-bit	0 至 18446744073709551615
u128	128-bit	0 至 340282366920938463463374607431768211455
usize	同指针类型一样大	依赖于具体架构

表 3.4 展示了浮点类型的取值范围。

表 3.4 浮点类型的取值范围

类型	大小	范围（近似）
f32	32-bit	−3.4E1038 至 3.4E1038
f64	64-bit	−1.8E10308 至 1.8E10308

为了支持运行时边界检查，Rust 对所有的数值类型都提供了 MIN（最小值）和 MAX（最大值）两个关联常量，它们分别返回给定类型的最小值和最大值。代码清单 3.13 提供了一个例子。

代码清单 3.13　显示 MIN 和 MAX 常量值

```
println!("{} {}", u32::MIN, u32::MAX);
println!("{} {}", f32::MIN, f32::MAX);
```

3.12　显式类型转换

可以将一个值（变量或字面量）从其当前类型转换为另一种类型。Rust 对隐式转换的支持非常有限。在转换没有明确精度丢失的情况下许多其他语言允许隐式转换。然而 Rust 即使在这种情况下也要求显式转换。代码清单 3.14 给出了一个类型转换的例子。

代码清单 3.14　类型间的转换

```
let var1=1 as char;
let var2:f32=123.45;
let var3=var2 as f64;
let var4=1.23 as u8 as char;
```

上面的代码中出现了双重类型转换，这在 Rust 中是允许的。由于无法直接将浮点数值转换为字符类型，因此需要先将浮点数转换为无符号整数，再将无符号整数转换为字符。

在将浮点值转换为整数时，浮点数的小数部分将被截断。

数值字面量可以通过类型后缀进行显式转换。语法格式是 valueType，其中 value 是一个数值字面量，Type 是完整的类型名称，例如 i32、u32、f64 等，如下所示。请注意，Rust 不支持其他语言中常见的单字母后缀，只支持这种更具描述性的后缀。

```
let val1=10i8;
let val2=20f64;
```

3.13　布尔类型

Rust 中的布尔类型是 bool，代表逻辑值。bool 类型只有两个可能的值 true 和 false。下面是一个例子：

```
let condition:bool=true;
```

在内部实现中，布尔值是位值，true 为 0x01，false 为 0x00。你可以将布尔值显示转换为 i8 类型，true 变成 1，false 变成 0。

布尔值经常和 if 关键字一起使用，如代码清单 3.15 所示。

代码清单 3.15　使用布尔值设置控制路径

```
let balance=20;
let overdrawn:bool=balance < 0;
if overdrawn {
```

```
    println!("Balance: Overdrawn {}", balance,);
} else {
    println!("Balance is {}", balance,);
}
```

3.14　字符

Rust 中的 char 类型用于表示单个 Unicode 字符，即 Unicode 标量值（Unicode Scalar Value，USV）。char 类型值占用 4 字节的存储空间，对应 Unicode 表中的一个码位，覆盖范围包括字母数字字符、转义字符、符号，甚至表情符号等。你没看错，最新的 Unicode 标准已经纳入了诸如笑脸等常用表情符号。Unicode 为世界各种文字系统中的每个字符都提供了对应的字符码位，从而为跨语言的国际化提供了支持。而 ASCII 字符集则位于 Unicode 表的前端区域。

代码清单 3.16 展示了如何在单引号内定义一个字面值 char。

代码清单 3.16　字面值

```
let var1='a';
let var2:char='b';
```

对于一个正确的 Unicode 值，你可以在整数和字符类型之间进行类型转换，如代码清单 3.17 所示。

代码清单 3.17　字面值的类型转换

```
let var1=65 as char;    // 'A'
let var2='A' as i32;    // 65
```

Unicode 支持各种转义字符。包括许多通常不可见的字符，例如，换行符或制表符。表 3.5 列出了每一个转义字符。

表 3.5　转义字符

转义字符	类型	描述	转义字符	类型	描述
\n	ASCII	换行符	\x{nn}	ASCII	7 位字符代码
\r	ASCII	回车符	\x{nn}	ASCII	8 位字符代码
\t	ASCII	制表符	\u{nnnnnn}	Unicode	24 位 Unicode 字符
\0	ASCII	空字符	\'	Quote	单引号
\\	ASCII	反斜杠	\"	Quote	双引号

3.15　指针

Rust 有两类指针：引用和裸指针。引用是安全指针。相反，裸指针只是简单地指向内存中的一个值，没有任何隐式行为，例如，在指针不再可用时释放内存，它类似于 C 风格的指针。

裸指针的值是一个内存地址，可以是栈、堆或静态内存区域中的某个位置。裸指针自身作为一个变量，也需要占用内存空间，通常位于栈上。不过也有例外情况，比如一个指向堆上数据的裸指针，就可能存储在另一个堆上的数据结构中。裸指针本身所占内存的大小取决于目标系统的架构。

需要注意的是，裸指针、引用和普通值在 Rust 中属于不同的类型，这是一个微妙但很重要的区别。例如，i32 和 &i32 是不同的类型。i32 类型指的是一个 32 位整数值。然而，&i32 则表示一个引用类型，它安全地指向一个 i32 值。此外，&i32 与 *const i32 类型也不同，后者是裸指针类型。在需要的时候，也可以将引用显式转换为对应类型的裸指针类型。

图 3.1 中的例子演示了裸指针。

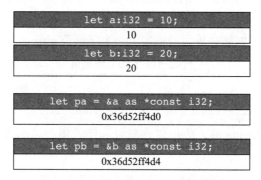

图 3.1 "pa"和"pb"是指向 a 和 b 值的裸指针

在 Rust 语言中，指针是一等公民，具有与任何其他类型相同的使用方式，可以用作变量、结构体字段、函数参数或返回值。

引用

引用是一种安全的指针。为了确保安全性，Rust 对引用施加了各种规则，而裸指针则没有这些约束。引用的作用是借用所指向内存位置中的值。以下是一些关于引用类型的关键点：

- 引用必须是非空的。
- 底层值必须是有效的类型。
- 引用是有生命周期的。
- 引用的使用有一些特殊的行为约束，包括但不限于所有权机制。

如前文所述，可以使用符号声明引用类型。此外，你还可以使用运算符（&）来获取一个值的引用。在这个上下文中，你可以将运算符 & 理解为"获取某个值的引用"。

解引用运算符（*）用于获取引用所指向的内存地址中存储的值。代码清单 3.18 给出了解引用的示例。

代码清单 3.18　解引用的示例

```
let aref:&i32=&5;
let value:i32=*aref;
```

值类型和引用类型都实现了对应的数学运算，只是对于引用，执行数学计算之前会先自动解引用，如代码清单 3.19 所示。

代码清单 3.19　引用和数学运算符

```
let ref1=&15;
let ref2=&20;
let value1=ref1+10;
let value2=ref1*ref2;
println!("{} {}", value1, value2);  // 25  300
```

你可以按照如下示例中所示的不同方式重写前面的 **value1** 和 **value2** 的声明，结果将是相同的。只是这个代码的可读性较差。应该说是非常难看！更重要的是，解引用其实是不必要的。对于数学运算，解引用是自动发生的。

```
let value1=*ref1+10;
let value2=*ref1**ref2;
```

代码清单 3.20 展示了引用、解引用和数学运算符的示例。

代码清单 3.20　更多引用示例

```
let fruit_grove=32;

// 用 fruit_grove 的引用初始化 oranges
let oranges:&i32=&fruit_grove;

// 用字面值的引用初始化 apples
let apples:&i32=&10;

// 不需要解引用这些引用
let basket=oranges+apples;

println!("{}", basket);
```

== 运算符比较的是引用处的值，而不是内存地址。如果你想比较实际的内存地址，则可以使用 **std::ptr** 模块中的 **eq** 函数，其参数是要比较的引用，如代码清单 3.21 所示。

代码清单 3.21　使用 eq 函数比较两个引用

```
let num_of_eggs=10;
let num_of_pizza=10;

let eggs=&num_of_eggs;
let pizza=&num_of_pizza;
```

```
eggs==pizza;                    // true
ptr::eq(eggs, pizza);           // false
```

3.16 运算符

下列标准运算符定义了基本标量类型的核心行为：

- 数学运算符
- 布尔运算符
- 逻辑运算符
- 位运算符

表 3.6 中的数学运算符主要是执行各种数值计算的二元运算符，例如，加法和减法。

表 3.6 数学运算符（a=25，b=10，y=25.0，z=10.0）

名称	运算符	示例	结果	名称	运算符	示例	结果
加法	+	a + b	35	除法	/	y / z	2.5
减法	−	a − b	15	取余	%	a % b	5
乘法	*	a * b	250	取反	−	−a	−25
除法	/	a / b	2				

二元运算有左操作数和右操作数，分别代表运算符左右两边的值，通常分别被称为左值和右值。如果左值本身就是要赋值的变量，那么可以使用复合赋值运算符，它与普通赋值效果一样。

```
value=value+5; // + 运算符
value+=5;      // 复合加法赋值运算符
```

表 3.7 是复合数学运算符的列表。

表 3.7 复合数学运算符（a=25，b=10，y=25.0，z=10.0）

名称	运算符	示例	结果	名称	运算符	示例	结果
加法	+	a += b	a=35	除法	/	a =/ b	a=2
减法	−	a −= b	a=15	除法	/	y =/ z	2.5
乘法	*	a *= b	a=250	取余	%	a %= b	5

布尔运算也主要是二元运算，并返回一个真（true）或假（false）值。运算的成功与否取决于被比较的两个值的类型是不是可比较的。

表 3.8 是布尔运算符列表。

表 3.8 布尔运算符（a=25，b=10）

名称	运算符	示例	结果	名称	运算符	示例	结果
相等	==	a == b	False	小于或等于	<=	a <= b	False
小于	<	a < b	False	大于或等于	>=	a >= b	True
大于	>	a > b	True	不等于	!=	a != b	False

二元逻辑运算符是惰性运算符。惰性运算符只有在需要对整体表达式求值时才会对右操作数进行求值。例如，仅当左操作数为真时，才会对 **&&** 运算符的右操作数求值，如果 **&&** 运算符的左操作数为假，则右操作数不会被求值，这被称为短路，这种行为可能会导致意外的软件错误。对于布尔运算，请确保右操作数不会引起必要的副作用，因为如果发生短路求值，原本期待的副作用就不会发生。例如，将一个函数调用作为右操作数，并且它会改变程序的状态，在短路求值的时候，这个函数将不会被调用，期待的状态改变就不会发生。

相对于运算符 **&&** 和 **||**，运算符 **&** 和 **|** 不是短路求值的。代码清单 3.22 提供了一个示例。

代码清单 3.22　输出消息是一个不进行短路运算的表达式

```
true  && {println!("does not short circuit"); false};   // 会输出消息
false && {println!("short circuits"); false};            // 不会输出消息
false & {println!("does not short circuit"); false};     // 会输出消息
```

表 3.9 是逻辑运算符列表。

表 3.9　逻辑运算符

描述	运算符	示例	结果	是否短路
逻辑与	&&	false && true	True	是
逻辑与	&&	true && false	False	否
逻辑或	||	true || false	True	是
逻辑或	||	false || true	False	否
逻辑非	!	!true	False	否

位运算符执行按位运算，其操作数必须是整数。

表 3.10 列出了位运算符。

表 3.10　位运算符（a=10，b=6）

名称	运算符	示例	结果
按位与	&	a & b	2 或 0010
按位或	|	a | b	14 或 1110
按位异或	^	a ^ b	12 或 1100
按位左移	<<	a << b	20 或 10100
按位右移	>>	a >> b	5 或 0101

位运算也有复合运算符，如表 3.11 所示。

表 3.11　复合运算符（a=10，b=6）

名称	运算符	示例	结果
按位与	&	a &= b	2 或 0010
按位或	|	a |= b	14 或 1110

（续）

名称	运算符	示例	结果
按位异或	^	a ^= b	12 或 1100
按位左移	<<	a <<= 1	20 或 10100
按位右移	>>	a >>= 1	5 或 0101

3.17 总结

本章介绍了 Rust 语言提供的各种基本数据类型，包括整型、浮点型、字符等标量类型。

作为一门强类型语言，Rust 通过所有权和生命周期等特性，为应用程序开发（包括对基本标量类型的操作）提供了一个安全的环境。

Rust 的另一个安全特性是增加了对类型转换的限制。不同数据类型之间不允许进行隐式转换，哪怕理论上是安全的。例如，你不能将 i8 类型值直接转换为 i32 类型值。

Rust 提供了常见的数学运算、逻辑运算和布尔运算。本章介绍了这些针对基本数据类型的常规运算。Rust 中的运算符用法与其他语言保持一致。

字符串可以说是最知名和最常用的非标量数据类型了。在之前的"Hello, World"程序里，我们已经使用过字符串了！不过本章并没有介绍字符串，因为本章专门讲解标量原生类型。字符串的内容将在第 4 章专门介绍。

字　符　串

本章专门讲解字符串。字符串是可输出和不可输出字符的集合。Rust 字符串遵循 Unicode 标准，并采用 UTF-8 编码。Unicode 是一个统一的码位空间，拥有来自世界各地的字符，包括各种语言甚至表情符号。无论是活跃语言的还是如象形文字一样古老的语言，都包含其中。这为国际化提供了很好的支持，使你的应用程序更容易为来自世界各地的用户服务。

例如，以下是"hello"在象形文字中的表示：

有了 Unicode 标准，你就可以更简单地为古埃及顾客显示问候语了。

字符串在应用程序中随处可见，比如提示信息、命令行输入、用户消息、文件读取、报告生成等各种场合。由于字符串的这种无处不在，Rust 不仅在核心语言中提供了安全字符串类型，在 crates.io 上的外部 crate 中也有各种字符串相关的库。

Rust 中的主要字符串类型是 String 和 str，接下来我们会讲解这两种类型。

4.1　str

str 类型是一种原生类型，是核心语言的一部分。str 类型具有切片的所有特性，包括无固定大小和只读。因为 str 就是一个切片，通常会借用一个 str，即 &str。str 类型由两个字段组成：指向字符串数据的指针和长度。

字符串字面量定义在引号（"..."）内，是在程序整个生命周期内都存在的 str 值。因此，字符串字面量的生命周期是静态的。以下是带有生命周期的字符串字面量的表示法。你可以在第 9 章中了解更多关于生命周期的信息。

```
&'static str
```

代码清单 4.1 是输出一个 str 类型的例子。

代码清单 4.1　输出一个 str

```
static STR_1:&str="Now is the time...";

fn main() {
    println!("{}", STR_1);
}
```

4.2　字符串简介

字符串（String）类型定义在 Rust 标准库（std）中，是基于特化的向量实现，由字符值组成。字符串是可变的也是可增长的。和向量（vector）类型一样，String 类型包含三个字段：指向底层数组的指针、长度和容量。底层数组是分配的内存空间，长度是 String 的 UTF-8 编码占据的字节数，而容量则是底层分配的数组空间的长度。

创建新字符串实例有多种方法。最常见的是使用字符串字面量（即 str）进行初始化。也可以使用 String::from 和 str::to_string 函数，将 str 转换为 String。在本书中，我们将使用这两个函数进行此转换。

在代码清单 4.2 中，我们使用 from 和 to_string 函数从一个字符串字面量创建了两个字符串。

代码清单 4.2　将 str 转换为 String

```
let string_1=String::from("Alabama");
let string_2="Alaska".to_string();
```

你可以使用 new 构造函数为 String 创建一个空字符串。这种方式通常都是创建一个可变的 String，便于稍后可以添加文本。

在代码清单 4.3 中，我们创建了一个可变的空字符串，然后将字符串 "Arizona" 追加到它上面。

代码清单 4.3　向字符串追加内容（1）

```
let mut string_1=String::new();
string_1.push_str("Arizona");
```

如前所述，字符串是一种特殊的字符向量。你甚至可以直接从向量创建一个字符串。首先创建一个 UTF-8 码位的向量，每一位是一个 i8 整数，如果字符是 ASCII 字符，每一位就代表一个单独的字符。然后使用 from_utf8 函数将向量转换为字符串。

代码清单 4.4 是将 Unicode 字符向量转换为字符串的示例。

代码清单 4.4　将 Unicode 字符向量转换为字符串

```
let vec_1=vec![65, 114, 107, 97, 110, 115, 97, 115];
let string_1=String::from_utf8(vec_1).unwrap();
```

在这个示例中，"Arkansas" 的码位被存储在一个向量内。例如，码位 65 是 Unicode 表中的 A 字符。然后 from_utf 函数将这个向量转换成一个字符串。

4.2.1　长度

一个给定的 Unicode 字符串的长度是多少？这是一个简单的问题，但答案却很复杂。首先，这取决于你是指字符串中的字符个数还是字节。一个 UTF-8 字符可以用 1 ~ 4 字节来描述。ASCII 字符，在 Unicode 代码空间的开始处，是 1 字节。然而，位于代码空间其他位置的字符的大小可能是多个字节。

下面是各种字符集的字节大小定义：

- ASCII 字符是单字节大小。
- 希腊字符是 2 字节大小。
- 中文字符是 3 字节大小。
- 表情符号是 4 字节大小。

对于 ASCII，字节长度和字符数量是相同的。然而，对于其他字符集来说可能会有所不同。len 函数返回字符串中的字节数。

要获取字符串中字符的数量，可以首先使用 chars 函数返回字符串字符的迭代器，然后在迭代器上调用 count 方法来获取字符数量。

代码清单 4.5 展示了一个字符串中的字节数和字符数。

代码清单 4.5　不同语言的问候方式

```
let english="Hello".to_string();
let greek="γεια".to_string();
let chinese="你好".to_string();

// 英文 Hello: 字节数5，长度5
println!("English {}:  Bytes {}  Length {}",
    english, english.len(),
    english.chars().count());

// 希腊文 γεια: 字节数8，长度4
println!("Greek   {}:  Bytes {}  Length {}",
    greek, greek.len(),
    greek.chars().count());

// 中文 你好: 字节数6，长度2
println!("Chinese {}:  Bytes {}  Length {}",
    chinese, chinese.len(),
    chinese.chars().count());
```

4.2.2　扩展字符串

你可以扩展一个 String 类型的值，但不能扩展 str 类型的值。下面是能扩展 String 的几个函数：

- push
- push_str
- insert
- insert_str

对于一个 String，push 函数追加一个 char 值，而 push_str 函数追加一个 String。代码清单 4.6 展示了一个例子。

代码清单 4.6　向字符串追加内容（2）

```
let mut alphabet="a".to_string();
alphabet.push('b');

let mut numbers="one".to_string();
numbers.push_str(" two");

// ab | one two
println!("{} | {}", alphabet, numbers);
```

String 类型也实现了 + 这个数学运算符，可以作为 push_str 函数的替代方案，使用 + 运算符的优势在于方便。

在代码清单 4.7 中，使用 + 运算符创建了一个问候语。

代码清单 4.7　使用 + 运算符追加字符串

```
let mut greeting="Hello".to_string();
let salutation=" Sir".to_string();
greeting=greeting+&salutation;

println!("{}", greeting);
```

你可能不仅仅是想在字符串末尾添加新内容，而是希望将新内容插入到已有字符串的某个位置。为此，我们可以使用 insert 函数来插入单个字符，或者使用 insert_str 函数来插入一个字符串。无论使用哪个函数，第一个参数实际上是隐含的，指的是当前操作的字符串本身，第二个参数则是新内容应该插入的位置索引，最后一个参数就是要插入的新字符（insert）或字符串（insert_str）。下面是这两个函数的具体定义：

```
fn insert(&mut self, position: usize, ch: char)
fn insert_str(&mut self, position: usize, string: &str)
```

代码清单 4.8 是在字符串中插入内容的示例。

代码清单 4.8　在字符串中插入内容

```
let mut characters="ac".to_string();
characters.insert(1, 'b');
println!("{}", characters);    // abc

let mut numbers="one three".to_string();
numbers.insert_str(3, " two");
println!("{}", numbers);       // one two three
```

4.2.3　容量

作为特化的向量，String 具有一个底层数组和一个容量。底层数组是存储字符串字符的空间，容量是底层数组的总大小，而长度是字符串当前占用的大小。当长度超过容量时，底层数组必须重新分配并进行扩展。当底层数组重新分配发生时，会有性能损失。因此，避免不必要的重新分配可以提高应用程序的性能。

String 类型和其他向量一样都能进行容量管理。

代码清单 4.9 展示了一个可变字符串逐渐增长的例子。

代码清单 4.9　比较容量和长度

```
let mut string_1='快'.to_string();  // a
println!("Capacity {} Length {}",
    string_1.capacity(), string_1.len());   // Capacity 3 Length 3

string_1.push('乐');    // b
println!("Capacity {} Length {}",
    string_1.capacity(), string_1.len());   // Capacity 8 Length 6

string_1.push_str("的");  // c
println!("Capacity {} Length {}",
    string_1.capacity(), string_1.len());   // Capacity 16 Length 9
```

前一个例子创建了中文"快乐的"字符串，每次增加一个字符。在应用程序执行期间发生了两次重新分配。以下是该示例的详细分析：

1.声明一个字符串，内容是"快"字。在 Unicode 中，中文字符的宽度为 3 字节。初始容量和长度为 3。

2.将下一个字符"乐"添加到字符串中。长度现在为 6，超出了容量。这迫使进行重新分配。

3.添加最后一个字符"的"以完成字符串。长度为 9，这再次超出了容量。这将进行另一次强制重新分配。

如果一开始就能预估到需要多大的字符串容量，那么之前的例子就可以有更高效的写法。with_capacity 函数可以在创建字符串时，手动指定容量的大小。下面给出了该函数的定义：

```
fn with_capacity(capacity: usize) -> String
```

代码清单 4.10 展示了上一个例子性能更好的版本。

代码清单 4.10　演示用 with_capacity 来提升效率

```
let mut string_1=String::with_capacity(9);

string_1.push('快');
println!("Capacity {} Length {}",
    string_1.capacity(), string_1.len());  // Capacity 9 Length 9

string_1.push('乐');
println!("Capacity {} Length {}",
    string_1.capacity(), string_1.len());  // Capacity 9 Length 9

string_1.push_str("的");
println!("Capacity {} Length {}",
    string_1.capacity(), string_1.len());  // Capacity 9 Length 9
```

可以看到，在这个例子中使用 **with_capacity** 函数带来了显著效果。一开始我们将字符串的初始容量设置为 9 个字节，足以容纳 3 个中文字符。有了这个合理的预先分配，在后续执行过程中就不需要重新分配存储空间，从而避免了性能损失。

4.2.4　访问字符串的值

让我们从一个示例入手，看看如何访问字符串的元素。代码清单 4.11 展示了如何获取字符串的第二个字符。

代码清单 4.11　尝试输出一个字符

```
let string_1="hello".to_string();
let character=string_1[1];
```

然而，前面的示例会有如下的编译器错误：

```
error[E0277]: the type `String` cannot be indexed by `{integer}`
 --> src\main.rs:3:19
  |
3 | let character=string_1[1];
  |               ^^^^^^^^^^^ `String` cannot be indexed by `{integer}`
```

虽然错误消息本身是准确的，但并没有解释清楚根本的问题。根本问题其实是，对字符串使用索引进行访问是存在歧义的，我们无法确定索引值究竟对应字节位置还是字符位置。没有解决这一歧义，继续执行这种操作就是不安全的。因此，在 Rust 中直接使用索引来访问字符串中的字符是被明确禁止的。

你可以使用字符串切片来访问 String 中的字符，起始索引（starting index）和结束索引（ending index）表示字节位置，切片表示法的结果是一个 str。

```
string[starting index..ending index]
```

切片必须与字符的边界对齐，否则运行时会发生 panic。如代码清单 4.12 所示的例子可以成功运行。

代码清单 4.12　输出一个 Unicode 字符

```
let string_1="快乐的".to_string();
let slice=&string_1[3..=5];
println!("{:?}", slice); // 乐
```

我们的图表显示了"快乐的"字符串中每个字符的字节位置。第二个字符从位置 3 到 5，如图 4.1 中的示例所示。

字节	0	1	2	3	4	5	6	7	8
快乐的	快			乐			的		

图 4.1　字符串"快乐的"字节图表

以下切片是尝试获取"快乐的"字符串切片的起始两个字符，但是切片边界是不正确的。

```
let slice=&string_1[0..=7];
```

执行上述代码时，会在运行时引发一个 panic。panic 的信息以非常详细的方式描述了问题所在。结束索引的位置不正确，没有与第二个字符的结束边界对齐。这个错误消息非常有帮助，甚至指出了当前字符的正确边界范围。

```
thread 'main' panicked at 'byte index 7 is not a char boundary;
it is inside '的' (bytes 6..9) of `快乐的`'
```

str 类型的 is_char_boundary 方法可以用来确认给定的索引位置是否与字符边界的开始对齐。在创建字符串切片之前，你可以主动调用这个函数来确定正确的边界。

代码清单 4.13 展示了 is_char_boundary 方法的一个示例。

代码清单 4.13　确认字符边界的对齐

```
let str_1="快乐的";
println!("{}", str_1.is_char_boundary(0) ); // true
println!("{}", str_1.is_char_boundary(1) ); // false
```

4.2.5　字符串里的字符

字符串由字符组成。一个很有用的操作是迭代每一个字符。比如对每个字符执行某种操作、对字符进行编码、统计字符数量，或者搜索并删除包含字母 e 的所有单词（就像 *Gadsby* 这本书一样）。字符串的 chars 函数会返回一个字符串的字符迭代器，方便我们遍历访问字符串中的每一个字符。

捷克共和国有许多的滑雪胜地，包括什平德莱鲁夫姆林（Špindlerův Mlýn）、凯尔贝格（Keilberg）和霍尼达姆基（HorníDomky）。捷克语中"滑雪"的词是"lyžování"。代码清单4.14遍历了该词中的所有字符。

代码清单4.14　输出捷克字符

```
let czech_skiing="lyžování".to_string();

for character in czech_skiing.chars() {
    println!("{}", character);
}
```

可以使用迭代器的 nth 函数读取在某个位置的一个字符。下面的示例输出字符串的第三个字符：

```
    println!("{}", czech_skiing.chars().nth(2).unwrap());
```

4.2.6　Deref 强制转换

在需要 &str 类型的场合，可以使用借用的 &String 代替。这时 String 会继承 str 的所有方法。这种隐式转换的原因是 String 类型为 str 实现了 Deref trait。这种自动转换行为被称为 Deref 强制转换（Deref coercion）。但反过来，从 str 转换为 String 类型则是不被允许的。

代码清单4.15展示了一个使用 Deref 强制转换的示例。

代码清单4.15　从 String 到 str 引用的 Deref 强制转换

```
fn FuncA(str_1: &str) {
    println!("{}", str_1);
}

fn main() {
    let string_1="Hello".to_string();
    FuncA(&string_1);
}
```

在这个示例中，FuncA 函数有一个 &str 参数。在 main 中，我们声明了一个 String 类型的 "Hello"。然后，传入了 &String 作为参数，FuncA 成功地被调用了。

4.2.7　格式化的字符串

如果你需要创建格式化的字符串，则可以使用 format! 宏。这个宏与 print! 宏的用法类似，不同的是，它返回的是一个格式化后的字符串，而不是直接输出。和 print! 一样，format! 接受相同的参数，用于插入变量值。具体的格式说明符在第5章中有详细介绍。无论是 print! 还是 format!，它们底层都依赖于 std::fmt 模块。

代码清单 4.16 展示了 format! 宏的例子。

代码清单 4.16　使用 format! 宏创建格式化的字符串

```
let left=5;
let right=10;
let result=format!("{left} + {right} = {result}", result=left+right);

println!("{}", result);     // 5 + 10 = 15
```

4.2.8　实用函数

字符串类型实现了丰富的方法，可以方便地对字符串进行各种处理。以下是一些常用且实用的函数。

- clear：清除一个字符串但不减少当前容量。如果需要，你可以使用 shrink_to_fit 函数来减少容量。

  fn clear(&mut self)

- contains：在字符串中查找一个模式字符串，如果找到则返回 true。

  fn contains<'a, P>(&'a self, pat: P) -> bool

- ends_with：判断字符串是否以给定模式字符串为结尾，如果是则返回 true。

  fn ends_with<'a, P>(&'a self, pat: P) -> bool

- eq_ignore_ascii_case：以不区分大小写的方式比较两个字符串，如果相同则返回 true。

  fn eq_ignore_ascii_case(&self, other: &str) -> bool

- replace：替换字符串中的模式，返回修改后的字符串。

  fn replace<'a, P>(&'a self, from: P, to: &str) -> String

- split：用给定的分隔符将字符串进行拆分，返回一个迭代器以遍历拆分得到字符串数组。

  fn split<'a, P>(&'a self, pat: P) -> Split<'a, P>

- starts_with：判断字符串是否以给定模式字符串为开始，如果是则返回 true。

  fn starts_with<'a, P>(&'a self, pat: P) -> bool

- to_uppercase：将字符串转换为大写。

  fn to_uppercase(&self) -> String

下面展示一下这些函数的具体使用。

代码清单 4.17 清空一个现有的字符串，使其不包含任何字符。shrink_to_fit 函数随后相应减少容量。如果一个字符串没有字符，则 is_empty 函数返回 true。

代码清单 4.17   清除字符串然后缩减到现有大小

```
let mut string_1="something ".to_string();
string_1.clear();
string_1.shrink_to_fit();

// string_1 is empty: true
println!( "string_1 is empty: {}",
    string_1.is_empty());
```

在代码清单 4.18 中，contains 函数遍历字符串查找 fun 并返回 true。println!
宏打印结果。由于格式字符串中嵌套了有双引号的子字符串，因此在宏里面使用了 r# 作为
前缀原始字符串。

代码清单 4.18   使用 contains 函数查找子字符串

```
let string_2="this is fun.".to_string();
let result=string_2.contains("fun");

// "fun" is found in "this is fun.": true
println!(r#""fun" is found in "{string_2}": {result}"#);
```

在代码清单 4.19 中，检查字符串是否有后缀 Topeka，结果为 true。

代码清单 4.19   检查字符串后缀

```
let string_3="going to Topeka".to_string();
let result=string_3.ends_with("Topeka");

// "Topeka" suffix for "going to Topeka": true
println!(r#""Topeka" suffix for "{string_3}": {result}"#);
```

忽略大小写的比较有时候很有用。代码清单 4.20 使用 eq_ignore_ascii_case 函
数比较了两个字符串，这两个字符串只在大小写上有所不同。注意第二个字符串传入的是
借用，使用引用（&）的形式。因为如果我们不借用，将会发生移动，这将使得从那个位
置开始 string_5 不再可用。第 8 章有更多关于借用与移动的内容。在这个例子中 eq_
ignore_ascii_case 函数返回 true。

代码清单 4.20   不区分大小写的比较

```
let string_4="ONE".to_string();
let string_5="One".to_string();
let result=string_4.eq_ignore_ascii_case(&string_5);

// "ONE" equals "One": true
println!(r#""{string_4}" equals "{string_5}": {result}"#);
```

在代码清单 4.21 中，replace 函数将模式 Bob 替换为 Alice，结果得到替换后的字
符串。

代码清单 4.21　字符串的替换

```
let string_6=
    "Bob went shopping; then Bob went home.".to_string();
let result_string=string_6.replace("Bob", "Alice");

// New string: Alice went shopping; then Alice went home.
println!("New string: {}", result_string);
```

split 函数在每个发现分隔符的地方对字符串进行分割。在代码清单 4.22 中，字符串以空格为分隔符进行划分，空格是一个很常见的分隔符。该方法返回一个迭代器，指向由此操作创建的字符串集合，方便你遍历它们。

代码清单 4.22　使用空格作为分隔符分割字符串

```
let string_7="The magic of words.";
let iterator=string_7.split(" ");

// The magic of words.
for word in iterator {
    print!("{} ", word);
}
```

在代码清单 4.23 中，由于字符串以 Sydney 开头，starts_with 函数返回 true。

代码清单 4.23　检查字符串前缀

```
let string_8="Sydney is scenic.".to_string();
let result=string_8.starts_with("Sydney");

// "Sydney" prefix for "Sydney is scenic.": true
println!(r#""Sydney" prefix for "{string_8}": {result}"#);
```

代码清单 4.24，最后一个示例，用 to_uppercase 函数将 Cool! 转换为大写。当然，相应的也有一个 to_lowercase 函数能将字符串转换为小写。

代码清单 4.24　将字符串转换为大写

```
let string_9="Cool!";
println!("{} : {}", string_9, string_9.to_uppercase());

// Cool! : COOL!
```

4.3　总结

在 Rust 中，字符串实际上是一种特殊的向量，其中的元素必须为 Unicode 字符。除了标准的字符串类型外，Rust 还有其他几种字符串类型，比如 OsString、CStr、CString 和 ASCII 字符串等。这些不同的字符串类型将在第 22 章中进行介绍。

Rust 中标准的字符串是 str 和 String 类型。str 类型代表一个字符串切片通常用于字符串字面量。str 通常是借用的方式被使用：&str。String 类型是可变的、可增长的，并且是可有所有权的。通过 Deref 强制转换，可以在任何需要 &str 的地方使用 &string。

与向量类似，String 类型有三个字段：指向底层数组的指针、长度和容量。这些字段只能通过 String 类型的对应方法进行访问。

你可以使用切片表示法访问字符串的一个切片。然而，切片必须与字符边界对齐。如果没有对齐，则运行时会发生 panic。因此字符串上不允许使用下标进行索引。

本章详细介绍了 String 类型的一些有用的方法。建议通过查阅 Rust 参考文档，发现更多其他有价值的 String 函数。

控　制　台

很多应用程序会选择用控制台作为用户交互界面。控制台命令行程序适合很多场景，比如记录事件日志、配置应用程序、接收用户输入、访问开发者工具等。

基于命令行作为与用户交互的控制台应用程序是非常常见的，它们是图形用户界面（Graphical User Interface, GUI）程序的一种可替代方案。与 GUI 程序一样，命令行界面的设计也分好坏。需要注意的是，设计控制台应用程序的 CLI 接口与设计 GUI 时所遵循的最佳实践是不同的。不过本章我们将重点关注如何在技术层面上实现向控制台读写数据，而不涉及界面设计方面的内容。

Rust 提供了多种与控制台进行交互的读写操作。我们将从最常用的 println! 和 print! 宏开始介绍。

5.1　输出

print! 和 println! 宏经常用于在控制台上显示信息。这两个宏都将格式化的字符串插入标准输出流（stdout）中。println! 宏会在格式化输出的结尾添加一个换行符，print! 宏则不会。每个宏的第一个参数是格式字符串也是一个字符串字面量。格式字符串可能包含占位符，即 {} 字符。print! 宏的其余参数将依次替换占位符对应的位置。

print! 和 println! 宏是可变参数的，即可以有不同数量的参数。print! 宏至少必须有一个参数，即格式字符串。println! 宏可以没有参数，仅仅显示一个换行符。

占位符 {} 保留给实现了 Display trait 的公共类型。公共类型通常有一种公认的表示方式。标准库中的很多原生类型，比如整数和浮点数，都被视为公共类型，它们实现了

Display trait。但也有一些类型，比如自定义的结构体，可能并未实现 Display trait。对于这些类型，就无法直接使用 {} 占位符的方式进行格式化。

代码清单 5.1 中的 println! 宏的格式字符串有三个占位符。这些占位符被两个变量值和一个计算结果所替换。

代码清单 5.1　println! 宏和占位符

```
let a = 1;
let b = 2;
println!("Total {} + {} = {}",
    a, b, a + b);  //  Total 1 + 2 = 3
```

格式字符串中的占位符按顺序被参数 a、b 和 a+b 的结果替换。每个 {} 占位符通过参数序列中的下一个进行计算（见图 5.1）。

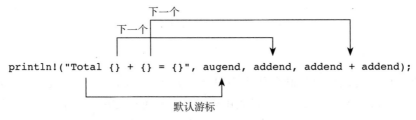

图 5.1　带有格式字符串和占位符的 println! 宏

5.2　位置参数

格式字符串可以有位置参数作为占位符。你可以使用索引来指示占位符中的位置参数：{index}。index 是从零开始的，并且是一个 usize 类型。

使用位置参数的主要好处是允许参数的无序显示，如代码清单 5.2 所示。这个示例中的格式化的字符串以相反的顺序对参数进行显示。

代码清单 5.2　println! 宏中的位置参数

```
let a = 1;
let b = 2;
println!("Total {1} + {0} = {2}",
    a, b, a+ b);  // Total 2 + 1 = 3
```

在格式字符串中，你可以混合使用非位置型和位置型占位符。但是，非位置型参数会被优先求值。如代码清单 5.3 所示的源代码使用了两种类型的参数。

代码清单 5.3　混合使用非位置型参数和位置型参数

```
let (first, second, third, fourth) = (1, 2, 3, 4);
let result = first + second + third + fourth;
println!(
```

```
"{3} + {} + {} + {} = {4}",
first, second, third,
    fourth, result); // 4 + 1 + 2 +_3 = 10
```

图 5.2 示展示了如何求值格式字符串。

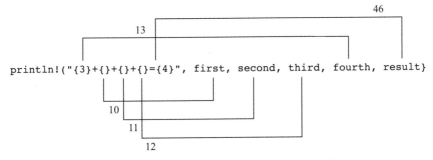

图 5.2　格式字符串中的普通参数和位置型参数

5.3　变量参数

格式字符串中的占位符也可以引用变量。变量参数是一种位置参数。引用的变量必须在作用域内，并且是可见的。在代码清单 5.4 中，first、second、third、fourth 和 result 变量在格式字符串中的占位符里面被引用。

代码清单 5.4　带有变量作为占位符的 println! 宏

```
let (first, second, third, fourth) = (1, 2, 3, 4);
let result = first + second + third + fourth;
println!("{first} + {second} + {third} + {fourth}
    = {result}");
```

5.4　命名参数

print! 宏可以使用命名参数。语法是 name=value。这个参数可以在格式字符串中的占位符内使用。在代码清单 5.5 中，result 是一个命名参数，并在格式字符串的最后一个占位符中被引用。

代码清单 5.5　在 println 中使用命名参数

```
let (first, second, third, fourth) = (1, 2, 3, 4);

println!(
    "{} + {} + {} + {} = {result}", first,
        second, third, fourth,
        result = first + second + third + fourth
);
```

在格式字符串中，命名参数和位置参数都可以出现在占位符内。然而，在参数列表中，位置参数不能跟在命名参数之后。在代码清单 5.6 中，命名参数 prefix 出现在 println! 宏中的任何位置参数之前。

代码清单 5.6　带有命名参数和位置参数的 println! 宏

```
let (first, second, third, fourth) = (1, 2, 3, 4);
let result = first + second + third + fourth;

println!(
    "{prefix} {first} + {second} + {third} + {fourth}
        = {result}",
    prefix = "Average: ",
    result = result as f32 / 4.0
);
```

5.5　填充、对齐和精度

在格式字符串中，可以控制占位符的填充、对齐方式以及数字精度。这对于制作专业美观的显示界面和报告输出非常有用。只需在占位符后的冒号处添加格式规范就能够细致地调整这些属性，比如：{:format}。

你可以使用 {:width} 语法来设置占位符的填充或列宽。在列中，数字值默认的对齐方式是右对齐，字符串默认是左对齐。不过你也可以使用以下特殊字符来重写这些默认的对齐方式：

> 右对齐

< 左对齐

^ 居中对齐

代码清单 5.7 演示了如何定义占位符的宽度和对齐方式。

代码清单 5.7　定义占位符的宽度和对齐方式

```
let numbers = [("one", 10), ("two", 2000), ("three", 400)];
println!("{:7}{:10}", "Text", "Value");
println!("{:7}{:10}", "====", "=====");
for (name, value) in numbers {
    println!("{:7}{:<10}", name, value);
}
```

最终生成的报告由两列数据组成。第一列宽 7 个字符，默认将文本左对齐显示。第二列宽 10 个字符，内容为数字，不过这里明确设置为左对齐。

下面是输出报告的样子：

```
Text   Value
====   =====
one    10
```

```
two    2000
three  400
```

对于浮点数，你可以在占位符内添加精度，用以控制小数点后显示的位数。只需在填充宽度设置之后添加点号和具体的精度值即可，语法是 `padding.precision`。如果没有填充宽度设置，直接使用 `.precision` 就可以了。需要注意的是，对于整数类型来说，`precision` 参数会被忽略。

在代码清单 5.8 中，输出了两个浮点数。第一个以两位小数的精度显示在一个十个字符宽的列中。第二个显示为四位小数和默认宽度。

代码清单 5.8　在 println! 宏中设置小数位数

```
let (f1, f2) = (1.2, 3.45678);
println!("Result: {:<10.2} {:.4}",
    f1, f2);  // Result:  1.20 3.4568
```

你可以使用 $ 字符参数化精度或宽度。只需在格式字符串中，将想要取的参数在参数列表中的位置放到 $ 符号之前。

在代码清单 5.9 中，`println!` 宏显示了两个浮点数。注意 $ 字符的位置，每个都将精度标识为一个参数，$ 前面是数字 0，它们都选择相同的参数——参数列表的第一个参数，来将两个占位符的精度都设置为 3。

代码清单 5.9　使用 $ 选择一个替换参数

```
let (f1, f2) = (1.2, 3.45678);
println!("Result: {1:<10.0$} {2:.0$}", 3, f1, f2);
```

图 5.3 是显示浮点数的格式字符串的图解。

```
println!("Result: {1:<10.0$} {2:.0$}", 3, f1, f2);
```
图 5.3　格式字符串中 $ 替换参数的图解

输出结果如下，两个浮点数具有相同的精度。

```
Result: 1.200     3.457
```

还可以在格式字符串中对填充和精度进行参数化，如下所示，与前面的示例类似，不同之处在于第一个占位符中指定的填充也进行了参数化。

```
println!("Result: {2:<0$.1$} {3:.1$}", 10, 2, f1, f2);
```

图 5.4 展示了格式字符串中的三个占位符是如何被相应的值替换的。

图 5.4　参数化填充和参数化精度

以下是前面的 `println!` 宏在格式化字符串后的输出：

```
Result: 1.20       3.46
```

5.6 进制

在 `print!` 宏里面，数值默认采用十进制表示。不过，开发者也可以指定其他进制，比如二进制和十六进制。对于不同的进制类型，Rust 提供了相应的字母标识符。对于十六进制来说，既可以使用大写 X，也可以使用小写 x 来表示。

描述	进制	格式字符
二进制	进制 2	b
八进制	进制 8	o
十进制（默认）	进制 10	无
十六进制	进制 16	x
十六进制（大写）	进制 16	X

代码清单 5.10 演示了各种进制类型的示例。

代码清单 5.10 在格式字符串中设置进制

```
println!("Default     {}",   42);   // 42
println!("Binary      {:b}", 42);   // 101010
println!("Octal       {:o}", 42);   // 52
println!("Hexadecimal {:x}", 42);   // 2a
println!("HEXADECIMAL {:X}", 42);   // 2A
```

5.7 开发者友好

在使用 `print!` 宏时，对于那些实现了 Display trait 的用户友好类型，用 `{}` 占位符。而对于实现了 Debug trait 的开发者友好类型，则会使用 `{:?}` 占位符。这种区分出于用户友好性的考虑，`{:?}` 格式通常更加注重开发者视角。标准库中有些原生类型同时实现了 Display trait 和 Debug trait，但有些复杂类型，如数组和向量，只实现了 Debug trait。

代码清单 5.11 是 `{:?}` 占位符的一个例子。

代码清单 5.11 使用 `{:?}` 占位符输出向量

```
let vec1=vec![1,2,3];
println!("{:?}", vec1);
```

值得一提的是，Rust 中的用户自定义类型通常不会自动实现 Display trait 或 Debug trait。不过，开发者可以使用派生（`derive`）属性为自定义类型添加 Debug trait 的默认实现，如下所示：

```
#[derive(Debug)]
```

在代码清单 5.12 中，开发者通过使用 derive 属性为 Planet 结构体添加了 Debug trait 的默认实现。之后在程序中的 println! 宏调用时，就可以使用 {:?} 占位符来输出 Planet 类型的实例。

代码清单 5.12　在 println! 宏中显示结构体

```
#[derive(Debug)]
struct Planet<'a> {
    name: &'a str,
    radius: f64,
}
fn main() {
    let earth = Planet {
        name: "Earth",
        radius: 3958.8,
    };
    // Planet { name: "Earth", radius: 3958.8 }
    println!("{:?}", earth); }
}
```

相比于用户友好输出形式，开发者友好的输出可能看起来不太"优雅"。不过，开发者视角更加注重实用性，当然有时难免会显得过于呆板。好在 Rust 提供了 {:#?} 占位符，可以让面向开发者试图实现"优雅输出"，即在每个元素之间添加换行符，使输出更加整洁美观。下面展示了使用这种优雅输出方式显示 earth 值：

```
println!("{:#?}", earth);
```

下面是输出结果：

```
Planet {
    name: "Earth",
    radius: 3958.8222,
}
```

5.8　write! 宏

print! 和 println! 宏将内容显示到标准输出。而 write! 宏则更加灵活，可以将格式化的字符串输出到实现了 fmt::Write trait 或 io::Write trait 的不同目标上。write! 宏的参数包括目标值、格式字符串和格式参数。格式化后的字符串会被写入到目标中。因此，目标需要是可变的，并且是一个借用值。

例如，Vec 类型实现了 std::io::Write trait，因此可以在 write! 宏中作为目标使用，如代码清单 5.13 所示。

代码清单 5.13　使用 write! 宏写入向量，然后用 println! 宏输出

```
let mut v1 = Vec::new();
write!(&mut v1, "{}", 10);
println!("{:?}", v1);  // [49, 48]
```

write! 宏将值 10 转换成一个字符串。对于 Vec 类型来说，write! 宏会将以 UTF-8 编码的字符串按从前到后字节顺序写入 v1（此处为 Vec<u8> 类型）中。

标准输出也是 write! 宏的一个可用的目标。在将 Stdout 作为目标时，write! 宏的行为类似于 print! 宏。在 Rust 中，Stdout 代表标准输出流，它在 std::io 模块中。调用 stdout 函数来获取标准输出目标。代码清单 5.14 将一个格式字符串输出到控制台，就像 print! 宏一样。

代码清单 5.14　将 write! 宏的结果显示到标准输出

```
let res = write!(
    &mut std::io::stdout(),
        "The radius of {} is {} {}", "the Earth",
            3958.8, "miles")
        .unwrap();
```

5.9　Display trait

格式字符串的 {} 占位符接受实现了 Display trait 的参数，用于用户友好的视图。对于自定义的类型，可能需要为它们实现 Display trait。

Display trait 在 std::fmt 模块中，包含了 fmt 函数：

```
pub trait Display {
    fn fmt(&self, f: &mut Formatter<'_>) -> Result<(), Error>;
}
```

fmt 函数创建类型的用户友好输出格式，它是一个实例方法，因此第一个参数是 self，第二个参数是 Formatter（格式化器），是一个输出参数，包含类型的用户友好的格式渲染。该函数返回一个 Result 类型，以指示函数是否成功。

Exponent 是一个用户自定义的类型，包含 base 和 pow 两个字段，用于计算指数运算。默认情况下，结构体是不实现 Display trait 的，所以无法直接使用 {} 占位符来格式化输出。

```
struct Exponent {
    base: i32,
    pow: u32,
}
```

让我们为 Exponent 实现 Display trait，需要实现 fmt 函数。Exponent 结构的用户友好视图自然是指数计算的结果。代码清单 5.15 是为 Exponent 结构实现 Display trait 的代码。

代码清单 5.15　为 Exponent 实现 Display trait

```
impl fmt::Display for Exponent {
    fn fmt(&self, formatter: &mut fmt::Formatter)
                                    -> fmt::Result {
        write!(formatter, "{}",
            i32::pow(self.base, self.pow))
    }
}
```

在该函数的实现中，write! 宏计算指数值并将格式化后的字符串放入 formatter 参数中。

有了代码清单 5.15 中展示的实现，Exponent 结构现在可以与 {} 占位符一起使用，见代码清单 5.16。

代码清单 5.16　在 println! 宏中打印 Exponent 类型

```
let value = Exponent { base: 2, pow: 4 };
println!("{}", value);    // 16
```

5.10　Debug trait

{:?} 占位符渲染开发者友好的值。与 {:?} 占位符一起使用的值必须实现 Debug trait，该 trait 在 std::fmt 模块中。类似于 Display trait，Debug trait 包含一个 fmt 函数：

```
pub trait Debug {
    fn fmt(&self, f: &mut Formatter<'_>)
        -> Result<(), Error>;
}
```

在默认情况下，Rectangle（矩形）结构没有开发者友好的视图。为了便于调试，我们决定为其实现 Debug trait：

```
struct Rectangle {
    top_left: (isize, isize),
    bottom_right: (isize, isize),
}
```

代码清单 5.17 展示了 Debug trait 的实现。在 fmt 函数中，write! 宏将开发者友好的视图渲染到 formatter 中。对于 Rectangle 类型，就是显示了左上角和右下角的坐标。

代码清单 5.17　为 Rectangle 类型实现 Debug trait

```
use std::fmt;
impl fmt::Debug for Rectangle {
    fn fmt(&self, formatter: &mut fmt::Formatter)
                                    -> fmt::Result {
        write!(formatter, "({} {}) ({} {})",
```

```
        self.top_left.0, self.top_left.1,
        self.bottom_right.0, self.bottom_right.1)
    }
}
```

现在可以用 {:?} 占位符来输出矩形的值，如代码清单 5.18 所示。

代码清单 5.18　在 println! 宏中输出 Rectangle 类型

```
let value = Rectangle {
    top_left: (10, 10),
    bottom_right: (40, 25),
};
println!("{:?}", value);  // (10 10) (40 25)
```

5.11　format! 宏

到目前为止，我们主要关注了与输出相关的两个宏 print! 和 println!，它们将格式化后的字符串输出到标准输出。然而，还有几个其他相关的宏可以用来创建格式化的字符串：

- print! 将格式化的字符串发送到标准输出。
- println! 将格式化的字符串追加换行符后发送到标准输出。
- eprint! 将格式化的字符串发送到标准错误。
- eprintf! 将格式化的字符串追加换行符后发送到标准错误。
- format! 创建一个格式化的字符串。
- lazy_format! 创建一个延迟渲染的格式化的字符串。

5.12　控制台读写

如果需要为用户开发一个完全交互式的控制台应用程序，那么必然需要通过控制台与用户进行信息交换。Rust 的标准库 std::io 模块为此提供了一些非常有用的函数：

- stdout：返回一个标准输出流的句柄，类型为 Stdout。
- stdin：返回一个标准输入流的句柄，类型为 Stdin。
- stderr：返回一个标准错误流的句柄，类型为 Stderr。

为了从控制台读取输入，Stdin 实现了 BufRead 和 Read 两个 trait，提供了多个函数用于从控制台读取。以下是简要列表：

- read：将输入读入字节缓冲区。
- read_line：将一行输入读入一个字符串缓冲区。
- read_to_string：读取输入直到文件结束，并将内容存入一个字符串缓冲区。

在代码清单 5.19 中，应用程序首先使用 println! 宏向用户显示一个提示信息，提示用户输入自己的名字。read_line 函数会读取用户的响应并将其保存到一个输出参数中。为了清理用户输入，程序还会使用 String::trim_end 函数去除输入末尾可能存在的多余不可输出字符，比如回车和换行符。最后，应用程序使用用户输入的名字显示一条问候消息。

代码清单 5.19　交互式应用程序

```
use std::io;
fn main() {
    println!("What is your name? ");
    let mut name = String::new();

    io::stdin().read_line(&mut name).unwrap_or_default();
    if name != "" {
        print!("Hello, {}!", name.trim_end());
    } else {
        print!("No name entered.");
    }
}
```

除了使用输出宏之外，还可以直接利用标准输出流的句柄在控制台上显示信息。首先，通过调用 stdout 函数获取标准输出流的句柄对象，stdout 函数提供了多种可以在控制台窗口进行输出的方法。其中 write_all 方法可以用来显示字节数据，如下所示：

```
io::stdout().write_all(b"Hello, world!")
```

5.13　总结

在很多场景下控制台可以成为与用户交互的有效工具。有时候，相比于传统的图形用户界面，控制台的简单性和直接性更受欢迎。

你已经学会了如何使用各种指令来读写控制台。包括写入标准输出的各种宏，其中 print! 和 println! 宏是最常用的两种，它们可以将格式化的字符串输出到控制台。这种格式化的字符串是由格式字符串、占位符以及替换值等输入参数共同构成的。

基于控制台的应用程序正在变得越来越流行。像文本模式的网络浏览器、命令行交互式游戏，以及各种开发者工具，都是这一类型应用程序的典型代表。

控　制　流

控制流描述的是程序源代码中执行的路径。在通常情况下，程序的执行会从 main 函数开始，按顺序依次执行源码语句直至函数结尾。这种简单的线性执行模式只适用于最基础的程序，如"Hello, World"示例应用程序。但对于稍微复杂一些的应用程序来说，代码执行需要具有更多的可变性，比如循环和分支等控制结构。而控制转移是实现非连续执行的最常见方法，这也是本章的重点。

Rust 语言中包含了一些常见的关键字用来控制应用程序执行的路径，并发起控制的转移。这些关键字表达式包括：

- if
- loop
- while
- for
- match

当然，对这些常见的控制流结构，Rust 也有一些独特之处。最显著的是，在 Rust 中它们被定义为表达式，而不是其他语言中的语句。与 Rust 的其他特性一样，这种差异会对 Rust 代码的外观和使用感产生重大影响。此外，为了确保安全性，Rust 还有意排除了某些编程结构，如三元运算符和"goto"语句。

尽管 match 表达式包含在前面的列表中，但它会在第 15 章中进行详细讨论。

6.1　if 表达式

在控制流转移中，最常见的就是 if 表达式。if 会求值一个条件表达式，根据结果是

true 还是 false 来决定程序的执行路径。

如果条件表达式的结果为 true，则执行 if 代码块。否则，跳过该块。

if 的语法如下：

```
if condition {
    // 条件为真时运行的代码块
}
```

可以将 if 和 else 块组合使用，这样就为 if 提供了 true 和 false 两种分支执行路径。当条件表达式的结果为 true 时，程序会执行 if 块内的代码，否则就会执行 else 代码块。

这是 if else 组合使用的语法：

```
if condition {
    // 条件为真时运行的代码块
} else {
    // 条件为假时运行的代码块
}
```

代码清单 6.1 展示了一个 if else 的示例。

代码清单 6.1　一个 if else 示例

```
let city="Honolulu";
let is_new_york="New York City"==city;
if is_new_york{
    println!("Welcome to NYC");
} else {
    println!("Not NYC");
}
```

我们将 city 声明为一个字符串字面量，与 "New York City" 进行比较。比较结果被用作 if 语句的条件表达式。如果为真，则输出 Welcome to NYC 的问候语。

在 if 语句后可以添加一个或多个 else if 语句。本质上，else if 就是一个嵌套的 if。如果存在多个 else if 分支，那么它们会按顺序进行求值，直到有一个条件表达式的结果为 true。一旦找到 true 的条件，就会执行对应的 else if 代码块。如果所有的 else if 最后还有 else 代码块，那么这会被视为默认行为。

这是 else if 的语法：

```
if boolean condition {
    // 条件为真时运行的代码块
} else if condition {
    // 条件为真时运行的嵌套代码块
} else {
    // 条件为假时运行的代码块
}
```

代码清单 6.2 展示了示例代码。

代码清单 6.2　另一个 if else 示例

```
let city="Bangalore";
if city == "New York City" {
    println!("Welcome to NYC");
} else if city == "Paris" {
    println!("Welcome to Paris");
} else if city == "Bangalore" {
    println!("Welcome to Bangalore");
} else {
    println!("City not known")
}
```

与前面的示例类似，我们声明了一个变量 city，作为一个字符串字面量。然后将这个变量与一系列城市进行比较。如果有匹配，就执行相应的代码块。

if let 表达式是 if 语句的一种变体。它不使用条件表达式，而是通过模式匹配来决定控制流的走向。如果模式匹配成功，则相应的代码块就会被执行，否则该代码块会被跳过。此外，也可以在 if let 中使用 else 和 else if。模式匹配的相关内容会在第 15 章中进一步讨论。

这是带有 else if 和 else 代码块的 if let 表达式的语法：

```
if let pattern = expression {
        // 模式匹配成功
} else if pattern = expression {
        // 模式匹配成功
} else {
        // 模式匹配失败
}
```

代码清单 6.3 提供了一个 if let 的例子。

代码清单 6.3　使用 if let 进行赋值

```
enum Font {
    Name(String),
    Default,
}

let font=Font::Name("Arial".to_string());
if let Font::Name(chosen) = font {
        println!("{} font selected", chosen);
} else {
        println!("Use default font");
}
```

这个例子中定义了一个名为 Font（字体）的枚举类型。该枚举有两个变体：Name（String），用于特定字体，以及 Default。接下来，我们创建了一个 Arial 的 Font 实例。使用 if let 语句，我们可以检查字体是否为具体的 Name 类型，如果是，就将其值赋值给 chosen 变量并输出。

在一个 if 语句中，各个分支码块会返回一个值，默认返回是空元组 ()，需要注意的是所有包含 if 的代码块，包括 else 和 else if，必须返回相同的类型。返回值可以用来初始化一个新变量、赋值给另外一个变量，或者作为更大表达式的一部分。

在代码清单 6.4 中，if 根据布尔值标志位返回 1 或 2。

代码清单 6.4　使用 if 表达式进行赋值

```
let flag=true;

let value=if flag {
    1
} else  {
    2
};

println!("{}", value);
```

该标志位被硬编码为 true 值。因此，value 会被赋值为 1，然后输出。

6.2　while 表达式

Rust 中的 while 循环是一种基于条件判断的循环结构。只要条件表达式的结果为真，就会不断重复执行 while 代码块内的语句。一旦条件表达式变为假，程序就会跳出 while 循环，继续执行后续的代码。如果条件表达式一开始就为假，那么 while 循环体根本不会被执行，即循环次数为 0。

为了避免陷入无限循环，我们必须确保 while 循环的条件表达式的值最终会变为 false。不过，在某些情况下使用无限 while 循环也是合理的做法，比如消息循环。

这是一个简单的 while 循环的语法：

```
while condition {
      // while 代码块
}
```

代码清单 6.5 展示了用 while 表达式计算阶乘。

代码清单 6.5　while 循环的示例

```
let mut count=5;
let mut result=1;

while count > 1{
    result=result*count;
    count=count-1;
}
```

while let 是 while 循环的一种变体。只要模式匹配成功，它会不断地重复执行 while 代码块。这与 if let 的用法很相似，只是增加了循环的功能。

代码清单 6.6 使用 while let 表达式计算阶乘。

代码清单 6.6　while let 示例

```
let mut count=Some(5);
let mut result:i32=1;
while let Some(value)=count {
    if value == 1 {
        count=None
    } else {
        result=result*value;
        count=Some(value-1);
    }
}
```

只要模式能够匹配 Some(value)，while let 循环就会不断地重复执行 while 代码块，每次迭代中，value 先与之前的乘积 result 相乘然后再减 1。当 value 变为 1 时，模式被设置为 None，这也意味着模式不再匹配，此时 result 将得到最终的阶乘值。

break 和 continue 关键字

break 和 continue 关键字可以用来改变循环的执行流程。continue 语句会跳过当前循环体的剩余部分，直接进入下一轮的循环条件判断。

代码清单 6.7 只显示奇数，如果遇到偶数，那么 continue 语句会跳过代码块的其余部分，当然该数字也不会被输出。

代码清单 6.7　继续下一次迭代

```
let mut i=0;
while i < 10 {
    i=i+1;
    if i % 2 == 0 {
        continue;
    }
    println!("{}", i);
}
```

代码清单 6.8 中的 while 表达式迭代直到找到一个范围在 100 000 到 200 000 之间的质数。这个例子使用了位于 crates.io 仓库中的 Primes crate。当找到一个质数时，while 循环会中断，跳过剩余的代码块并退出 while 循环。

代码清单 6.8　当找到一个质数时退出循环

```
let mut i=100_000;
while i < 200_000 {
    if is_prime(i) {
```

```
        println!("Prime # found {}", i);
        break;
    }
    i=i+1;
}
```

6.3　for 表达式

for 循环是一种基于迭代器的循环结构。迭代器需要实现 Iterator trait，然后可以直接用于 for 循环。不过，像数组和向量这样的集合类型并不是迭代器，而是实现了 IntoIterator trait，该 trait 定义了如何从某种类型转换为迭代器。幸运的是，for 循环也可以直接作用于实现了 IntoIterator trait 的集合类型。

这是 for 循环的语法：

```
for value in iterator {
    //
}
```

代码清单 6.9 的示例演示了如何在 for 循环中使用范围字面量。范围字面量用来定义一个连续的值序列，取值于由 start 和 end 构成的半闭开区间。范围字面量的最终结果是一个迭代器。

代码清单 6.9　用 for 循环遍历 Range

```
use std::ops::Range;

fn main() {
    let r=Range {start: 0, end: 3};
    for value in r {
        println!("{}", value);
    }
}
```

for 循环将会在不同的行上输出数字 0、1 和 2。

范围字面量简写语法是 start..end 或 start..=end。请注意 .. 运算符不包括结束值，而 ..= 运算符则包括结束值。

在代码清单 6.10 中，for in 遍历一个范围字面量。

代码清单 6.10　for 循环遍历一个范围字面量

```
for value in 1..=5 {
    println!("{}", value);
}
```

这会在不同的行上输出 1、2、3、4 和 5。

迭代器有一个 enumerate 函数,它返回一个包含两个字段的元组,分别是当前项的索引和值。

代码清单 6.11 展示了一个示例。

代码清单 6.11　使用 enumerate 函数

```
for value in (1..=10).enumerate() {
    println!("{:?}", value);
}
```

这是应用程序的输出结果,其中元组的第一个字段是索引,第二个字段是值:

```
(0, 1)
(1, 2)
(2, 3)
(3, 4)
(4, 5)
```

数组和向量是很常用的集合类型,但正如前面提到的,它们不是迭代器,只是实现 IntoIterator trait 从而能被转换为迭代器。

在代码清单 6.12 中,我们在 for in 表达式中遍历了一个向量的元素。

代码清单 6.12　在 for 循环中迭代一个向量

```
let values=vec![1,2,3];
for item in values {
    println!("{}", item);
}
```

在之前的代码中,我们可以尝试将 enumerate 函数与向量一起使用。然而你会发现这是行不通的,因为 IntoIterator trait 的实现并没有提供相应的函数。所以在使用 enumerate 函数之前,我们必须先使用 iter、iter_mut 或 into_iter 方法之一,将集合类型转换为迭代器类型。

以下是 iter、iter_mut 和 into_iter 函数的不同之处:

- iter 函数生成不可变引用(&T)。
- iter_mut 函数生成可变引用(&mut T)。
- into_iter 函数根据使用场景可以推导出:T、&T 或 &mut T。

在代码清单 6.13 中,我们声明了一个包含整数值的向量,在 for 循环内部,向量通过 iter 方法被转换为一个迭代器,然后调用 enumerate 方法,得到一个新的迭代器,其中每个元素都是一个(索引,值)的元组。在 for 循环内部,元组被输出。

代码清单 6.13　在 for 循环中输出向量元素的索引和值

```
let values=vec![1,2,3];
for item in values.iter().enumerate() {
    println!("{:?}", item);
}
```

代码清单 6.14 所示的示例中仅迭代向量中的值。在 for 循环代码块内，item 被输出。
当我们尝试去修改 item，编译会失败。

代码清单 6.14　在 for 循环中修改向量中的值

```
let mut values=vec![1,2,3];
for item in values {
    println!("{}", item);
    item=item*2;
}
```

这是错误消息：

```
3 |        for item in values {
  |            ----
  |            |
  |            first assignment to `item`
  |            help: consider making this binding mutable: `mut item`
4 |            println!("{}", item);
5 |            item=item*2;
  |            ^^^^^^^^^^^ cannot assign twice to immutable variable
```

仔细研究错误信息往往会有不错的收获。在这个例子中，错误提示清楚地指出了问题
所在——我们需要使用可变引用！这是因为要更新向量里面的值。默认情况下，for in 循
环返回的是不可变的简单值类型 T，这就导致我们无法对其进行修改。幸好有 iter_mut
函数，它可以提供可变引用 &mut T，从而使代码清单 6.15 中的版本能够正常工作。

代码清单 6.15　带有可变迭代器的 for 循环

```
let mut values=vec![1,2,3];

for item in values.iter_mut() {
    println!("{}", item);
    *item=*item*2;
}
```

而代码清单 6.16 中的版本也无法正常工作，因为默认的迭代器返回的是 T 类型，而字
符串类型具有移动语义，所以在 for in 循环中，字符串值就会被移动走。当我们在 for
循环中迭代字符串时，字符串的所有权会被转移到循环内部。这就导致了 for 循环结束后，
最终的 println! 宏无法正常工作，会引发借用检查器的编译器错误。

代码清单 6.16　在 for 循环发生了字符串移动

```
let values=["a".to_string(), "b".to_string(),
    "c".to_string() ];
for item in values {
    println!("{}", item);
}
println!("{}", values[1]);  // 借用检查器错误
```

这个问题可以通过使用正确的迭代器来解决，而不是使用默认的迭代器。我们可以调用 iter 方法来获得一个返回 &T 的迭代器。这样在 for 循环中，字符串就只是被借用，而不是被转移所有权。这样就允许我们在 for 循环结束后继续使用这些字符串，如代码清单 6.17 所示。

代码清单 6.17　使用 &T 在 for 循环中进行迭代

```
let values=["a".to_string(), "b".to_string(),
    "c".to_string() ];

for item in values.iter() {
    println!("{}", item);
}

println!("{}", values[1]);
```

6.4　loop 表达式

loop 表达式在设计上是一个无限循环。无限循环有很多使用场景，比如包括消息抽取。然而，我们也可以用 break 来退出无限循环。

loop 不仅仅是一个"while true"循环，它还有一些额外的特性使其在某些情况下比 while true 循环更受青睐。

代码清单 6.18 是一个使用 loop 的基本消息循环的模板。循环接收消息，当收到 APPLICATION_EXIT（应用程序退出）消息时，匹配到对应分支结束应用程序，当然也会退出循环。

代码清单 6.18　一个 loop 表达式示例

```
loop {
    match msgid {
        APPLICATION_EXIT=>return,
        // 处理其他消息

        _=>write!(
            &mut std::io::stderr(),
            "Invalid message").unwrap(),
    }
};
```

6.4.1　loop break 表达式

我们一般使用一个 break 来退出循环，然而，break 其实也可以返回循环结果，但这仅适用于 loop 循环。这个特性不适用于 while 或 for 循环。break 表达式的默认返回类型是 !，即永不类型（never type），意味着没有值。

代码清单 6.19 使用 loop 遍历数组，直到找到一个偶数。

代码清单 6.19　用 loop 遍历并返回第一个找到的偶数

```
let values=[1,5,6,4,5];
let mut iterator=values.iter();
let mut value;

let even=loop {
    value=iterator.next().unwrap();
    if value%2 == 0 {
        break value;
    }
};
```

在这个示例中，我们在首先时声明了一个整数数组、迭代器和一个整数值。在循环中，使用迭代器调用 next 函数以获取连续的数组值。检查每个值，如果值是偶数，则 break 会退出循环并返回该 value 作为结果。

6.4.2　loop 标签

loop 标签为循环控制提供了灵活性，也扩展了 break 和 continue 关键字的功能。许多其他语言不支持这一特性。

在嵌套循环中，无论是 for、while 还是 loop 表达式，通常只能 break 或 continue 当前的循环，然而，使用循环标签可以 break 或 continue 外层的循环。这就避免了需要使用一系列的 break 或 continue 关键字来达到相同的结果，这样的代码还很难看。相比之下标签就是一个更直接的解决方案。

通过标注，你可以给 while、for 或 loop 表达式添加一个标签。下面是标签的语法：

```
'label:loop
'label:while
'label:for
```

标签遵循生命周期的命名约定。此外，标签可以嵌套甚至可以覆盖其他标签。你可以使用 break 或 continue 表达式将控制转移给一个标签。

这是语法：

```
break 'label;
continue 'label;
```

代码清单 6.20 使用了一个 loop 标签来继续执行外部的 for 循环。

代码清单 6.20　loop 标签示例

```
let values=[[1,2,4,3], [5,6,7,8],
    [10,9,11,12]];
'newrow:for row in values {
    let mut prior=0;
    for element in row {
        if prior > element {
```

```
            continue 'newrow;
        }
        prior=element;
    }
    println!("{:?} in order", row);
}
```

在这个例子中，我们创建了一个由三行组成的多维数组。应用程序的目的是遍历每一行并输出其值，但这些值必须是按升序排列的。如果发现某行的值顺序不对，则应该停止处理当前行，改为开始处理下一行。外层的 for 循环用于遍历行，内层的 for 循环用于遍历行中的具体值。在内层循环中，如果发现某个值不符合升序要求，就使用 break 语句跳出内层循环，开始处理下一行。

代码清单 6.21 是另一个展示标签用法的示例。该示例包含一个外层的 while 循环和一个内嵌的 loop 循环。外层循环使用 thewhile 标签进行标注。同时还有外层和内层两个计数器，它们会在各自的循环中递增。当内层计数器大于或等于外层计数器时，continue 语句会跳转到外层 while 循环。此时外层计数器会递增，内层嵌套 loop 也会重新启动。这个过程会一直持续下去，直到外层计数器小于 10。最终，该应用程序会输出一个由数值组成的三角形图案。

代码清单 6.21　在内部循环中使用的 loop 标签

```
let mut outercount: i8 = 0;
'thewhile: while outercount < 10 {
    outercount += 1;
    let mut innercount: i8 = 1;
    println!();
    loop {
        print!("{} ", innercount);
        if innercount >= outercount {
            continue 'thewhile;
        }
        innercount += 1;
    }
}
```

这是运行应用程序的结果：

```
1
1 2
1 2 3
1 2 3 4
1 2 3 4 5
1 2 3 4 5 6
1 2 3 4 5 6 7
1 2 3 4 5 6 7 8
1 2 3 4 5 6 7 8 9
1 2 3 4 5 6 7 8 9 10
```

6.5 Iterator trait

迭代器在绝大多数语言中都扮演着重要角色，Rust 也不例外。迭代器可以从头到尾顺序地遍历一个元素序列。对于集合类型（如链表），迭代器可用于遍历各个节点。对于序列类型，如斐波那契数列，迭代器则可用于逐个访问序列中的值。能够提供迭代器功能的类型往往也更加灵活和方便，比如迭代器能很方便地与 `for`、`while` 和 `loop` 等循环结构配合使用。

迭代器有不同的类型，比如正向迭代器和反向迭代器。如前所示，你也可以让迭代器返回普通的、可变的、引用的或可变引用的项。

迭代器实现了 Iterator trait。通常实现迭代器的类型都会维护一个游标，被称为项（`item`）。项是集合或序列中的当前位置。对于 Iterator trait，`next` 是唯一必须实现的函数。`next` 函数按顺序返回每个项，返回结果要么是 Some<T>，要么是在所有项目遍历完后返回 None。

迭代器的 `next` 函数在 `for in` 表达式中会被隐式调用，而使用 `while` 或 `loop` 时，你需要显式调用。

作为一个例子，我们来实现一个用于三角形序列的迭代器。三角形序列描述的是等边三角形内部包含的点的数量。具体计算公式如下：

$$\frac{n(n+1)}{2}$$

图 6.1 展示了当边由 2、3 或 4 个点组成时，等边三角形内部包含的点的数量的结果。

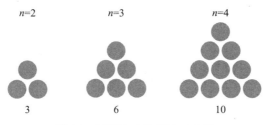

图 6.1　不同大小的等边三角形

代码清单 6.22 是一个迭代器的实现，它遍历三角形序列。

代码清单 6.22　三角形序列迭代器的实现

```
// state machine
struct Triangular(u32);
impl Iterator for Triangular {
    type Item = u32;
    fn next(&mut self) -> Option<Self::Item> {
        self.0+=1;
        // 计算三角形序列项的值
```

```
            Some((self.0*(self.0+1))/2)
        }
    }

fn main() {
    let tri=Triangular(0);
    for count in tri.take(6) {
        println!("{}", count);
    }
}
```

Triangular 是一个元组结构体,它作为迭代器实现了三角形序列。因此,该结构体实现了 Iterator trait,每个项都是 u32 类型。self.0 字段代表三角形每边的点数,next 函数递增边的点数,然后计算三角形序列中的下一个值,结果用 Some(n) 返回。

需要注意的是,三角形序列是无穷的,next 函数从不返回 None！因此,在 for 循环中使用 next 函数可能会导致无限循环。相应地,我们使用了 take 方法来仅返回序列的前 6 个项。

6.6 总结

只用线性执行的语句很难创建一个有意义的应用程序。控制转移语句在执行过程中的控制程序流程方面起着至关重要的作用。Rust 支持许多用于控制执行路径的语言组件,包括以下几种:

- if 表达式
- for 表达式
- while 表达式
- loop 表达式

每一个都是具有相关代码块的表达式,它们的控制流取决于各自的条件表达式。

if 可以与 if else 和 else 结合使用,条件表达式决定是否执行 if 代码块。if let 表达式类似,但依赖于模式匹配而不是条件表达式来决定是否执行 if 代码块。

for、while 和 loop 根据条件表达式重复执行一个代码块。该代码块可以执行 0..n 次。你可以使用 continue 和 break 关键字来继续执行下一次迭代或者完全退出循环。

可以通过实现 Iterator trait 来创建迭代类型,迭代器在集合和序列中很有用。next 函数负责使迭代器返回序列中的下一个项。

在后续章节中将讨论 match 表达式、函数调用以及其他控制转移的方式。

集　合

标量类型通常不方便或不实用于存储多个值。在本章中，我们将拓展讨论范围，涵盖集合类型，这些类型更适合用于存储多个值。想象一下你要创建一个财务应用程序用于跟踪 20 个地区的销售情况。你可以创建并管理 20 个独立的标量变量，每个区域一个。但一个更方便的方法是只创建一个单一变量——一个包含 20 个元素的集合。这样的集合能更好地管理多个元素，比如可以进行排序、创建报表和输出其值等操作。

Rust 中的核心集合类型与其他语言中的类似有：数组（array）、向量（vector）和哈希表（hash map）。

- 数组类型：数组是一个固定大小的值集合。值必须是相同的类型。
- 向量类型：向量是一种可以动态扩展的值集合，值也必须是相同的类型。
- HashMap 类型：哈希表是一种由键值对条目组成的查找表。每个条目包含一个唯一的键和对应的值。

功能上这些集合与其他语言中的类似类型差不多，但在 Rust 里，它们的使用更加安全。因为很重要的一个点是集合类型也必须满足所有权和生命周期的语义。

7.1　数组

数组由固定数量的相同类型元素组成。数组的类型和大小必须在编译时确定。因此用数组来记录交易就是一个糟糕的选择，因为交易数量将在一年中不断地增加。但是数组非常适合用来记录每月的总交易，一年有固定的 12 个月，这个情况不太可能改变。

数组是一种原生类型，可以在标准预置库中找到。可以使用变量名和方括号来声明一个数组，在方括号内指定数组的类型和元素数量。数组的大小必须在编译时确定，这一点限制了长度只能是字面值或常量。下面是数组的表示方式：

```
array_name[type; length]
```

数组字面量也用方括号描述，有两种表示法。一种表示法使你可以简单地在方括号内列出相同类型的值，如下所示：

```
[value, value2, ..]
```

在另一种表示法中，数组字面量可以被描述为一个重复表达式，它包括一个值和一个重复次数。重复次数是数组的大小，每个元素将被设置为该值。下面是语法：

```
[value; repeat]
```

代码清单 7.1 展示了各种方式声明数组。

代码清单 7.1　各种方式声明数组

```
let array_1:[i32; 4]=[1,2,3,4]; // a
let array_2=[1,2,3,4]; // b
let array_3=[10;5]; // c

println!("{:?}", array_1); // 1, 2, 3, 4  - d
println!("{:?}", array_2); // 1, 2, 3, 4
println!("{:?}", array_3); // 10, 10, 10, 10, 10
```

在这个例子中，我们声明并初始化了三个数组。

a. array_1 是一个包含四个 i32 值的数组，用 [1,2,3,4] 进行初始化。

b. array_2 数组使用类型推断声明，也用 [1,2,3,4] 初始化。

c. array_3 通过重复表达式声明，数组由五个值组成，每个值都初始化为 10。

d. 使用 println! 宏输出每个数组。因为数组实现了 Debug trait，所以数组可以使用格式字符串中的 {:?} 占位符来显示。

数组的值存储在连续的内存中。如果声明为局部变量，则这些值会分配在栈上。数组也可以被存储，这样其中的值会被复制到堆上，在第 20 章中会有相关的讨论。

代码清单 7.2 声明了各种局部变量。

代码清单 7.2　显式声明的局部数组

```
let array_1:[i32;1]=[1];      // 0x6f612ff7e8
let array_2:[i32;2]=[1,2];    // 0x6f612ff7ec
let array_3:[i32;3]=[1,2,3];  // 0x6f612ff7f4

println!("a {:p}\nb {:p}\nc {:p}", &array_1, &array_2, &array_3);
```

此示例中的数组位于栈上，并且体积一个比一个大。如图 7.1 所示，根据它们的地址可以看出这些数组位于连续的内存中。实际内存地址可能会根据平台架构而有所不同。图 7.1 展示了内存中的数组，其中"偏移"列是与前一个数组的距离，以字节为单位。

	栈地址	偏移
array_1	0x6f612ff7e8	0
array_2	0x6f612ff7ec	4
array_3	0x6f612ff7f4	8

图 7.1　栈上数组的内存布局

len 函数返回数组的长度，在某些时候知道长度很有用。在代码清单 7.3 中，我们输出了两个数组的长度。

代码清单 7.3　输出两个数组的长度

```
let array_1=[1.23, 4.56];
let array_2=[1.23, 4.56, 7.89];

println!("len 1: {} | len 2: {}", array_1.len(),
    array_2.len());    // len 1: 2 len 2: 3
```

7.1.1　多维数组

大多数时候我们都使用一维数组。然而，有些情况我们需要用到多维数组。二维数组由行和列组成，而三维数组由行、列和深度组成，依此类推。维度的数量是没有限制的，取决于开发者理解和维护此类代码的能力。

图 7.2 展示了使用方括号声明多维数组的语法。

图 7.2　多维数组的表示方法

代码清单 7.4 展示了如何声明一个二维数组。

代码清单 7.4　声明一个二维数组

```
let array_1=[[1,2,3],[4,5,6]];
println!("{}", array_1.len());    // 2
```

我们还输出了 array_1 的长度，即 2 个元素。默认情况下，len 函数用于数组的第一维度。

例如，我们可以将一个体育联赛建模为一个三维数组（见代码清单 7.5）。三维由分部、球队和球员组成。联盟中有多个分部，每个分部又包含多个球队，而每支球队都有三名球员。

代码清单 7.5　初始化一个三维数组

```
let teams:[[[&str;3];4]; 2]=
    [[["Bob","Sam","Julie"],["Rich","Donis","Bob"],
        ["Hope","Al","Fred"],["Olive","Wanda","Herb"]],
```

```
[["Alice","Sarah","Adam"],["Jeff","Jason","Eric"],
    ["Cal","Sal","Edith"],["Alice","Ted","Duane"]]];
```

按顺序描述各个维度：第一维度有三个元素，第二维度有四个元素，而第三维度有两个元素。在数组中，团队和分部是没有名字的。如果能将每个团队映射到唯一的团队和分部名称就更好了。这个时候用查找表就非常完美。在本章的后面，我们将介绍 Rust 中的查找表，即 HashMap 类型。

7.1.2　访问数组元素

你可以通过索引来访问数组中的单个元素。索引表示元素相对于数组起始位置的偏移量。由于数组是从 0 开始索引的，因此第一个元素的位置是 0。索引值是 usize 类型，需要写在方括号中。

代码清单 7.6 定义了一个 users 数组，访问并显示第二个元素。

代码清单 7.6　用索引访问数组元素并显示出来

```
let index:usize=1;

let users=["bob".to_string(), "alice".to_string(),
    "sarah".to_string(), "fred".to_string()];
println!("{}", users[index]);    // alice
```

如果我们尝试从数组中移动一个 String 值而不是借用它，会发生什么？

```
let users=users[1];
```

如果这个尝试被允许——数组的一部分内容不再被数组拥有，那么将会导致不可预测的行为。因此在 Rust 中这是不被允许的，会发生以下的错误：

```
cannot move out of here
move occurs because `users[_]` has type `String`, which does not
implement the `Copy` trait
help: consider borrowing here: `&users[1]`
```

可以通过额外的括号访问多维数组中的元素，每个维度需要单独的括号。

在代码清单 7.7 中，我们有一个二维数组，有两行，每行三个用户。要访问某个特定的值就需要双重括号，每个维度一个。

代码清单 7.7　使用索引访问二维数组中的元素并显示出来

```
let users=
    [["bob".to_string(), "alice".to_string(), "adam".to_string()],
    ["sarah".to_string(), "fred".to_string(), "susan".to_string()]];
let user=&users[1][0];  // sarah
println!("{}", user);
```

7.1.3　切片

一个切片是对数组一部分连续元素构成的子序列的引用。切片由两个字段组成：起始位置和长度。我们使用起始索引和结束索引来定义一个切片，中间以省略号分开。语法如下：

```
arrayname[starting_index..ending_index]
```

切片包含起始索引的元素，但是不包含结束索引的元素。代码清单 7.8 提供了一个示例。

代码清单 7.8　显示一个切片

```
let array_1=[2, 4, 6, 8];
println!("{:?}", &array_1[1..3]);  // [4, 6]
```

图 7.3 高亮显示了对于给定数组的切片。

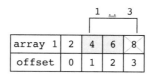

图 7.3　栈上数组的内存布局

在定义一个切片时，在结束索引的前面加上等号可以使其对应的元素包含在切片内。代码清单 7.9 是与之前相同的例子，只是包含结束索引。

代码清单 7.9　使用包含范围显示切片

```
let array_1=[2,4,6,8];
println!("{:?}", &array_1[1..=3]);  // [4, 6, 8]
```

在切片表示法中，起始索引和结束索引都可以省略，当它们被省略时，默认值是取整个数组的范围。以下是各种可能性：

- 起始索引默认为数组的开始。
- 结束索引默认为数组的末尾。
- 如果两个索引都省略了，那么默认情况下切片就覆盖整个数组。

代码清单 7.10 展示了在切片表示法中使用默认值。

代码清单 7.10　显示各种切片范围

```
let array_1=[0,1,2,3,4,5];
println!("{:?}", &array_1[..]);   // [0, 1, 2, 3, 4, 5]
println!("{:?}", &array_1[2..]);  // [2, 3, 4, 5]
println!("{:?}", &array_1[..3]);  // [0, 1, 2]
println!("{:?}", &array_1[..=4]); // [0, 1, 2, 3, 4]
println!("{:?}", &array_1[4..]);  // [4, 5]
```

7.1.4 数组的比较

数组实现了用于比较的 PartialEq trait。只有相等（==）和不相等（!=）两个运算符是可用于数组比较的逻辑运算符。比较的具体方式取决于数组的类型。数组的有效比较需要遵循以下规则：

- 两个数组必须是相同的类型。
- 两个数组具有相同数量的元素。
- 数组类型支持逻辑比较。

代码清单 7.11 展示了比较各种数组的相等性。

代码清单 7.11　比较数组的相等性

```
let array_1=[1,2,3,4];  // a
let array_2=[1,2,3,4];
let array_3=[1,2,5,4];
let array_4=[1,2,3];

let result=if array_1==array_2 {true}else{false};    // b
println!("array_1 == array_2: {}", result);

let result=if array_1==array_3 {true}else{false};    // c
println!("array_1 == array_3: {}", result);

let result=if array_1==array_4 {true}else{false};    // d
println!("array_1 == array_4 {}", result);
```

以下是对代码中的比较的详细解释：

a. 声明了四个整数数组。

b. array_1 和 array_2 具有相同数量的元素和值，因此，这两个数组是相等的。

c. array_1 和 array_3 具有相同数量的元素但值不同，所以它们不相等。

d. array_1 和 array_4 长度不同，这样的比较是无效的，并且会发生编译错误。

7.1.5 迭代

Rust 提供了各种方法来遍历数组。最直接的方法是一个简单的 for 循环，因为数组实现了 IntoIterator trait 来支持这种行为。代码清单 7.12 中展示的 for 循环按顺序访问并输出数组的每个值。

代码清单 7.12　用 for 循环迭代数组

```
let array_1=[1,2,3,4];
for value in array_1 {
    println!("{}", value);
}
```

上面示例列出了数组的值，也可以同时迭代值和关联的索引。iter 函数为数组返回一个迭代器，然后迭代器的 enumerate 函数会以元组的形式返回当前索引和值。

代码清单 7.13 展示了一个例子。

代码清单 7.13　使用 enumerate 函数遍历数组

```
let array_1=[1,2,3,4];

let e=array_1.iter();
for element in e.enumerate() {
    println!("{:?}", element);  // (0, 1) (1, 2) (2, 3) (3, 4)
}
```

7.1.6　隐式转换

有时我们需要将数组转换为切片，或者将切片转换为数组。幸运的是，在 Rust 中，从数组转换到切片会隐式发生。然而，从切片转换到数组并不是隐式的。你可以在切片上调用 try_into 函数来创建一个数组，注意数组和切片的长度必须相同。try_into 函数返回 Result<T,E> 类型。如果成功，则会返回包含在 Ok<T> 变体中的数组，否则用 Err(E) 返回一个错误。

代码清单 7.14 展示了将一个切片转换为一个数组。

代码清单 7.14　在切片和数组之间转换

```
let slice_1=&[1,2,3,4][1..3];
let array_1:[i32; 2]=slice_1.try_into().unwrap();
```

在这个例子中，slice_1 是从一个数组创建的，并且有两个元素，2 和 3。接下来，这个切片使用 try_into 方法转换成一个数组。如果成功，结果会被赋值给 array_1，它也有两个元素。

7.2　向量

向量是一种动态数组。在 Rust 中，Vec 就是向量类型，可以在标准预置库中找到。向量是数组的很好的补充。因为集合通常需要能动态地增长或收缩，这在向量中是允许的，但数组却不行。

由于向量的大小是动态的——它在编译时无法确定大小。因此，向量本身不能驻留在栈上。向量有一个底层数组，元素值存储在其中，这个底层数组是在堆上分配的。

向量有三个字段：

- 当前向量的大小。
- 指向堆上底层数组的指针。
- 底层数组的容量。

这些字段不能直接访问，只能通过函数进行访问，例如 `capacity` 和 `len` 函数。

向量创建时会分配底层数组。当向量的绑定从内存中移除时，底层数组也会被释放。容量指的是底层数组的大小，长度指的是向量中实际元素的数量，其值总是小于或等于容量。当长度超过容量时，底层数组将被重新分配、复制，并增加容量，下面概括了这个过程：

1. 增加容量。
2. 分配了一个更大的底层数组。
3. 所有值被复制到新的底层数组中。
4. 原始底层数组被释放。
5. 更新向量的指针和容量。

图 7.4 描述了一个常规向量的内存布局。

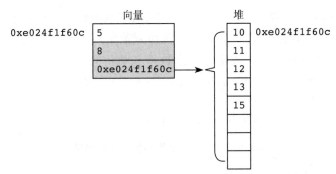

图 7.4　对于这个向量，底层数组有 5 个元素，容量为 8

`Vec` 是一个泛型。泛型将在第 14 章中讨论。可以使用构造函数 `new` 来声明一个空的向量，如代码清单 7.15 所示。

代码清单 7.15　声明一个向量并添加一个元素

```
let mut vec_1:Vec<i32>=Vec::new();
let mut vec_2=Vec::new();
vec_2.push('a');
println!("{:?}", vec_2);
```

在这个例子中，我们声明了两个向量。第一个向量是空的，但可以存储 i32 类型的值，它被声明为可变的，以便将来添加数据。第二个向量也是空的可变的，不过它的类型是通过类型推导来确定的，下面的 push 函数向该向量添加了一个字符，同时这也确定了它是一个字符向量。最后，我们使用 `println!` 宏输出了第二个向量。

如代码清单 7.16 所示，可以使用 `vec!` 宏来初始化一个向量，支持使用数组表示法或重复表达式。

代码清单 7.16　`vec!` 宏示例

```
let vec_1=vec![1,2,3,4];
println!("{:?}", vec_1);    // 1,2,3,4
```

length 和 capacity 函数分别返回一个向量的长度和容量，如代码清单 7.17 所示。

代码清单 7.17　length 和 capacity 是向量的函数

```
let vec_1=vec![1,2,3,4];
let length=vec_1.len();        // 4
let capacity=vec_1.capacity(); // 4
println!("Length {} Capacity {}", length, capacity)
```

在这个例子中，长度和容量都是 4。然而，向量的长度和容量可以是不同的，而且通常是不同的。这将在本章后面进一步解释。

7.2.1　多维向量

声明一个多维向量的语法与多维数组相同。代码清单 7.18 是一个使用 vec! 宏的例子。

代码清单 7.18　声明一个二维向量

```
let vec_1=vec![[1,2,3,4],[ 5, 6, 7, 8]];
let vec_2=vec![[1,2],[5, 6], [7, 8]];
```

此示例声明了一个具有两行四列的向量，以及一个具有三行两列的向量。

7.2.2　访问向量元素

向量中的单个元素可以通过索引访问。代码清单 7.19 是从向量返回一个元素的例子。

代码清单 7.19　访问向量的元素

```
let vec_1=vec![1,2,3];
let vec_2=vec![[1,2,3],[4,5,6]];
let var_1=&vec_1[2];      // 3
let var_2=&vec_2[1][1];   // 5
```

可以用切片从向量中返回多个值。记住，切片是子数组，而不是向量。to_vec 函数能非常方便将切片转换为向量，如代码清单 7.20 所示。

代码清单 7.20　创建向量的切片

```
let vec_1=vec![1,2,3];               // a
let vec_2=vec![[1,2,3],[4,5,6]];     // b

let slice_1=&vec_1[0..2];            // c
let slice_2=&vec_2[0][..];           // d
let vec_3=&vec_1[..=1].to_vec();     // e
```

下面是对示例代码的解析：

a. 声明 vec_1 为一个包含三个整数的向量。

b. 声明 vec_2 为一个整数值类型的二维向量，有两行三列。

c. 从 vec_1 中创建一个包含前两个值的切片。

d. 从 vec_2 中创建一个包含第一行值的切片。

e. 从 vec_1 中创建一个包含前两个值的切片，然后将其转换为向量。

当访问向量时，如果使用了无效的索引值，就有可能在运行时触发 panic 错误。例如一个常见的错误认知就是认为向量是从 1 开始索引的，这样的认知就容易导致无效索引错误（见代码清单 7.21 ）。

代码清单 7.21　对向量的无效访问

```
let vec_1=vec![1,2,3];
let var_2=vec_1[3];      // panic occurs
```

执行此代码时会发生以下 panic：

```
thread 'main' panicked at 'index out of bounds: the len is 3
but the index is 3', src\main.rs:3:15
```

对于向量元素的访问，get 函数是一个更健壮的解决方案，其接收一个索引作为参数，并返回一个 Option<T> 枚举。如果成功，则返回 Some<T>，T 是索引对应的值，否则返回 None。

代码清单 7.22 中，get 函数被用来安全地访问向量中的一个值。

代码清单 7.22　使用 get 函数获取元素

```
let vec_1=vec![1,2,3];
 if let Some(var_1)=vec_1.get(3) {
     println!("{}", var_1);
 } else {
     println!("Not found");
 }
```

下面来分析一下这个例子。这里声明了一个包含三个整数值的向量。在一个 if let 表达式中，调用 get 函数来获取向量中的第四个元素。如果获取成功，var_1 会被初始化为该值并输出，而如果获取失败，则会输出一个错误消息。

7.2.3　迭代

你可以像遍历数组一样遍历一个向量。代码清单 7.23 展示了一个例子。

代码清单 7.23　使用 for 循环遍历向量

```
let vec_1=vec![1,2,3,4];

for value in vec_1 {
    println!("{}", value);
}
```

7.2.4　调整大小

可以向一个可变向量中添加或移除值。push 和 pop 函数可以把向量当作一个栈。push 函数将一个元素添加到 vec 的末尾，没有返回值。pop 函数移除最后一个元素并返回 Option<T>，如果成功，则 pop 函数将移除的值作为 Some<T> 返回，否则返回 None。

代码清单 7.24 展示了对 vec 进行 push 和 pop 的例子。

代码清单 7.24　使用 push 和 pop 函数调整向量的大小

```
let mut vec_1=Vec::new();

vec_1.push(5);
vec_1.push(10);
vec_1.push(15);
vec_1.pop();

println!("{:?}", vec_1);     // [5, 10]
```

可以在向量的任何位置插入元素。insert 函数用来添加一个值在指定位置前面，它有两个参数：位置和要插入的值，没有返回值。代码清单 7.25 是 insert 函数的一个例子。

代码清单 7.25　在向量中插入新元素

```
let mut vec_1=vec![1,2,3];
vec_1.insert(1, 4);          // 1, 4, 2, 3
```

7.2.5　容量

对于一个向量，容量指的是底层数组的大小。合理的管理容量能够提高向量的性能。

当向量的大小要超出当前容量时，底层数组会被重新分配。编码的时候如果能减少触发重新分配的次数就可以提高性能。

代码清单 7.26 突出了容量管理的潜在影响。

代码清单 7.26　输出向量的容量

```
let mut vec_1=vec![1,2,3];

// Length 3 Capacity 3
println!("Length {} Capacity {}",
    vec_1.len(), vec_1.capacity());

vec_1.push(4);

// Length 4 Capacity 6
println!("Length {} Capacity {}",
    vec_1.len(), vec_1.capacity());
```

在这个例子中，vec_1 的长度和容量最初是 3。push 函数向 vector 中添加一个值，vec_1 的长度现在将超过容量，需要重新分配内存。当发生底层数组扩容时，砰——性能受损！push 完成后 vec_1 的长度更新为 4，而容量更新为 6。当重新分配发生时向量的容量会翻倍。

我们可以利用对应用程序的深入了解来预判内存需求，从而避免性能下降。在代码清单 7.27 中展示的版本中，向量的初始容量被设置为 4。

代码清单 7.27　使用 with_capacity 函数预设容量

```
let mut vec_1=Vec::with_capacity(4);
let mut vec_2=vec![1, 2, 3];
vec_1.append(&mut vec_2);

// Length 3 Capacity 4

vec_1.push(4);

// Length 4 Capacity 4
println!("Length {} Capacity {}",
vec_1.len(), vec_1.capacity());
```

在这个版本中，with_capacity 函数将初始容量设置为 4。我们用一个包含三个元素的 vec_2 向量初始化 vec_1，然后在 vec_1 中添加了第四个元素。与之前的例子不同，这次因为我们提前预判到了内存的需求先把容量规划到了 4，所以没有性能损失。

除了 with_capacity，还有两个函数用于管理容量：reserve 函数增加现有向量的容量，shrink_to_fit 函数减少容量来节约未使用的内存，如代码清单 7.28 所示。

代码清单 7.28　使用 reserve 和 shrink_to_fit 函数管理容量

```
let mut vec_1=vec![2,4,6];        // length = 3 capacity = 3
vec_1.reserve(7);                 // length = 3 capacity = 10
vec_1.push(8);                    // length = 4 capacity = 10
vec_1.shrink_to_fit();            // length = 4 capacity = 4
```

7.3　HashMap

哈希表是一种查找表，其中的条目由键和值组成。它是一个可变集合，可以在运行时插入和移除条目，功能上类似于其他语言中的字典或表。键在哈希表内必须是唯一的，然而，值可以是重复的。通过键，你可以快速地检索到所需的值，就像在数组中通过索引访问元素一样方便。键的类型不仅限于使用 usize，几乎任何类型都可以，比如整数、浮点数、字符串、结构、数组，甚至其他哈希表。

HashMap<K,V> 类型是 Rust 中哈希表数据结构的实现。它是一个带有 K 和 V 类型参数的泛型类型。K 是键类型，而 V 是值类型。键和值类型各自都是同质的，即哈希表中的所有键都是相同的类型（K）。相应地，所有值也都是相同的类型（V）。虽然键类型可以灵活选择，但必须实现 Eq 和 Hash 两个 trait，如下所示。你也可以为自定义类型实现这两个 trait 来满足哈希表键的需求。

```
#[derive(PartialEq, Eq, Hash)]
```

对于 HashMap 类型，默认的散列函数实现采用了二次探测和 SIMD 查找。此外，默认的哈希器还内置了合理的防御机制，可以抵御哈希 DS 攻击。为了进一步增强安全性，哈希函数的计算过程还引入了基于系统熵的随机密钥。开发者也可以自行实现 BuildHasher trait 来替换默认的哈希器。此外，也可以在 crates.io 上也有找现成的第三方哈希器。

哈希表是可以变的集合，因此哈希表的条目会被放置在堆上。如果需要，也可以像使用向量一样设置哈希表的容量。

7.3.1 创建一个 HashMap

HashMap 类型不包含在标准预导入中，因为它的使用频率没有数组或向量那么高，其位于 std::collections::HashMap 模块中。

使用 new 构造函数创建一个 HashMap，这将创建一个空的 HashMap，然后可以使用 insert 函数填充哈希表。在代码清单 7.29 中创建了两个 HashMap。

代码清单 7.29　声明并初始化两个哈希表

```
let mut map_1:HashMap<char, f64>=HashMap::new();
let mut map_2=HashMap::new();
map_2.insert("English".to_string(),
    "Hello".to_string());
println!("{:?}", map_2);
```

我们使用 new 构造函数创建了一个空的 HashMap，map_1。为了允许以后添加额外的条目声明其为可变的。第二个 HashMap 也被声明为可变的，命名为 map_2，其类型会被推导为：HashMap<String,String>。然后调用 insert 函数来添加一个条目，接着输出 map_2。

可以使用 remove 函数从 HashMap 中删除条目。接着从前面示例，删除一个条目：

```
map_2.remove(&"English".to_string());
```

通过调用 HashMap::from 函数，可以从一个元组数组创建一个 HashMap，元组的 field.0 是键，而 field.1 是值。代码清单 7.30 展示了一个例子。

代码清单 7.30　使用数组初始化一个 HashMap

```
let famous_numbers=HashMap::from([
    ("Archimedes' Constant", 3.1415),
    ("Euler's Number", 2.7182),
    ("The Golden Ratio", 1.6180),
```

```
    ("Archimedes' Constant", 6.0221515*((10^23)as f64)),
]);
```

此示例创建了一个 HashMap<&str,f64>，该 HashMap 初始化了四个条目，每个都是一个著名的数字。

7.3.2 访问 HashMap

get 函数可以用键在 HashMap 中查找一个值。该函数返回一个 Option 枚举。如果键存在，则值作为 Some(value) 返回，否则返回 None。

代码清单 7.31 创建了一个包含两个条目的 HashMap，然后我们查找一个特定键 Spanish 的值。如果成功，则将输出对应的值。

代码清单 7.31　获取哈希表条目的值

```
let mut map_1=HashMap::new();
map_1.insert("English", "Hello");
map_1.insert("Spanish", "Hola");

let result=map_1.get(&"Spanish");

match result {
    Some(value)=> println!("Found {}", value),
    None=>println!("Not found")
}
```

7.3.3 更新条目

要更新一个已存在的条目非常简单，只需要使用同一个键，重新插入一个新的值即可。如代码清单 7.32 所示。

代码清单 7.32　更新哈希表

```
let mut map_1=HashMap::new();
map_1.insert("English", "Hello");
map_1.insert("Spanish", "Hola");
map_1.insert("English", "Howdy");
```

在这个例子中，我们创建了一个包含多个条目的哈希表。每个条目将一种语言映射到 Hello 的一个变体。English 键似乎被添加到哈希映射中两次。其实第二次插入仅仅是替换了值。因此，English 键的最终值是 Howdy。

有时候，知道 insert 函数到底是正在插入还是更新是很有用的，而 insert 的返回值其实提供了这一信息，它返回 Option<T> 枚举，当插入新条目时，返回 None，当更新的时候返回 Some<T>，其中 T 是更新之前的值。

代码清单 7.33 是之前示例的更新版本，用 insert 函数的结果来判断是插入还是更新。

代码清单 7.33　确认在哈希表中的插入

```
let map_1:HashMap<bool, isize>=HashMap::new();

let mut map_2=HashMap::new();
map_2.insert("English", "Hello");
map_2.insert("Spanish", "Hola");
let result=map_2.insert("English", "Howdy");

match result {
    Some(previous)=>println!("Previous: {}", previous),
    None=>println!("New entry")
}
```

在这个例子中，用 match 匹配最后一个 insert 函数的调用结果，相应的输出条目是被插入还是被更新了。

另一种访问 HashMap 值的方式是通过 entry 函数，其接收一个参数，即 HashMap 键。这是修改值的便捷方式。entry 函数返回一个枚举 Entry<K,V>，表示该条目是被占用还是空缺。类型声明如下：

```
pub enum Entry<'a, K: 'a, V: 'a> {
    Occupied(OccupiedEntry<'a, K, V>),
    Vacant(VacantEntry<'a, K, V>),
}
```

Occupied（占用）意味着查找的条目被找到。Vacant（空缺）意味着条目不存在。如果条目是 Occupied，那么 or_insert 函数返回一个该值的可变引用。可以解引用来就地更改值。如果条目是 Vacant，那么 or_insert 函数则设置一个默认值。

下面创建一个水族馆的哈希表来演示 Entry 类型（见代码清单 7.34）。当然，这个水族馆里充满了各种鱼。

代码清单 7.34　更新哈希表中的一个条目

```
let mut aquarium=HashMap::from([("DottyBack", 10),
    ("Hawkfish", 5), ("Angelfish", 7)]);
let mut count=aquarium.entry("Hawkfish").or_insert(0);
*count=*count+1;

// {"DottyBack": 10, "Hawkfish": 6, "Angelfish": 7}
println!("{:?}", aquarium);
```

我们使用一个可变的 HashMap 创建了一个水族馆。每个条目是一种鱼类及其在水族馆中的数量。然后以 Hawkfish（鹰鱼）这个键为参数调用 entry 函数。接着调用 or_insert 函数，返回对值的可变引用，该引用被解引用以增加鹰鱼的数量。

7.3.4　迭代

遍历 HashMap 的方法很多。例如可以用 for 循环，可以从哈希表中以一个元组的形式返回每个条目，然后直接接收元组或者将其分解为单独的键和值，如代码清单 7.35 所示。

代码清单 7.35　遍历哈希表并输出键和值

```
let map_1=HashMap::from([('a',2), ('b',3)]);

for (key, value) in map_1 {
    println!("{} {}", key, value);
}
```

7.4　总结

本章回顾了 Rust 中的主要集合：数组、向量和哈希表。它们在建模现实世界问题域的解决方案时非常重要。以下是每个集合的特性：

- 数组是固定大小的，并且在内存中是连续的。
- 向量是一个动态数组且无固定大小，其底层数组分配在堆上。
- 哈希表是一个动态的键 / 值表，且没有固定大小，条目分配在堆上。

数组应该是首选的集合数据结构，因为它更简单且性能更好。

每种集合类型都提供了大量有用且有趣的方法。不过，本章我们只讨论了它们的核心功能。可以通过查阅 Rust 的官方文档进一步了解这些集合类型的其他能力。此外，通过实现必要的 trait，开发者还可以对标准集合进行定制。例如，可以开发一个颠覆性的排序算法，实现一个高性能的哈希函数，甚至更新相等性的定义等。

所 有 权

在 Rust 语言中，所有权机制是内存管理策略的一部分，它增强了内存的安全有效管理。长期以来，内存管理一直是困扰应用程序稳定性的一个问题，包括非法的内存访问、重复释放内存、竞争条件以及各种安全漏洞等。更糟糕的是，这些问题往往表现不一致，而且是偶然出现，很难复现，开发人员有时不得不花费大量时间，甚至几天的时间来调试内存相关的问题。所有权机制有效地解决了这些问题，使最终的代码更加健壮可靠，使开发人员对自己的代码充满信心。

本章中经常出现"借用检查器"这个术语。在 Rust 中，所有权机制定义了内存安全的规则，而借用检查器是确保这些规则得以遵守的一个组件。在编译时，需要让借用检查器成为你的朋友，因为你们的目标是一致的——编写高质量、安全可靠的代码。

所有权是 Rust 的独有特性。因此，你可能对本章介绍的概念感到陌生。然而，你很快就会像熟悉"老朋友"一样熟悉所有权机制。

从编程语言历史演进的角度来看，原生语言和托管语言都拥有不同的内存管理模型，它们与 Rust 语言中的所有权机制也不一样：

- 对于原生编程语言而言，开发者通常需要肩负起管理内存的主要责任，尤其是针对动态内存的管理：分配和释放内存空间、处理指针、确保数据位于正确的内存位置等。这种方式的主要优势在于内存管理的透明性、灵活性和确定性。然而，让开发者负责内存管理的各种细节很容易带来人为错误的风险。不幸的是，这类问题通常在应用程序运行时才被发现，而此时它们造成的危害也往往最为严重。

- 对于托管语言来说，它们通常都有一个专门负责内存管理的组件，通常称为垃圾收集（Garbage Collection，GC）。GC 的存在正是托管语言得以被叫作"托管"的主要原因。有了 GC 的帮助，开发者可以将内存管理的责任大部分转交给它，从而大大降低了人为错误的风险。不过，GC 的运行也可能会对程序的性能产生一定的不利影响。此外，垃圾收集机制还存在一些其他缺点，例如，内存管理的不确定性，以及由于 GC 算法的限制而导致的某些灵活性问题。

Rust 的所有权机制融合了原生和托管内存模型的一些优点，同时又避免了它们的缺陷。基于所有权的内存管理方式具有确定性和灵活性，且不会像垃圾收集那样带来性能负担。

8.1 栈内存和堆内存

要理解所有权，首先要能很好地区分栈和堆。

栈是分配给每个线程的私有内存空间。当一个函数被调用时，系统会在栈上创建一个栈帧，其中包含了函数的状态信息，例如局部变量和参数。栈帧的大小在编译阶段就已经确定了。当函数执行结束时，相应的栈帧就会从内存中移除——此时栈也会随之缩小，同时函数的状态信息，包括局部变量在内，都会被自动从内存中清除掉。

堆内存为应用程序在运行时进行动态内存分配提供了存储空间。与栈不同，堆属于应用程序的共享内存区域，任何线程都可以访问。不同的语言可能有不同的关键字来管理堆上的内存分配，比如 new 和 delete。在分配好内存后，系统会返回一个指向所分配内存位置的指针。

有时候，栈上的变量可能会包含对堆内存的引用。这种情况在遵循资源获取即初始化范式的场景中很常见，即当一个栈上的变量被销毁（从内存中移除）时，与之相关的堆内存也必须被释放掉。这通常是通过调用析构函数或类似的机制来完成的。

8.2 浅拷贝与深拷贝

浅拷贝（shallow copy）和深拷贝（deep copy）是在值之间进行数据转移的常见手法。

浅拷贝是一种逐位拷贝，这种拷贝既简单又高效。浅拷贝适合除了指针类型的大多数类型。图 8.1 演示了指针类型存在的问题，Complex 类型包括一个整数和一个指向堆上整数的指针。variablea 和 variableb 都是 Complex 类型，其中 variableb 被赋值为 variablea。这个操作执行了一个浅拷贝，结果是两个变量都依赖并指向堆上的同一个整数。假设 variablea 首先从内存中移除并释放了它的指针，这时 variableb 就拥有一个无效指针，这可能导致运行时错误。

深拷贝实现了额外的逻辑来安全地处理指针。当将 variablea 复制到 variableb 时，variableb 的指针分配了新的内存。然后，将 variablea 的指针处的整数值复制到新内存中，这消除了变量之间的依赖。图 8.2 显示了结果。

相比浅拷贝，深拷贝需要实现额外的逻辑来安全地处理指针，这使得它的开销更大，也更加的不透明。尽管如此，在某些情况下深拷贝却是必要的，特别是在实现 RAII 模式时。

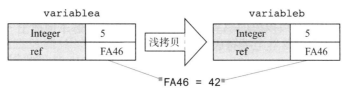

图 8.1　包含指针时浅拷贝的结果

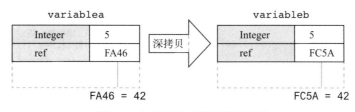

图 8.2　包含指针时深拷贝的结果

8.3　汽车类比

在本节中，我们将以购买汽车为例阐述 Rust 编程语言中的所有权概念。在这个类比中，一辆车只能由一个人拥有，并且这个所有者的信息会被记录在车辆的所有权证书上。限定单一所有权有助于避免各种滥用行为，比如两个人同时出售同一辆车。

假设你购买了一辆汽车，几个月后，有人想要使用那辆车。根据单一所有权原则，你有两个选择：将车辆出售或借给另一个人。如果是出售，车辆的所有权将转移给买家，新车主将拥有这辆车。当然，你将失去对车辆的任何所有权，也不再有权使用这辆车。这在 Rust 中被称为"移动语义"（move semantic）。

如果你将车辆借给别人，借用者将临时占有它。在他用完车辆后，车辆将归还给你，然而你从未失去所有权。这就是 Rust 中的借用。

8.4　移动语义

Rust 语言同时支持移动语义和借用，其中移动语义是默认行为。在使用移动语义的情况下，值的所有权会在赋值过程中被转移。这种行为与赋值的具体方式无关，无论是变量声明、函数参数传递还是函数返回。赋值结束后，原始绑定就无法再访问被移动的值了。

在代码清单 8.1 中，owner 变量被初始化为字符串 "automobile"。然后，字符串的所有权被转移到 new_owner 变量，之后 new_owner 变量独占了字符串 "automobile"。因此，你只能输出 new_owner 变量，而不能输出 owner 变量。

代码清单 8.1　移动字符串的所有权

```
let owner = String::from("automobile");
let new_owner = owner;
println!("{}", new_owner);
```

在代码清单 8.2 中，将一个字符串赋值给一个函数参数。这将所有权转移给了 buy_car 函数。然后 main 中的 owner 变量将失去所有权。因此，你无法在之后的 println! 宏中输出 owner。

代码清单 8.2　将字符串的所有权从 main 转移到 buy_car

```
fn buy_car(new_owner: String) {
    println!("{}", new_owner);
}

fn main() {
    let owner = String::from("automobile");
    buy_car(owner);
    println!("{}", owner); // 编译错误
}
```

在代码清单 8.3 中，buy_car 函数返回一个字符串，这将所有权返回给 main 函数，原 owner 重新得到所有权。println! 宏现在成功地输出了 owner。

代码清单 8.3　从函数返回所有权

```
fn buy_car(new_owner: String) -> String {
    println!("{}", new_owner);
    new_owner
}

fn main() {
    let mut owner = String::from("automobile");
    owner = buy_car(owner); // 重新获得所有权
    println!("{}", owner);
}
```

8.5　借用

除了转移所有权之外，Rust 还支持借用所有权。在借用场景中，需要传递一个引用（&）而不是直接传递值。在代码清单 8.4 中，borrow_car 函数就有一个引用类型的参数，这个 borrower 参数借用了字符串类型的值。而在 main 函数中，owner 变量依然保留了原始的所有权。这样就可以同时输出 borrower 和 owner 两个变量的值了。

代码清单 8.4　字符串值由 borrow_car 借用

```
fn borrow_car(borrower: &String) {
    println!("{}", borrower);
```

```
}

fn main() {
    let owner = String::from("automobile");
    borrow_car(&owner);
    println!("{}", owner);    // 可以工作
}
```

借用的时候引用类型可以是可变的或者不可变的。然而，一次只能有一个可变引用，这防止了潜在的并发问题。在代码清单 8.5 中，对同一个值的多个可变引用会导致编译错误。

代码清单 8.5　使用两个可变引用指向同一个值是不被允许的

```
let mut owner = String::from("automobile");
let borrower = &mut owner;
let borrower2 = &mut owner;    // 编译错误
println!("{} {}", borrower, borrower2);
```

8.6　复制语义

具有 Copy trait 的类型有复制语义。当进行复制时，会执行逐位复制。引用外部资源或内存的类型，如字符串，不支持复制语义。

Copy trait 是在 `std::marker` 模块中的一个标记 trait，其他标记 trait 还有 Send、Size、Sync 和 Unpin。具有这个 trait 的类型隐式支持复制语义。你只需执行一个赋值操作。

在 Rust 中，所有标量类型都具有 Copy trait。在代码清单 8.6 中，`width` 和 `height` 都是整数，它们都是标量类型。在赋值过程中，`width` 的值被复制到 `height`。结果是 `width` 和 `height` 拥有独立的值。

代码清单 8.6　复制语义的一个示例

```
let width = 10;
let height = width;
println!("W {} : H {}", width, height);
```

8.7　Clone trait

在需要深拷贝时实现 Clone trait。

例如字符串类型，它就实现了 Clone trait。为什么？因为字符串类型包含一个指向堆上底层字符串的指针。因此，字符串类型不支持复制语义，如果支持复制，则将产生依赖问题。取而代之的是字符串类型通过使用 Clone trait 实现深拷贝，以下是克隆字符串的一般步骤：

1. 对于目标字符串，在堆上为字符串缓冲区分配内存。

2. 将原始字符串的缓冲区复制到新缓冲区中。

3. 更新目标字符串以引用此内存。

结果是 `stringa` 和 `stringb` 具有相同的字符串值，但它们在内存中的位置是不同的（见图 8.3）。

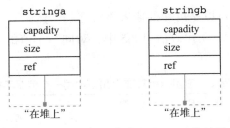

图 8.3　从 `stringa` 克隆 `stringb` 的结果

克隆必须显式调用 `clone` 函数，该函数是 Clone trait 的成员。在代码清单 8.7 中，克隆 `stringa` 变量来初始化 `stringb`。

代码清单 8.7　克隆一个字符串

```
let stringa = String::from("data");
let stringb = stringa.clone();
println!("{} {}", stringa, stringb)
```

8.8　用于浅拷贝的 Copy trait

对于支持浅拷贝的类型需要实现 Copy trait。

这是 Copy trait 的定义：

```
pub trait Copy: Clone { }
```

请注意，Copy trait 其实继承自 Clone trait。

结构体默认支持移动语义，所以赋值操作会转移所有权，请参见代码清单 8.8。

代码清单 8.8　默认情况下，结构体在被赋值时会被移动

```
struct Transaction {
    debit: bool,
    amount: f32,
}

fn main() {
    let t1=Transaction{debit: true, amount: 32.12};
    let t2=t1;  // 被移动了
}
```

如果结构体的每个字段都支持复制语义，那么该结构体也可以实现 Copy trait，这可以
非常简单地通过派生宏 #[derive] 来完成，如代码清单 8.9 所示。

代码清单 8.9　使用派生宏实现 Copy trait

```
#[derive(Copy, Clone)]
struct Transaction {
    debit: bool,
    amount: f32,
}

let t2 = t1;  // copied
```

让我们向 Transaction 中添加一个字符串类型的 description 字段，如下所示。
这看起来是一个合理的扩展。但是这也意味着该结构体不再支持复制语义了。这是因为新
添加的字符串字段本身就不支持复制语义。

```
struct Transaction {
    description: String,
    debit: bool,
    amount: f32,
}
```

但是，引用是支持复制语义的。在代码清单 8.10 中，我们将结构体的 description
类型从 String 更改为 &String。通过引入派生宏 #[derive]，我们让该结构体现在能
支持复制语义。

代码清单 8.10　一个支持复制语义的结构体

```
#[derive(Copy, Clone)]
struct Transaction<'a> {
    description: &'a String,
    debit: bool,
    amount: f32,
}
. . .
let t2 = t1; // copied
```

开发者可以不使用派生宏而手动实现 Copy trait。Copy trait 是一个标记 trait，所以它
没有实现。Copy trait 存在的目的是告诉 Rust 可以执行按位复制。但是，由于 Copy trait 继
承自 Clone trait，这意味着需要实现 clone 方法。该方法以按值传递的方式返回当前对象，
这与按位复制一致。代码清单 8.11 为 Transaction 类型实现了 Copy trait。

代码清单 8.11　显式实现 Copy trait

```
impl Copy for Transaction {}

impl Clone for Transaction {
    fn clone(&self) -> Transaction {
```

```
        *self  // 以值的形式返回当前对象
    }
}

struct Transaction {
    debit: bool,
    amount: f32,
}
```

8.9　用于深拷贝的 Clone trait

Clone trait 为不支持按位复制的类型实现了深拷贝。

在 Clone trait 中必须实现 clone 方法，它返回克隆后的值，clone 方法的实现还必须移除可能由指针引起的任何依赖。

对于结构体，如果所有字段都是可克隆的，那么你可以简单地通过添加派生宏来实现 Clone trait，这个宏的实现里面会对每个字段调用 clone 方法。

在下面的例子中，Transaction 类型的每个成员都是可克隆的，这也意味着可以应用 #[derive(Clone)]，参见代码清单 8.12。

代码清单 8.12　对 Transaction 应用 Clone trait

```
#[derive(Clone)]
    struct Transaction {
        description: String,
        debit: bool,
        amount: f32,
    }

...
    let t1 = Transaction {
        description: String::from("ATM"),
        debit: true,
        amount: 32.12,
    };
```

如果需要，你可以为 Transaction 类型显式实现 Clone trait。在下面的实现中，description 字段会被重置，其他字段在克隆时只是被复制。该 trait 的实现参见代码清单 8.13。

代码清单 8.13　Clone trait 的显式实现

```
struct Transaction {
    description: String,
    debit: bool,
    amount: f32,
}
```

```
impl Clone for Transaction {
    fn clone(&self) -> Transaction {
        let temp = Transaction {
            description: String::new(),
            debit: self.debit,
            amount: self.amount,
        };
        return temp;
    }
}
```

8.10 总结

所有权是 Rust 编程的一个核心特性，它确保了内存管理的安全性和可靠性。这种机制可以有效地避免其他语言中常见的各种内存问题。

Rust 的借用检查器会在编译阶段就强制应用所有权规则，从而避免内存错误进入二进制程序并在运行时发生。

移动语义是默认行为。当赋值发生时，所有权被转移。如果赋值的是一个引用，就只是借用，所有权不会被转移。

另外，实现了 Copy trait 的类型支持复制语义。复制语义是隐式发生的，是执行按位复制的浅拷贝，适用于标量类型。

可以通过 #[derive(Copy,Clone)] 派生宏实现 Copy trait，也可以手动实现它们，更常见的是实现 Clone trait。

对于需要深拷贝的类型则要实现 Clone trait，具体的实现取决于具体的类型。

生命周期也提供了内存安全性，所有权和生命周期一起为 Rust 中的内存管理提供了完整的解决方案。接下来我们将讨论生命周期的相关内容。

Chapter 9 第 9 章

生 命 周 期

Rust 给开发者的一个重要承诺就是内存安全性，这是通过所有权模型来保证的。所有权和借用是所有权模型三大支柱中的两个。而生命周期则是完善这一体系的第三大支柱，尽管其在 Rust 语言中有如此重要的地位，但人们在 Rust 社区中对它重要性的理解普遍不足。大多数 Rust 开发者只满足于知道足够的生命周期知识以防止借用检查器报错。本章旨在对这一重要主题做出更加清晰的阐述。生命周期应该是一个不能被简单忽视的优势。

生命周期也是 Rust 语言中另一个独特的特性。其他语言，如 C、C++ 和 Java，并没有相同甚至类似的概念。这对于大多数开发者来说意味着缺乏可以参考和比较的对象，这可能会影响对生命周期的理解。但无须担心，本章将全面地学习生命周期的上下文和相关语法。

生命周期的核心目标就是防止悬垂引用的发生，就这么简单。请始终谨记这一点，特别是在深入研究复杂生命周期的时候。什么是悬垂引用呢？悬垂引用指当一个引用的生命周期超出了它所引用的值的生命周期的时候，该引用指向了无效的内存空间。

代码清单 9.1 展示了一个悬垂引用的例子。

代码清单 9.1　ref1 成为一个悬垂引用

```
fn main() {
    let ref1;
    { // -------------------- 内部代码块开始
        let num1=1;
        ref1=&num1;
    } // -------------------- 内部代码块结束
    println!("{}", ref1);  // 悬垂引用
}
```

在这个例子中，`ref1` 是一个引用，它借用了 `num1` 的值。而 `num1` 在内部代码块结束时就被释放了。因此，`println!` 宏中对 `num1` 的引用 `ref1` 的生命周期已经超出了被借用值的生命周期——这就是典型的悬垂引用情况。如果程序允许继续运行，那么将无法保证内存安全。

要讨论生命周期，离不开借用检查器这个话题。借用检查器就是依赖生命周期信息来判断引用是否超出了被借用值的生命周期。开发者常常需要与借用检查器"搏斗"，而第 8 章的目标是让你与借用检查器成为朋友，在本章我们将继续推进这一目标。

生命周期是 Rust 语言中"零开销抽象"理念的另一个体现。生命周期的规则会在编译期进行检查和强制执行。这样可以在不付出任何运行时开销的情况下，带来内存安全方面的保证。

我们将从生命周期的基本功能开始，逐渐引入更复杂的概念，包括生命周期子类型。

9.1 生命周期简介

生命周期描述的是一个值在程序中的存活范围。不同生命周期之间的交叉关系，可能会导致悬垂引用的出现。一个生命周期从变量的绑定开始，持续到变量被丢弃。

代码清单 9.2 展示了一个生命周期的简单例子。

代码清单 9.2　num1 和 num2 的生命周期

```
fn main() {
    let num1=1; // <-----num1 的生命周期开始
    let num2=2; // <-----num2 的生命周期开始
} // lifetime for num1 and num2 ends
```

在前面的例子中，虽然通过注释对生命周期有所描述，但并未给出具体的名称。其实使用生命周期名称要比烦琐的描述更加简洁明了。生命周期的命名方式是使用撇号（'）加上一个变量名。按照惯例，生命周期名称通常采用字母，从 'a 开始。后续的其他生命周期将被命名为 'b、'c、'd 等。虽然生命周期也可以不按照惯例来命名，例如 'moon 和 'stars。但是，为了方便起见，推荐选择一个可枚举的值作为生命周期的名称。

下面的例子包含引用、值和生命周期。这里展示的生命周期是推断出来的，类似于类型推断：

在这个例子中，ref1 是一个引用，它借用了 num1 这个值。可以看到，ref1 的生命周期超出了 num1 的生命周期范围。因此，在生命周期 'b 结束时，num1 就被释放了。而此时，ref1 就成为一个悬垂引用。因此，后续的 println! 宏中使用的 ref1 也是无效的。幸运的是，借用检查器在编译阶段就能检测到这个问题，并给出相应的错误提示：

```
5 |            ref1=&num1;
  |                 ^^^^^ borrowed value does not live long enough
6 |        }
  |        - `num1` dropped here while still borrowed
```

"不够长的生命周期"（does not live long enough），这一编译器错误信息对于初学 Rust 的开发者来说可能会频繁遇到，非常令人头疼。这实际上是在提示代码中存在悬垂引用的隐患。尽管如此，这个错误信息仍然很有价值，它正确地指出了被借用的值 num1 的生命周期不够长，从而导致 ref1 成为一个悬垂引用。

9.2 函数和生命周期

函数也可以产生不安全的内存访问，特别要注意接受引用作为参数并返回值的函数。

对于包含引用的函数定义来说，我们需要考虑三种不同类型的生命周期：输入生命周期、输出生命周期和目标生命周期。

输入生命周期是函数参数为引用类型的情况。一个函数可以有多个输入生命周期。代码清单 9.3 是一个输入生命周期的例子。

代码清单 9.3　对于 do_something 的输入生命周期为 'a

```
fn do_something(ref1:&i32){
    // doing something
}
fn main() {
    let num1=1;
    do_something(&num1);
}
```

'a 是 num1 的生命周期

代码中函数以 &num1 作为参数被调用。这会让 ref1 的输入生命周期设置为生命周期 'a，这是从函数参数 num1 接收到的生命周期，用来标识借用的值将存在多长时间。

输出生命周期指的是函数返回值的生命周期。输出生命周期通常会从函数的输入生命周期中选取。这样做有两个原因。首先，不能从函数中返回一个本地值的引用，因为借用的本地值在函数返回时就会被丢弃。其次，虽然可以返回静态值的引用，但这种情况并不常见。因此，在大多数情况下，输出生命周期都是从函数的输入生命周期中选取的。

在代码清单 9.4 中，do_something 函数接受一个引用类型参数并返回一个引用。对于输出生命周期中，有一个输入生命周期可以选择。因此，输入和输出的生命周期都是 'a。

代码清单 9.4　do_something 的输出生命周期为 'a

```
// lifetime:          'a              'a
fn do_something(ref1:&i32)->&i32{
    ref1  // lifetime 'a returned
}

fn main() {
    let num1=1;
    let result=do_something(&num1);
}
```

'a是 num1 的 生命周期

最后，目标生命周期是绑定到函数返回值的引用的生命周期。代码清单 9.5 演示了三种生命周期：输入生命周期、输出生命周期和目标生命周期。

代码清单 9.5　此示例着重显示了各种生命周期

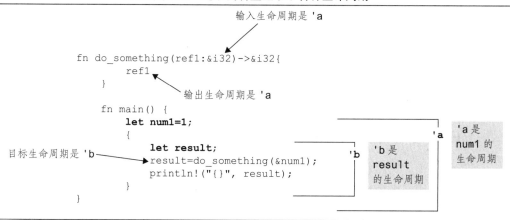

这个示例能否顺利编译呢？关键在于，只要目标生命周期的范围超出了输出生命周期，就有可能会导致悬垂引用的问题。让我们来仔细分析一下这个问题。总的来说，输出生命周期就是被借用值的生命周期。被借用的值不能绑定到一个拥有更长生命周期的引用上。因为如果引用的生命周期超出了被借用值的生命周期，它就会变成一个悬垂引用。

在前面的例子中，目标生命周期（'b）完全包含在输出生命周期（'a）内。因此，result 变量始终是有效的，编译器将会成功编译。

代码清单 9.6 是另一个有不同结果的例子。

代码清单 9.6　目标生命周期比输出生命周期长

输入生命周期是 'b

```
fn do_something(ref1:&i32)->&i32{
    ref1
}
    fn main() {
```

输出生命周期是 'b

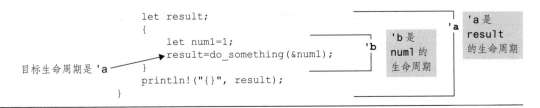

这个版本无法通过编译。原因是什么呢？函数返回值的输出生命周期是 'b，也就是 num1 的生命周期。而 result 的目标生命周期是 'a。遗憾的是，目标生命周期超出了输出生命周期，也就是 result 的生命周期超出了 num1 的生命周期。这种情况下就有可能出现悬垂引用的问题。借用检查器会在错误提示中指出这个问题。

生命周期表在我们分析各种生命周期时会很有帮助。表 9.1 是前面例子的生命周期表。

表 9.1　目标生命周期大于输出生命周期

类型	对象	借用	生命周期
输入	ref1	num1	'b
输出	ref1	num1	'b
目标	result	num1	'a

9.3　生命周期标注

到目前为止，我们看到的生命周期是被隐式推断出来的，还没有显式地对生命周期进行命名。通过使用生命周期标注，我们可以正式为生命周期命名。生命周期标注只是为生命周期贴上标签，它并不会对生命周期本身进行任何修改。然而，正如你将看到的，仅仅为生命周期贴上标签就已经很有帮助了，它可以告知借用检查器开发者的编程意图。

生命周期标注需要声明生命周期参数，其声明方式与第 14 章中介绍的类型参数声明语法是一致的。不同之处在于，这里你需要声明的是生命周期参数。

代码清单 9.7 是一个使用生命周期标注声明生命周期参数的例子。

代码清单 9.7　将生命周期正式命名为生命周期 'a

```
fn do_something<'a>(ref1:&'a i32)->&'a i32{
    ref1
}

fn main() {
    let num1=1;
    let result=do_something(&num1);
    println!("{}", result);
}
```

在这个例子中，输入生命周期正式命名为 'a。这个生命周期标记了参数 num1 的生命周期范围，而 num1 本身的生命周期并没有改变，只是现在有了一个正式的名称而已。目标生命周期被推断为生命周期 'b。

　　表 9.2 是该示例的生命周期表。

表 9.2　输出生命周期大于目标生命周期（示例代码是内存安全）

类型	对象	借用	生命周期
输入	ref1	num1	'a
输出	ref1	num1	'a
目标	result	num1	'b

9.4　生命周期省略

　　在遵循一定原则的情况下，编译器可以对生命周期进行推断，比如输入和输出生命周期，这被称为生命周期省略。省略生命周期可以使代码更加简洁易读。

　　这是一个生命周期省略的例子，注意没有生命周期标注：

```
fn do_something(ref1:&i32)->&i32{
    ref1
}
```

以下是带生命周期标注的版本：

```
fn do_something<'a>(ref1:&'a i32)->&'a i32{
    ref1
}
```

生命周期省略的规则如下：

- 每个被省略的输入生命周期都被分配了一个独立的生命周期。
- 当存在单一输入生命周期时，它会被省略，并且会应用到输出生命周期。
- 对于方法，如果 self 是一个引用，则 self 的生命周期会省略，并且会应用到输出生命周期。

　　一般来说，当输出生命周期模糊不清时，不能应用生命周期省略。编译器不会去猜测输出的生命周期，而更简单的做法是让编译不通过并要求你通过明确的生命周期标注来解决歧义。

　　生命周期省略总是可选的，如果需要，你可以始终显式地命名生命周期。

9.5　复杂的生命周期

　　一些函数接受多个引用类型参数，每个引用可能具有相同或不同的输入生命周期。这也意味着有多个候选的输出生命周期。这为借用检查器带来了歧义。哪个输入生命周期应该被分配给返回值作为输出生命周期？如前所述，编译器不会猜测正确的输出生命周期。这就需要通过使用生命周期标注来向编译器表达意图。

代码清单 9.8 中的函数接受两个引用。通过生命周期标注，我们表明返回值应该是生命周期 `'a`。

代码清单 9.8 具名生命周期（`'a`）和推断生命周期（`'b` 和 `'c`）

```
fn do_something<'a>(ref1:&'a i32, ref2:&i32)->&'a i32{
    ref1
}

fn main() {
    let num1=1;
    let num2=2;
    let result;
    result=do_something(
        &num1, &num2);
    println!("{}", result)
}
```

这个例子有三个生命周期，生命周期 `'a` 被显式命名，而生命周期 `'b` 和 `'c` 是推断出来的。do_something 函数返回生命周期 `'a`，这是一个约束，防止返回任何其他生命周期。因此，你只能返回第一个参数。

表 9.3 描述了此示例中的各种生命周期。

表 9.3 输出生命周期大于目标生命周期（该示例是内存安全）

类型	对象	借用	生命周期
输入	ref1	num1	`'a`
输入	ref2	num2	`'b`
输出	ref1	num1	`'a`
目标	result	num1	`'c`

代码清单 9.9 展示了前一个示例的不同版本。do_something 函数仍然有两个引用并返回一个引用。然而，在这个例子中，两个输入生命周期分别被命名为 `'a` 和 `'b`，并约束输出生命周期为 `'b`。此外，我们已经在 main 函数中移动了一些代码。相应地，一些生命周期也发生了变化。

代码清单 9.9 生命周期重叠示例

```
fn do_something<'a, 'b>(ref1:&'a i32, ref2:&'b i32)->&'b i32{
    ref2
}

fn main() {
    let result;
    let num1=1;
    {
        let num2=2;
        result=do_something(&num1, &num2);

    }
    println!("{}", result)
}
```

检查表 9.4 中上面示例的生命周期表，看能否发现任何问题。最重要的是，有悬垂引用的潜在风险吗?

表 9.4　目标生命周期比输出生命周期长

类型	对象	借用	生命周期
输入	ref1	num1	'a
输入	ref2	num2	'b
输出	ref2	num2	'b
目标	result	num2	'c

在这个示例中，输出生命周期不够长。这意味着 num2 会在 result 仍在借用它的时候从内存中释放掉，从而导致了悬垂引用的问题。这是另一个无法通过编译的例子。

9.6　共享生命周期

你可以在多个参数之间共享输入生命周期。回想一下，输入生命周期代表借用值的生命周期。当你共享一个生命周期时，该生命周期的范围是两个借用值生命周期的交集。

在代码清单 9.10 中，do_something 函数有两个引用参数，都被赋予了相同的生命周期 'a。

代码清单 9.10　另一个生命周期重叠的例子

```
fn do_something<'a>(ref1:&'a i32, ref2:&'a i32)->&'a i32{
    ref1
}

fn main() {
    let result;
    let num1=1;
    {                                              'num1
        let num2=2;
        result=do_something(&num1, &num2);
    }                                              'num2   'a
    println!("{}", result)
}
```

作为函数参数，ref1 借用 num1，ref2 借用 num2。生命周期 'a 代表了 num1 和 num2 的生命周期的交集，并标记其为两个引用的输入生命周期。最终，这也将成为此函数的输出生命周期，因为这是唯一可供选择的输入生命周期。

在这个例子中，变量 num1 和 num2 的生命周期的交集 'a，并没有持续足够长的时间，虽然变量 num1 的生命周期确实足够长，但是该程序还是无法编译。

表 9.5 是此示例的生命周期表。

当一个生命周期被共享时，借用检查器采取保守的方法，它会假设组合生命周期的交集，即较小的生命周期，而不是并集。

表 9.5　另一个输出生命周期不够长的例子

类型	对象	借用	生命周期
输入	ref1	num1	'a='num1 ∩ 'num2
输入	ref2	num2	'a='num1 ∩ 'num2
输出	ref1	num1	'a='num1 ∩ 'num2
目标	Result		'b

9.7　静态生命周期

'static 表示一个静态生命周期，贯穿整个应用程序。例如，全局变量就具有静态生命周期。根据这样的定义，其他生命周期肯定要比整个应用程序的生命周期短，所以也不可能大于静态生命周期。

在 Rust 中，字符串字面量具有静态生命周期。下面的 task 函数返回一个字符串字面量作为错误消息。字符串字面量是 &str 值，它们总是静态的，如代码清单 9.11 所示。

代码清单 9.11　str 类型必须是静态的

```
fn task1(ref1:&i32)->Result<i32, &'static str>{
    Err("error found")
}
```

9.8　结构体和生命周期

结构体中的生命周期与其他地方的生命周期具有相同的作用——防止悬垂引用。因为结构体可以有引用类型的字段。如果字段引用的值没有存活足够长的时间，就会出现悬垂引用。结构体的字段必须具有与结构体本身一样长的生命周期。

对于生命周期标注，先要在结构体名称之后声明生命周期参数，然后你可以将命名的生命周期分配给引用类型的字段。结构体不支持生命周期省略，一旦带有引用作为字段，就必须需要标注生命周期。

代码清单 9.12 是一个包含引用的结构体的例子。

代码清单 9.12　结构体字段的生命周期

```
struct Data<'a>{
    field1:&'a i32
}

fn main() {
    let num1=1;
    let obj=Data{field1:&num1};
    println!("{}", obj.field1)
}
```

'b 是 obj 的生命周期

'a 是 num1 的生命周期

在这个例子中，Data 结构体借用 num1 作为 field1。可以看到结构体不会比借用的值存在更长的时间，因此不存在悬垂引用的可能性。

9.9　方法和生命周期

为结构体实现的函数和方法也可以接受和返回引用类型，这也是潜在的能产生悬垂引用的场景，所以可以通过生命周期来识别。成员方法可以共享结构体的生命周期参数，也可以声明属于特定于方法的自由生命周期参数。

生命周期标注被认为是结构体类型的一部分。当我们在实现方法的时候，impl 代码块必须引用生命周期参数，并作为结构体名称的一部分。结构体的生命周期参数既包括在 impl 关键字之后，也包括在结构体名称之后。

举例来说，一个具有生命周期 'a 和 'b 的结构体将会有如代码清单 9.13 所示的 impl 代码块。

代码清单 9.13　带有生命周期结构体的 impl 代码块

```
struct Data<'a, 'b>{
    field1:&'a mut i32,
    field2:&'b mut i32,
}

impl<'a, 'b> Data<'a, 'b> {
}
```

在实现方法时，不需要重新声明结构体的生命周期，只需要简单地将生命周期应用到函数声明的引用类型上。记住，这些和应用到字段的生命周期是相同的。当相同的生命周期应用到多个值时，编译器就会采取保守的计算，即得到的生命周期将是各个值生命周期的交集。

代码清单 9.14 演示了生命周期在结构体和方法中可能的双重角色。生命周期 'a 被同时用于一个字段和一个方法参数。

代码清单 9.14　生命周期 'a 应用于 Data 结构体和 do_something 方法

```
struct Data<'a>
    field1:&'a i32,
}

impl<'a> Data<'a> {
    fn do_something(self:&Self, ref1:&'a i32)->&'a i32 {
        ref1
    }
}

fn main(){
    let num1=1;
    let obj=Data{field1:&num1};           'num1
    let result;
```

```
{
    let num2=2;
    result=obj.do_something(&num2);
}
println!("{}", result);
}
```
                                                    'num2   'a

这个例子能编译通过吗？生命周期 'a，即 num1 和 num2 的生命周期的交集，小于 obj 的生命周期，因此，这个例子将无法编译。原因在于 'a 的生命周期没有超过结构体实例 obj 的生命周期[⊖]。

方法也可以声明自由生命周期。自由生命周期是在方法定义中声明的，而不是在结构体中。它们之所以被称为自由生命周期，是因为它们不受结构体的生命周期要求的约束。

代码清单 9.15 中的结构体有两个方法，都使用自由生命周期。

代码清单 9.15　结合使用结构体生命周期和方法的自由生命周期

```
struct Data<'a>{
    field1:&'a i32,
}

impl<'a> Data<'a> {
    fn do_something1<'b>(self: &Self,
            ref1:&'b i32)->&'b i32 {
        ref1
    }

    fn do_something2<'b>(self: &Self, ref1:&'a i32,
        ref2:&'b i32)->&'a i32 {
        ref1
    }
}
```

在前面的例子中，生命周期 'a 被声明在结构体中。Data 结构体具有 do_something1 和 do_something2 方法，do_something1 方法声明了自由生命周期 'b，它被分配给 ref1 的输入生命周期。在 do_something2 方法中，'b 被再次声明为一个自由生命周期，然而，结构体中的生命周期 'a 也被用作另一个参数的输入生命周期。可以看到，在同一个方法中，可以混合使用结构体绑定的生命周期和自由生命周期。

自由生命周期，即使是相同的生命周期参数，在不同的方法之间也不是共享的。生命周期 'b 在之前的示例中并不会在两种方法之间共享。每种方法都有它们自己的生命周期 'b。然而，在结构体中声明的生命周期是可以在该结构体的方法之间共享的。

⊖ 原作者这一段分析有误，他举的例子并不能说明结构体中的生命周期与方法中的生命周期的关系，这里编译失败是因为 result 与 num2 的关系问题，跟 obj 没关系。读者可以自己编译查看一下错误提示。obj 在此示例中持有的对外部的依赖其实是 num1，而 num1 的生命周期横跨整个 main 函数，因此是长于 result 和 num2 的。——译者注

9.10 子类型化生命周期

子类型化生命周期创建了两个生命周期之间的可扩展关系。这与面向对象编程中的相关概念是一致的。

在面向对象编程中，子类型通常和接口相关。子类型在接口层面扩展了父接口的行为。从而可以应用替代原则，在任何时候，子类型都可替代父接口。

在生命周期中，一个子类型生命周期延伸了另一个生命周期。然后你可以用一个子类型生命周期来替换一个父生命周期。

让我们来看一个实际的例子，它展示了子类型生命周期在哪些地方是有用的。代码清单 9.16 中的例子无法编译。

代码清单 9.16　无子类型的普通生命周期

```
fn either_one<'a, 'b>(ref1:&'a i32,
                ref2:&'b i32, flag:bool)->&'b i32 {
        if flag {
            ref1
        } else {
            ref2
        }
    }

    fn main() {
        let num1=1;
        {
            let num2=2;
            let result=either_one(&num1,
                &num2, true);
        }
    }
```

'a 是 result 的生命周期

'b 是 num1 的生命周期

either_one 函数的输出生命周期是 'b。因此，我们不能返回 'a。尽管如此，我们仍尝试返回具有 'a 的 ref1。砰，编译失败！然而，这有点不合理！仔细分析 main 函数，可以看到 'a 其实延长了 'b。换句话说，'a 是 'b 的子类型。这意味着可替代性原则应该可以解决我们的问题。

下面声明生命周期参数作为子类型的语法：

> 'subtype:'basetype

代码清单 9.17 中显示的版本能正确编译。所做的修改只限于函数签名部分。在生命周期声明中，生命周期 'a 被定义为生命周期 'b 的子类型。这意味着 'a 可以替代 'b 使用。这正是让该应用程序能够正常工作所需的解决方法。

代码清单 9.17　生命周期 'a 是 'b 的子类型

```
Fn either_one<'a:'b>(ref1:&'a i32,
                ref2:&'b i32, flag:bool)->&'b i32 {
        if flag {
```

```
        ref1
    } else {
        ref2
    }
}

fn main() {
    let num1=1;
    {
    let num2=2;
    let result=either_one(&num1, &num2, true);
    }
}
```

9.11 匿名生命周期

生命周期省略需要基于之前介绍过的三个特定规则。但是，生命周期省略并不完美，可能会出现生命周期很明显但省略却不适用的情况。另外，生命周期标注也可能过于烦琐，正如你可能已经注意到的，这会导致代码变得密集。对于这些情况，可以使用匿名生命周期 '_。

代码清单 9.18 是一个匿名生命周期可能会有用的例子。对于带有生命周期的结构体，impl 代码块的语法看起来有些密集，和上面描述的情况一样。

代码清单 9.18　生命周期 'a 显式应用于结构体和 impl 代码块

```
struct Data<'a>{
    field1:&'a i32,
}

impl<'a> Data<'a> {
    fn do_something<'b>(&self, ref1:&'b i32)->&'b i32 {
        ref1
    }
}
```

如果你希望在 impl 块中省略掉生命周期（因为确实比较烦琐），但又不能在语法上随意变化，那么这个问题确实比较难，生命周期省略规则对此无能为力。好在使用匿名生命周期 '_ 可以显式地省略生命周期，让代码变得好看一些，正如代码清单 9.19 所示。

代码清单 9.19　应用匿名生命周期

```
impl Data<'_> {
    fn do_something<'b>(&self, ref1:&'b i32)->&'b i32 {
        ref1
    }
}
```

9.12　泛型和生命周期

泛型和生命周期参数都在函数或结构体后的尖括号内声明。你已经看到过泛型和生命周期参数被分别使用的情况，但其实它们也可以在同一声明中结合使用。

当我们同时声明时，生命周期参数应该先于泛型类型参数。否则，生命周期和泛型的行为可能会与预期不符。

代码清单 9.20 是一个带有生命周期和泛型参数的示例函数。

代码清单 9.20　同时使用生命周期标注和泛型参数

```
fn do_something<'a, T>(ref1:&'a T, ref2:&T)->&'a T{
    ref1
}
```

9.13　总结

生命周期是一个很难掌握的概念，但不应该被忽视。它是所有权模型的一个组成部分，确保了 Rust 语言的内存安全。具体来说，生命周期解决了悬垂引用的问题，这在其他编程语言中常常导致内存漏洞。

悬垂引用的发生是因为被借用的值的生命周期不够长，从而导致内存的不安全。不过值得庆幸的是，借用检查器能在编译阶段预防这种问题发生。这也是编译时零开销抽象的一部分。

函数的引用类型参数具有生命周期，无论是显式的还是省略的。有三种类型的生命周期：

- 输入生命周期是借用值的生命周期。
- 输出生命周期是函数返回的生命周期。
- 目标生命周期是函数返回时绑定的生命周期。

当输出生命周期小于目标生命周期时，可能会发生悬垂引用，生命周期表是帮助理解各类型生命周期关系的有用工具，并在借用检查器之前发现问题。

生命周期省略就是要省略生命周期来使得语法更加简洁易读。在某些情况下不能省略生命周期时，就可以考虑使用匿名生命周期。

通过生命周期标注，可以正式地命名生命周期，声明生命周期参数的语法和泛型一样。

带有引用的结构体也有生命周期，目标是确保引用与结构体存活同样长的时间。结构体中的生命周期不能被省略。方法可以使用在结构体中声明的生命周期或自由生命周期。

希望在阅读这两章之后，你已经与借用检查器成为亲密的朋友。

Chapter 10 第 10 章

引　用

引用类型 &T 在 Rust 中是原生类型，也是首选的指针类型。

引用是一个指向内存中某个位置的安全指针，无论是栈、堆还是静态数据区。你可以通过引用来访问该值。

引用本身就是值。因此，引用甚至可以作为一个值来引用其他引用。

事实上，Rust 中有两种类型的指针：安全指针（引用）和裸指针，后者本质上是不安全的。引用的安全性是在编译时由借用检查器来强制保证的，这是所有权模型的一部分。而裸指针则不在借用检查器的管辖范围之内。正因如此，Rust 中更推荐使用引用。裸指针主要用于与其他语言的互操作，在第 22 章中有详细介绍。

在 Rust 语言中，指针（包括引用）是一等公民，与其他原生数据类型具有相同的使用方式。开发者可以将指针用作变量、结构体字段、函数参数，甚至是函数的返回值。

引用类型，&T 和 &mutT，与非指针类型有显著的区别，这区别很微妙但却很重要。例如，i32 和 &i32 是不同的类型。i32 类型指的是一个 32 位整数值，而 &i32 是对一个 i32 值的引用。此外，引用是固定大小的，其大小取决于平台架构。

假设栈上有两个局部变量。变量 val_a 的值是 10，而 ref_a 是对 val_a 的引用。val_a 的大小是 4 字节，而 ref_a 的大小是 8 字节，这里假设是 64 位架构。图 10.1 展示了内存中栈的视图。

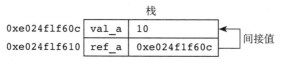

图 10.1　val_a 和 ref_a 的示意图

10.1　声明

与其他数据类型一样，你也可以使用 `let` 语句为引用创建一个普通的变量绑定。只是在类型前需要加上一个与号（`&`）来明确表示这是一个引用。但是在表达式中，`&` 运算符有不同的作用，它被用来表示 "获取某个值的内存地址"。

引用也是强类型的，只能用相同类型的引用来初始化。在下面的例子中，`ref_a` 是一个 `&i32` 引用，并且用 `&10` 初始化，也是一个 `&i32` 引用：

```
let ref_a:&i32=&10;
```

引用类型也可以由编译器推断，如下所示：

```
let ref_a=&10;
```

在代码清单 10.1 中，我们展示了声明引用的各种方法。

代码清单 10.1　声明引用

```
let val_a=10;
let ref_a: &i32=&val_a;
let ref_b=ref_a;
```

我们声明了变量 `ref_a` 为 `&i32` 类型，并初始化为 `&10`，这是对字面量 10 的一个引用。变量 `ref_b` 被初始化为 `ref_a`。结果是两个引用指向同一个值 10。这是安全的，因为两个引用都是不可变的。

10.2　借用

引用只是借用了值，这意味着值的所有权仍然保留在原始绑定中。在代码清单 10.2 中，引用是借用者。

代码清单 10.2　使用引用来借用值

```
let val_a=10;    // 10 这个值的所有者
ref_a=&val_a;    // 借用 10 这个值
```

所有者的生命周期必须比借用者（即引用）的生命周期长。正如第 9 章所讨论的，当所有者不再存在时，被引用的值也就不再可用，所以借用者不能继续使用该值。

在代码清单 10.3 中，所有者比借用者的生命周期更长。

代码清单 10.3　值比引用的生命周期更长

```
let val_a=10;                // 所有者

  {

      let ref_a=&val_a;      // 借用者
```

```
    }

    println!("{}", val_a);
```

在外部块中首先声明了变量 val_a，它是值 10 的所有者。在内部块中，ref_a 引用了 val_a，这样 ref_a 是值 10 的借用者。内部块结束后，ref_a 被丢弃，但 val_a 仍然可用，因此所有者的生命周期超出了借用者的生命周期——一切都很正常！

让我们在代码清单 10.4 中将顺序调换一下。

代码清单 10.4　引用比值的生命周期更长

```
let ref_a: &i32;          // 借用者
{
    let val_a=10;
    ref_a=&val_a;         // 所有者
}

println!("{}", ref_a);   // 出错
```

在这个版本中，引用 ref_a 在外部块中被声明。变量 val_a 在内部块中被声明，并作为值 10 的所有者。接下来，ref_a 引用 val_a。它成为值 10 的借用者。内部块结束后，val_a 不再存在。然而在外部代码块中，ref_a 依然在继续借用该值。由于借用者的生命周期已经超出了所有者的生命周期，借用检查器会对此发出警告，以下就是它显示的错误消息。

```
ref_a=&val_a;
    ^^^^^^ borrowed value does not live long enough
```

10.3　解引用

在引用中，星号运算符（*）提供了对引用值的访问，这被称为解引用。

我们在代码清单 10.5 中解引用 ref_a 和 ref_b。

代码清单 10.5　解引用以访问间接值

```
let ref_a=&10;
let ref_b=&20;
let result=*ref_a + *ref_b;
```

开始的时候声明了两个引用，ref_a 和 ref_b。然后通过解引用（使用 * 运算符）来访问间接值 10 和 20，加法的两个操作数是值，而不是引用。

其实内置的数学运算符已经实现了 Deref 和 DerefMut trait，可以隐式地解引用一个引用。所以在执行数学运算时，操作数是指针内存地址处的值，而不是指针本身。

在之前的例子中，我们的本意很明显。因为将 ref_a 和 ref_b 的内存地址相加是毫无意义的，所以我们真正想要做的是对它们所指向的值进行相加。通过隐式解引用的方式，可以简化之前的代码，如代码清单 10.6 所示。这样做可以使代码更加简洁易读，绝对是一举两得。

代码清单 10.6　隐式解引用以访问间接值

```
let ref_a=&10;
let ref_b=&20;
let result=ref_a + ref_b;
```

请注意，星号（*）已被移除以允许隐式解引用。前两个例子会得到相同的结果。

甚至 Rust 环境中的一些其他命令也支持隐式解引用，其中一个典型的例子是 println! 宏，如代码清单 10.7 所示。

代码清单 10.7　println! 宏在默认情况下会输出引用的值

```
let ref_a=&10;
println!("{}", ref_a);        // 输出 10
```

为了能够输出引用本身，需要在 print 宏中使用 :p 格式字符串。这是因为 print 宏实现了 Pointer trait，在代码清单 10.8 中，我们输出的是实际的引用，而不是被引用的值。值得注意的是，在运行时，引用实际上就是裸指针。

代码清单 10.8　输出引用而不是值

```
let ref_a=&10;
println!("{:p}", ref_a);    // 输出内存地址
```

10.4　引用的比较

有时我们想要使用比较运算符来比较引用类型，比如用 == 或 != 运算符。为达到这个目的，引用类型 &T 和 &mut　T 都实现了 PartialOrd trait，该实现是基于值的比较，而不是比较引用。

代码清单 10.9 中展示了引用的比较。

代码清单 10.9　引用的比较

```
let num_of_eggs=10;
let num_of_pizza=10;

let eggs=&num_of_eggs;
let pizzas=&num_of_pizza;

let result=eggs==pizzas;            // true
```

对 eggs 和 pizzas 两个引用进行比较会返回 true。这是因为它们都引用了值 10。但是这里有个问题：除非你想要一个鸡蛋比萨，否则这样比较是不恰当的，因为 10 个鸡蛋并不等同于 10 个比萨！有时为了得到正确的结果，比较标识（引用的地址）会更合适。幸运的是，可以使用 std::ptr 模块中的 eq 方法来按内存地址比较引用，而不是比较值。

在代码清单 10.10 中，之前的代码被重写以使用 eq 方法进行比较。新的结果在技术上和语义上都是正确的。

代码清单 10.10　使用 ptr::eq 方法比较引用

```
use std::ptr;

fn main() {
    let num_of_eggs=10;
    let num_of_pizza=10;

    let eggs=&num_of_eggs;
    let pizza=&num_of_pizza;

    let result=ptr::eq(eggs, pizza);    // false;
}
```

10.5　引用标记

表 10.1 总结了与引用相关的各种标记法，其中 x 代表一个普通引用，而 y 则是一个可变引用。

表 10.1　引用运算符

符号	示例	用途
&	let a:&i32=x;	声明一个引用
Mut	let b:&mut i32=y;	声明一个可变引用
&	let c=&10;	获取地址
*	let d:i32=*a;	获取引用的值

10.6　引用的引用

你可以声明多个级别的引用，也称为嵌套引用。嵌套引用是一个绑定到另一个引用的引用。

代码清单 10.11 是一个嵌套引用的例子。

代码清单 10.11　声明了一个引用的引用

```
let val_a=10;
let ref_a=&val_a;
let ref_ref_a=&ref_a;
```

在这段代码中，我们首先声明了一个引用 ref_a。然后我们创建了一个指向 ref_a 的引用：ref_ref_a。图 10.2 展示了该示例中引用之间的关系。

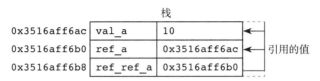

图 10.2　嵌套引用的关系

代码清单 10.12 中 print! 宏的输出结果可能看起来有些让人困惑，因为它们都输出了数字 10。首先，要记住 print! 宏会隐式地解引用一个引用，以访问被引用的值，然后在 Rust 中，系统会假定你想要解引用最内层的引用来获取最终的被引用值，而不是关心中间的所有引用。因此，嵌套的引用会被合并成一个单一的引用。所以输出结果只显示了引用链末端的被引用值，而不会展示获取到该值的过程。

代码清单 10.12　解引用多级引用

```
let ref_a:&&&i32=&&&10;

print!("&&&i32", ref_a);
print!(" &&i32", *ref_a);
print!(" &i32", **ref_a);
```

在此示例中，ref_a 绑定到一个值为 10 的引用的引用的引用。无论对 ref_a 执行多少次解引用操作，最终得到的结果均为 10。这很好地说明了隐式解引用的机制。

10.7　可变性

在 Rust 中，引用默认是不可变的。如前所示，你需要添加 mut 关键字到绑定中来声明一个可变值。可变引用也需要 mut 关键字，但这仅仅是解释的开始。

引用有两个方面的可变性：

- 引用本身
- 引用指向的值

让我们从可变引用开始。有了可变引用，引用本身可以被更新，然而被引用的值保持不可变。也就是，你可以改变引用但不能改变被引用的值。

相反，你可以使值可变但引用不可变。这意味着被引用的值可以改变，但引用本身不能改变。

让我们从一个基础的例子开始，然后逐渐增加更多、更复杂的内容。

从一个熟悉的内容开始，如代码清单 10.13 所示。

代码清单 10.13　修改一个可变的值

```
let mut val_a=10;
val_a=15;      // 赋值
```

该代码声明了一个可变值，然后该值被更改为 15。当然，如果 val_a 不是可变的，那么后面的赋值将无法通过编译。

接下来是一个可变引用的例子。对于可变引用，在引用前加上 mut 关键字。在这个例子中，引用在初始化后被改变，但被引用的值没有改变：

```
let mut val_a=10;
 let mut val_b=20;

let mut ref_a:&i32=&val_a;
ref_a=&val_b;                    // 引用发生了变化
*ref_a=30;                       // 编译错误
```

下面是例子解释的说明：
- 声明不可变变量：val_a 和 val_b。
- 声明一个可变引用 ref_a，它引用 val_a。
- 将 ref_a 更改为引用 val_b。这是允许的，因为 ref_a 是可变的。
- 最后，解引用来改变被引用的值，这将无法编译，因为该值是不可变的。

让我们重写前一个例子，用不可变引用指向可变值（见代码清单 10.14）。

代码清单 10.14　对可变值的引用

```
let mut val_a=10;
let val_b=20;
let ref_a:&mut i32=&mut val_a;
ref_a=&val_b;  // 无效
*ref_a=30;
```

以下是解释：
- 声明 val_a 为一个可变值，10。
- 声明 val_b 为一个不可变值，20。
- 声明一个不可变引用 ref_a，指向一个可变值。注意 mut 关键字不在引用上，而是在类型 i32 上。用对一个可变值 val_a 的引用来初始化 ref_a。为了保持一致性，赋值的两边都必须出现 mut 关键字。
- 更新引用 ref_a 以引用另一个值。这无法编译通过，因为 ref_a 是不可变的。
- 解引用 ref_a 并修改引用的值。这其实是可以通过编译的，因为被引用的值是可变的。

最后，引用和被引用变量都是可变的。基本上，这里到处都是 mut 关键字！我们将再次修订之前的例子（见代码清单 10.15）。引用变量和间接值都是可变的。

代码清单 10.15　引用和值都是可变的

```
let mut val_a=10;
let mut val_b=20;
let mut ref_a:&mut i32=&mut val_a;
ref_a=&mut val_b;
*ref_a=30;
```

以下是解释：

- 声明两个可变值：`val_a` 和 `val_b`。
- 声明一个可变引用 `mut ref_a` 指向一个可变值 `&mut i32`。
- 将 `ref_a` 更改为引用一个不同的值。
- 解引用 `ref_a` 并更新 `val_b` 的值。

10.8　多重借用的限制

你只能拥有对一个值的单一可变引用。如果有多个可变引用，则编译会失败，目的是防止竞争条件。

代码清单 10.16 中的代码将无法编译，因为对同一个值 `val_a` 有两个可变引用。

代码清单 10.16　不允许有两个可变引用

```
let mut val_a=&mut 10;

let ref_a:&mut i32=&mut val_a;  // 引用一个可变的值
let ref_b:&mut i32=&mut val_a;  // 引用一个可变的值

*ref_a=20;
```

当编译代码时，我们会得到一个明确的错误提示，借用检查器能够清楚地说明问题所在的位置。

```
error[E0499]: cannot borrow `val_a` as mutable more than once at a time
 --> src\main.rs:5:24
  |
4 |     let ref_a:&mut i32=&mut val_a;
  |                        ---------- first mutable borrow occurs here
5 |     let ref_b:&mut i32=&mut val_a;
  |                        ^^^^^^^^^^ second mutable borrow occurs here
6 |
7 |     *ref_a=20;
  |     --------- first borrow later used here
```

10.9　总结

Rust 提供了两种类型的指针：安全指针和裸指针。引用就是一种安全指针，它遵循所有权和生命周期的规则来确保安全性。

引用可以借用一个值。因此，引用不能比值的所有者存活得更久。第 8 章中讨论的所有权规则同样适用于引用。

引用有一种独特的语法格式。

- 使用符号 & 声明一个引用。
- 在表达式中，& 运算符返回一个值的引用。
- 运算符 * 对引用进行解引用并获取被引用的值。

比较运算符可以比较引用，但比较的是引用的值。要比较实际的引用，需要使用 eq 方法。

引用具有两个方面的可变性：引用本身和被引用的值。如果要使引用可变，需要在绑定前添加 mut 关键字。如果要使引用的值可变，需要在引用类型上添加 mut 关键字。

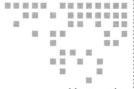

函　数

　　函数是一个有名称的源代码块，通常用于执行特定任务。函数内部的源代码都围绕着这个具体的任务展开。函数的返回值就是任务的结果。除此之外，函数也可能产生一些副作用，比如设置输出参数、写入文件或向网络流中写入数据。

　　通过函数，可以将应用程序分解为可复用的软件组件，而不是单一的冗长源代码块。模块化的编程方法使得应用程序更加易于阅读和维护。

　　函数名称应该传达函数的目的。例如，一个命名为阶乘的函数将执行阶乘算法，然后直接或者间接地返回结果。一个最佳实践是函数应执行单一任务，只实现函数名描述功能。如果一个函数执行许多任务，尤其是不相关的任务，则难以编写文档也更难重构。

　　使用圆括号"( )"调用一个函数。一个函数被调用时是同步执行的。有一个调用者和一个被调用者，调用者是调用另一个函数的函数，而被调用者是正在被调用的函数。当被调用者开始执行的时候，调用者的状态会被保存在栈上，比如局部变量和返回指令，也包括保存在被调用者退出时调用者中将要执行的下一条指令。

　　函数在 Rust 中是一等公民，你可以将函数视为数据，可以将其用作函数参数、返回值或变量。与任何数据一样，函数也是强类型的。这为更复杂的函数间关系（如函数柯里化）提供了支持。

　　Rust 函数不支持可变参数。可变参数的功能在 C 语言的外部函数接口（Foreign Function Interface，FFI）中是支持的，但在 Rust 函数中不被支持。实际上，Rust 中大部分看起来是可变参数的函数其实都是宏，比如 `println!` 宏。

11.1　函数定义

函数的定义描述了函数的接口，包括参数和返回类型。在使用函数之前并不需要提前定义函数。不过，函数只有在其定义所在的作用域内才是有效的。

下面是一个定义函数的语法：

```
fn function name(param¹, param², ..., parameterⁿ) ->return_type{
    // 函数体
}
```

函数定义以 `fn` 关键字开始，然后是函数名称，命名的约定与变量相同，都是蛇形命名风格。`say_hello` 函数就是一个函数定义的例子（见代码清单 11.1）。

代码清单 11.1　一个输出"Hello, world!"的函数

```
fn say_hello() {
    println!("Hello, world!");
}
```

`say_hello` 函数没有参数和返回值。当被调用时，它只输出问候语（见代码清单 11.2）。

代码清单 11.2　调用函数

```
fn main() {
    say_hello();
}
```

`say_hello` 函数是在 `main` 函数中被调用的，`main` 函数可以说是有史以来最著名的函数，它是 Rust 应用程序的入口。在这个例子中，`main` 是调用者，而 `say_hello` 则是被调用者。

11.2　参数

参数是函数的输入，有时也是输出。如果有参数的话，它们会在函数圆括号内以"名称：类型"的形式声明。Rust 不支持推断函数参数的类型。另外，函数参数默认是不可变的。如前面所示，如果函数没有参数，则它的定义中会有空的圆括号。

当函数被调用时，参数会使用函数实参进行初始化。参数作为函数的局部变量，会在函数退出时被销毁。实参可以通过值或引用传递，具体如下所述：

- 当通过值传递时，实参可以通过复制语义或移动语义进行传递。例如，字符串参数将使用移动语义，而整数则会使用复制语义。
- 当通过引用传递时，实参是对值的引用。

在 `get_cubed` 函数中，`number` 参数是以值传递的方式传入的。从函数调用来看，

number 参数接收到了函数实参值的副本。整数类型有复制语义，因此函数参数和函数实参位于不同的内存位置。get_cubed 函数会对 number 参数进行立方运算并输出结果（见代码清单 11.3）。该函数没有返回值。

代码清单 11.3　带有按值传递参数的函数

```
fn get_cubed(number:i32) {
    println!("{}", number*number*number);
}
fn main() {
    let value=5;
    get_cubed(value);
}
```

在 swap 方法中，参数值被交换。参数是 mut　T 类型，但是只有在函数的上下文中才可变。num1 和 num2 变量，即函数实参，在函数外部是不会被改变的（见代码清单 11.4）。

代码清单 11.4　一个操作局部值的函数

```
fn swap_values(mut value1:i32, mut value2:i32){
    let temp=value1;
    value1=value2;
    value2=temp;
    println!("{} {}", value1, value2);
}

fn main() {
    let (num1, num2)=(5,10);
    swap_values(num1, num2);
}
```

当通过引用传递时，可以对函数参数进行解引用（*）以访问引用的值。如果它是一个可变引用，你也可以改变被引用的值，作为对实参的引用，原始实参也会随之改变。

在代码清单 11.5 中展示的另一个版本的 swap_values 函数，两个函数参数都作为可变引用传递。value1 和 value2 参数是对 main 函数中的实参 num1 和 num2 的引用。使用 * 运算符来解引用函数参数并修改被引用的值 num1 和 num2。因此，这个版本的 swap_values 在函数外部交换了 num1 和 num2 的值。

代码清单 11.5　使用可变引用参数的函数

```
fn swap_values(value1:&mut i32, value2:&mut i32){
    let temp=*value1;
    *value1=*value2;
    *value2=temp;
}
```

在 main 中，函数参数是以可变引用的方式传递的，这为 swap_values 函数提供了 num1 和 num2 的内存地址引用。随后，println! 宏输出了在 swap_values 函数中被交换过的 num1 和 num2 的值（见代码清单 11.6）。

代码清单 11.6　调用通过引用传递的函数

```
fn main() {
    let (mut num1, mut num2)=(5,10);
    swap_values(&mut num1, &mut num2);
    println!("{} {}", num1, num2);
}
```

11.3　函数返回值

在函数参数之后，可以指定函数的返回值类型。如果有返回值，则可以将函数视为解析为该值的一个表达式。如果没有明确的返回值，则函数表达式将解析为 unit() 类型。

以下是返回值的语法：

```
return expression;
```

你可以在函数内的任何地方使用 return 来返回。return 语句后面的表达式是可选的。如果没有提供表达式，则默认返回 unit 类型。

在代码清单 11.7 中，get_cubed 函数返回一个运算的结果。在 main 函数中，我们调用 get_cubed 函数，返回值被赋值给 result 变量。

代码清单 11.7　有返回值的函数

```
fn get_cubed(value:i32)->i32 {
    return value*value*value;
}

fn main() {
    let num=5;
    let result=get_cubed(num);
    println!("{}", result);
}
```

函数不限于单一的返回值，而是可以包含多个返回值，但这些返回值必须是相同的类型。

在代码清单 11.8 中，is_odd 函数有多个返回值，每个都是 bool 类型。如果输入参数 num 是奇数，则 is_odd 函数返回 true，否则返回 false。在 main 函数中，is_odd 作为表达式在 println! 宏中被调用。

代码清单 11.8　函数具有多个相同类型的返回值

```
fn is_odd(num:i32)->bool {
    if (num%2) == 0 {
        return false;
    } else {
        return true;
    }
```

```
}
fn main() {
    println!("{}", is_odd(5));
}
```

在函数的末尾，你可以隐式地返回一个表达式，无须使用 return 关键字，注意必须要去掉分号。这种方式更加简便。

代码清单 11.9 重写了前一个示例，不用 return 语句，但结果是相同的。根据函数参数，有两个可能的逻辑路径，因此，有两个返回值。

代码清单 11.9　具有隐式返回的函数

```
fn is_odd(num:i32)->bool {
    if (num%2) == 0 {
        true    // 返回值
    } else {
        false   // 返回值
    }
}
```

在 Rust 中，函数只能返回单个值。但是，我们可以通过返回集合或结构体来解决这个限制，可以返回数组、向量、元组、哈希表等。其中，元组可能是最常见的从函数返回多个值的方法。元组很方便，因为它们是匿名的，可以包含不同类型的字段，并且易于用模式匹配进行解构。第 15 章中会详细介绍模式匹配。

在代码清单 11.10 中，get_min_max 函数找出一个向量（Vec<i32>）的最小值和最大值，并将结果作为元组返回。

代码清单 11.10　返回多个值的函数

```
fn get_min_max(data:Vec<i32>)->(i32, i32){
    let mut min=data[0];
    let mut max=data[0];
    for item in data {
        if item < min {
            min=item;
        }
            if item > max {
                max=item;
            }
        }
        return (min, max);
    }
```

在 main 中，我们声明了一个 values 的向量，它作为函数实参提供给 get_min_max 函数，调用后的返回值通过模式匹配绑定到变量（min,max）上，然后输出（见代码清单 11.11）。

代码清单 11.11　调用一个以向量作为参数的函数

```
fn main() {
    let values=vec![5,6,-6,10,6];
    let (min, max)=get_min_max(values);
    println!("{} {}", min, max);
}
```

在 Rust 中，不要尝试从函数返回局部变量。其他支持这种行为的语言，可能是通过将局部变量提升到堆上来确保其持久性。但是 Rust 并不支持这种做法，因为在编译时失败比在运行时偷偷将值提升到堆上要更加安全。另外，Rust 应用程序也不需要承担提升的额外开销。所以 Rust 干脆就不支持这种行为。

在代码清单 11.12 中的 lift_value 函数将无法编译。value 是一个局部变量，最后返回一个指向 value 的引用。然而，函数结束时这个变量的内存会被释放，这会导致引用无效并发生编译错误。

代码清单 11.12　返回对局部值的引用

```
fn lift_value()->&i32 {
    let value=5;
    &value
}
```

在编译这段代码时，会有以下的错误消息：

```
= help: this function's return type contains a borrowed value,
but there is no value for it to be borrowed from
```

11.4　常函数

常函数在编译时进行求值，因此，在常函数里面不能修改运行时的非常量状态，其最常见的用途是作为 getter 函数或常数值的初始化程序。一般来说，常函数都比较短，因为要在较长的函数中保持常量性会比较困难。要定义常函数，只需要在函数前加上 const 关键字。

get_eulers_number 函数是一个常函数，它返回欧拉数（Euler's number）。欧拉数在涉及指数增长或衰减的计算中非常有用（见代码清单 11.13）。

代码清单 11.13　get_eulers_number 是一个常函数

```
const fn get_eulers_number()->f64{
    2.7182
}

fn main() {
    const EULER:f64=get_eulers_number();
}
```

11.5　嵌套函数

Rust 支持嵌套函数，嵌套函数是在另外一个函数内部定义的其他函数。嵌套函数只在外部函数作用域里是可见的，本质上，它是外部函数的私有函数。除此之外，嵌套函数和外部函数之间没有其他特殊关系。外部函数和嵌套函数只能通过参数和嵌套函数的返回值来进行信息交换。

嵌套函数的优势在于支持高级建模和函数间复杂的相互关系。例如，嵌套函数可能非常适合用于对复杂的电机进行建模。

代码清单 11.14 是一个汽车发动机的基本模型。

代码清单 11.14　start 和 driving 是嵌套函数

```rust
enum Command{
    Start,
    Drive(i8)
}
fn operate_vehicle(command:Command) {
    match command {
        Command::Start=>start(),
        Command::Drive(speed)=>driving(speed)
    }

    fn start(){ /*启动汽车 */}
    fn driving(speed:i8){ /*前进 */}
}
fn main() {
    operate_vehicle(Command::Start);
    operate_vehicle(Command::Drive(10));
}
```

Command 枚举包含两种命令：Start 和 Drive。Start 命令用于启动汽车，而 Drive 命令则用于调整车速。start 和 driving 函数都是嵌套在 operate_vehicle 函数内部的，用来响应 match 中处理的 Start 和 Drive 命令。operate_vehicle 函数接收一个命令作为输入参数，根据不同的命令，它会选择执行合适的嵌套函数。

11.6　函数指针

函数指针类型指向某个函数。从很多方面来看，函数指针和普通数据没有太大区别。例如，可以像创建浮点数数组一样创建一个函数指针数组。有了函数指针就能将函数作为一等公民来使用。函数指针可以作为变量、函数参数和函数返回值。可以通过使用函数指针加上圆括号调用指向的函数。

函数指针的一大优势在于，它能在运行时将函数视为数据来进行操作。这就意味着通过对函数指针的操作，应用程序的行为可以在运行时发生变化。

我们用 fn 类型来声明一个函数指针, 它也是一个原生类型。fn 指针类型包括函数头部。以下是函数指针类型的语法:

```
fn(param¹, param², ..., parameterⁿ) ->return_type
```

可以用函数名来初始化一个函数指针。不过, 这个函数必须与 fn 类型描述的类型完全一致, 这样初始化出来的函数指针就会指向那个函数。函数名本身并不是函数指针, 尽管看起来和 fn 类型很相似。但实际上, 函数名只是求值为一个没有属性的并且独特标识该函数的类型的实例。这个类型实现了 Fn trait, 所以它可以被强制转换为 fn 类型。

函数指针也实现了下面的这些 trait:

Clone	Copy	Send
Sync	Unpin	UnwindSafe
RefUnwindSafe		

对于具有 12 个或更少参数的函数类型, 还实现了下面这些 trait:

PartialEq	Eq	PartialOrd
Ord	Hash	Pointer
Debug		

代码清单 11.15 包含了各种函数定义和函数指针。

代码清单 11.15　各种函数定义和函数指针

```
fn func_one(p1:i32){}
fn func_two(p1:String, p2:f64)->f64{0.00}
fn func_three(){}
fn func_four(p1:String, p2:f64)->f64{0.00}
fn func_five(p1:(i8, i8, i8)){}
    fn main(){
        let fptr1:fn(i32)=func_one;
        let fptr2:fn(String, f64)->f64=func_two;
        let fptr3:fn()=func_three;
        let fptr4=func_four;

        let fptr5:fn(bool)=func_five;   // 无效
    }
```

在这个例子中, 每个函数都是不同的函数类型。在 main 函数中, 我们为每个函数创建了函数指针:

- 变量 fptr1 被初始化为指向函数 func_one 的函数指针, 该函数与函数指针 fn(i32) 类型一致。
- 变量 fptr2 被初始化为指向函数 func_two 的函数指针, 该函数类型与函数指针 fn(String,f64)->f64 一致。
- 变量 fptr3 被初始化为指向 func_three 的函数指针, 该函数与函数指针 fn()

一致。

- 变量 fptr4 被初始化为 func_four 的函数指针。变量类型是通过类型推断确定的，即 fn(String,f64)->f64。
- fptr5 类型为 fn(bool)，与 func_five 函数的类型 fn((i8,i8,i8)) 不一致。这种赋值会导致编译错误。

为了进一步说明，代码清单 11.16 展示了一个实际使用函数指针的例子，其中还包括了嵌套函数的概念。这个例子模拟了一个人步行或跑步一段距离。

代码清单 11.16　根据程序逻辑调用不同的函数

```
enum Pace {
    Walking,
    Running,
}

fn set_pace(pace:Pace)->fn(i32) {
    fn walking(distance:i32) {
        println!("Walking {} step(s)", distance)
    }
    fn running(distance:i32) {
        println!("Running {} step(s)", distance)
    }

    match pace {
        Pace::Walking=>walking,
        Pace::Running=>running
    }
}
fn main() {
    let move_forward=set_pace(Pace::Running);
    move_forward(40); // 通过 fptr 来调用函数
}
```

Pace 枚举包含 Walking 和 Running 两个变体。set_pace 函数包括两个嵌套函数：walking 和 running。基于 Pace 枚举，set_pace 函数返回函数指针指向 walking 或者 running 的嵌套函数。在 main 中，move_forward 变量使用从 set_pace 函数返回的函数指针进行初始化。最后通过 move_forward 变量就可以调用相应的函数。

11.7　函数别名

大量使用函数指针类型会使代码变得过于密集和难以阅读。为了提高可读性，通常会为函数指针类型设置一个别名。something_complex 函数就是一个很好的例子。它同时使用了函数指针类型作为参数和返回值，这使得函数头部变得很冗长且难以理解（见代码清单 11.17）。

代码清单 11.17 　使用完整的函数指针语法

```
fn something_complex(which: bool, p1:fn(i32,i32)->i64,
    p2:fn(i32,i32)->i64)->fn(i32,i32)->i64 {  // 让人头疼
    if which {
        p1
    } else {
        p2
    }
}
```

代码清单 11.18 中，`something_complex` 函数使用了类型别名来定义。`fptr` 类型别名是事先定义好的，这使得 `something_complex` 函数头部的可读性大大提高了。

代码清单 11.18 　使用类型别名以简化函数定义

```
type fptr = fn(i32,i32)->i64;
fn something_complex(which: bool, p1:fptr,
    p2:fptr)->fptr {  // 舒服多了
    if which {
        p1
    } else {
        p2
    }
}
```

11.8 　总结

　　函数有助于将应用程序源代码进行模块化拆分。与其让应用程序成为一个笨重的单体，不如使用函数将其分解成更易管理的单元。不要重复自己（Don't Repeat Yourself, DRY）原则也是函数的另一大优点。将可重用的代码放在函数中可以减少冗余。这也让大多数应用程序在进行必要的重构时更加不容易出错。

　　一个函数通常只执行单一的任务，这体现在其源代码的实现中。这个任务或行为应该反映在函数的命名上。函数的定义可以放在源文件的任何位置，唯一的要求是，函数调用和函数定义必须在同一个作用域内。

　　函数的返回值是该函数的结果。一个没有返回值的函数返回 unit 类型，也可以使用集合或结构体从函数返回多个值。

　　可以在一个函数内的不同位置有多个返回值，但是每个返回值必须是相同的类型。

　　函数指针指向一个函数，并且是函数指针类型的一个实例。函数指针在运行时增加了灵活性，让应用程序更具可扩展性。此外，函数指针使得函数被视为一等公民，可以将函数用作变量、函数参数和函数返回值。

　　大量使用函数指针可能会使代码变得密集，为函数指针定义别名可以使代码更易于阅读。

第 12 章 *Chapter 12*

错 误 处 理

错误处理是应用程序应对异常事件的能力。应用程序可以采取主动或被动的方式来进行错误处理。主动错误处理是指在程序逻辑中预料到可能出现的错误条件，并事先做好相应的处理安排，被动错误处理则是在问题发生后进行尽可能的响应和处理。

对于主动的错误处理，Rust 提供了 Result 和 Option 这两种标准类型，这有助于源代码以可预测和可扩展的方式应对潜在的错误。这种模型对于函数库来说尤其重要。因为函数库需要与调用者之间有一个可预测的行为约束。

对于被动的错误处理，Rust 提供了 panic。当执行过程中发生了无法继续运行的异常事件时，就会引发 panic。这种异常事件通常与运行时错误有关。例如访问不安全的内存、整数除以零、在调用 unwrap 函数时出错，或者发生其他不可预知的事件。开发者可以决定如何处理 panic，甚至可以干脆忽略它。

主动错误处理比被动错误处理（即 panic）更好，原因包括以下几点：

- 处理 panic 会增加二进制文件的大小。
- panic 会增加你的源代码的复杂性。
- panic 是不可预测的。
- 处理哲学上也存在差异。

Rust 中根本没有异常这个概念！这是 Rust 远离被动错误处理的整体转变的一部分。panic 是 Rust 用来取代异常的机制。它们确实有一些相似之处，例如它们都是基于栈的。但同时也有很大的不同。可以尝试用 panic 来模拟异常处理，但那并不是惯用的 Rust 编程方式，相反应该拥抱 Rust 所提供的这种全新的编程范式。

12.1 处理错误

在错误处理中，需要预见到可能出现的问题，并采取相应的措施来解决它们。可以直接处理问题，也可以将问题留给调用函数处理，甚至向用户求助。

代码清单 12.1 展示了一个 winning_ratio 函数，该函数存在一个潜在问题。它计算一支体育队伍的胜率：(wins+losses)/wins。例如，一支 8 胜 2 负的队伍预计每 1.25 场比赛赢一场，一支 5 胜 15 负的队伍大约每 4 场比赛就赢一场。虽然这听起来很糟糕，但有些队伍可能永远都不会赢。这些就是常年的弱队，比如 2008 年一场未赢的底特律雄狮队。然而，这种情况在计算中会引起问题：除零错误。为了避免这个问题，函数中加入了错误处理，即如果一个队伍 0 胜，胜率结果也是 0。

代码清单 12.1　计算胜率

```
fn winning_ratio(wins:i32, losses:i32)->f32 {
    if wins == 0 {
        wins
    } else {
        (wins + losses) as f32 / wins as f32
    }
}
```

在这个例子中，可以预测到除以零的问题，并设法从中恢复过来。但如果问题是无法修复的呢？最佳做法还是要避免 panic，并通过函数的返回值向调用者报告问题。这就是 Result 或 Option 类型的作用。

12.2　Result 枚举

函数可以通过返回一个 Result 类型的值来报告错误。Result 类型是一个枚举，由 Ok(T) 和 Err(E) 变量组成。如果函数成功运行，则返回 Ok(value)，其中 value 是函数成功完成的结果；如果发生错误，则返回 Err(error)，下面是 Result 枚举的定义：

```
enum Result<T, E> {
    Ok(T),
    Err(E),
}
```

如代码清单 12.2 所示，winning_ratio 函数已更新为返回一个 Result。此外，团队信息、团队名称、胜场和败场现存于一个名为 TEAMS 的全局 HashMap 中。我们希望获得由函数参数指定的团队的胜率。

代码清单 12.2　用于错误处理的 Result 类型

```
fn winning_ratio(team: &String)->Result<f32, &str> {
    if let Some(&(wins,losses))=TEAMS.get(team) {
```

```
        if wins== 0 {
            Ok(wins as f32)
        } else {
            Ok(((wins+losses) as f32)/ wins as f32)
        }
    } else {
        return Err(&"Invalid team");
    }
}
```

在函数内部，团队名称 team 被用来从 TEAMS 获取关于团队的信息，包括胜 / 负记录。如果出现错误的团队名称，则这是一个无法恢复的错误。如果该错误发生，则函数将返回一个包含错误信息的 Err 对象。否则，函数通过 Ok(value) 返回胜率。

调用者应该解包函数的返回值。如果返回了 Ok(value)，则函数没有发生错误且可以继续执行。然而如果返回了一个 Err(error)，则调用者应该处理或者传播该错误。

12.3 Option 枚举

Option 是 Result 的另一种选择，Option 适用于返回特定值的函数，例如返回数组的一个元素或一个特定日期。Option 类型有 Some(T) 和 None 两个变体。如果想要的值找到了，则返回 Some(value)，否则返回 None，这比返回一个不清不楚的结果或直接 panic 要好很多。假设有一个函数要从数百名员工中返回特定的员工记录。如果员工记录存在，则返回 Some(record)，否则返回 None。

这是 Option 类型的定义：

```
enum Option<T> {
    None,
    Some(T),
}
```

除了 winning_ratio 函数之外，让我们在之前的例子中再添加一个 get_score 函数。该函数返回特定比赛的得分。比赛的得分也存储在一个 HashMap 中，以队伍名称作为键，比赛得分作为值。如果找到了 team 和 game，则得分将作为 Ok((current_team, other_team)) 返回，其中包含的值是一个元组，否则返回 None。

代码清单 12.3 展示了 get_score 函数。

代码清单 12.3　用于错误处理的 Option 类型

```
fn get_score(team: &String, mut which_game:usize)->Option<(i8, i8)> {
    if let Some(&(wins,losses, scores))=TEAMS.get(team) {
        if (which_game == 0) || (which_game > scores.len()) {
            return None;
        }
        Some(scores[which_game-1 as usize])
```

```
    } else {
        None
    }
}
```

12.4 panic

当程序遇到无法正常执行的异常情况时，Rust 会抛出 panic。这可以当作为应用程序提供的一种异常通知机制。应用程序可以根据实际需求来决定如何处理 panic，甚至也可以选择完全忽略。

Rust 中的 panic 是发生在线程范围内的。当某个线程发生 panic 时，该线程的调用栈会被展开。这个过程会一直持续下去，直到 panic 得到处理或者栈完全展开。如果栈耗尽（完全展开），该线程就会被终止。如果这是发生在应用程序的主线程，那么整个应用程序也会随之终止。不过，在线程退出之前，展开栈的过程中可以有机会有序地清理内存和资源。

代码清单 12.4 展示了在 `division` 函数中发生了除零的 panic。请记住，Rust 没有异常——只有 panic！

代码清单 12.4　如果除数为零，则 division 函数将会引发 panic

```
fn division(dividend:isize, divisor:isize)->isize{
    dividend/divisor    // panic
}

fn logic() {
    division(1,0);
}

fn main() {
    logic();
}
```

当 panic 发生时，栈按顺序展开：`division`、`logic` 以及最后的 `main` 函数。由于 `main` 函数是主线程的终点，因此除零的 panic 会终止整个应用程序，在程序终止的同时系统会输出一条有助于诊断问题的错误消息，其中甚至包含了 panic 发生的具体位置。

```
thread 'main' panicked at 'attempt to divide by zero',
    src\main.rs:2:5
note: run with `RUST_BACKTRACE=1` environment variable to
    display a backtrace
error: process didn't exit successfully:
    `target\debug\divide_by_zero.exe` (exit code: 101)
```

默认情况下，panic 不会输出调用栈回溯信息。但其实这些信息对于定位 panic 的根源非常有用，可以揭示 panic 发生时的函数调用过程。正如前面示例中的错误消息所提示的，你可以通过设置 RUST_BACKTRACE 环境变量为 1 来启用调用栈回溯信息的输出。启用后，错误消息中就会包含详细的调用栈回溯信息：

```
  2: core::panicking::panic
          at /rustc/897e37553bba8b42751c67658967889d11ecd120/library\
          core\src\panicking.rs:48
  3: divide_by_zero::division
          at .\src\main.rs:2
  4: divide_by_zero::main
          at .\src\main.rs:6
  5: core::ops::function::
          FnOnce::call_once<void (*)(),tuple$<> >
          at /rustc/897e37553bba8b42751c67658967889d11ecd120\
          library\core\src\ops\function.rs:248
note: Some details are omitted, run with `RUST_BACKTRACE=full
  ` for a verbose backtrace.
error: process didn't exit successfully:
      `target\debug\divide_by_zero.exe` (exit code: 101)
```

当发生 panic 时，栈展开的过程为应用程序提供了有序退出的时机，这时最重要的是释放占用的资源和内存。有些清理工作是自动完成的，比如删除局部变量，但对于堆内存或外部资源的引用，则可能需要特殊处理。在栈展开的过程中，实现了 Drop trait 的值会自动调用 drop 函数。对于大多数 Rust 开发者来说，drop 函数相当于其他语言中的析构函数。

在代码清单 12.5 中，Tester 是一个结构体，有一个字符串类型的字段，它会被初始化为当前函数的名称。该结构体实现了 Drop trait。在 drop 函数中，输出当前函数的名称，这使我们能够逐个观察栈的展开过程，以及正在进行的清理工作，简直激动人心！

代码清单 12.5　在 drop 函数中输出信息来观察栈的展开

```
struct Tester {
    fname:String,
}

impl Drop for Tester {
    fn drop(&mut self){
        println!("{} unwound", self.fname);
    }
}
fn division(numerator:isize, divisor:isize)->isize{
    let temp=Tester{fname:"division".to_string()};
    numerator/divisor
}
fn logic() {
    let temp=Tester{fname:"logic".to_string()};
    division(1,0);
}

fn main() {
```

```
    let temp=Tester{fname:"main".to_string()};
    logic();
}
```

在这个例子中，我们在 `division` 函数中强制触发一个除零的 panic。此外，每个函数都有一个 `Tester` 值，它用函数名进行初始化。当 panic 发生时，`Tester` 的值被丢弃，随着栈的展开，每个函数的函数名都被输出。这表明实现 Drop trait 为每个函数提供了执行清理的机会。以下是输出结果：

```
division unwound
logic unwound
main unwound
```

有时候，开发者可能没有为 panic 事件准备好相应的清理策略。这种情况下，栈的展开过程可能就会失去作用。更重要的是，如果没有合适的清理措施，应用程序可能会陷入未知或不稳定的状态。在这种情况下，最佳的解决方案可能就是在 panic 发生时直接中止应用程序，可以在 cargo.toml 文件中添加 `panic='abort'` 来实现这一行为。

代码清单 12.6 显示了 cargo.toml 文件中的完整配置。

代码清单 12.6　用于在 panic 时中止栈回溯的 cargo.toml 配置

```
[profile.dev]
panic = 'abort'
```

需要注意的是，这是一种任何人都可以改变的一个外部配置，也意味着这种行为可能会在你的控制之外发生。除了栈回溯之外，这也是 panic 是不可预测的并且应该尽量避免的另一个原因。

12.4.1　panic! 宏

如前所述，panic 通常是由异常情况引发的。当然，也可以使用 `panic!` 宏来强制引发 panic。如果可能的话，我们还是应该尽量避免使用 panic。不过强制引发 panic 也确实存在一些合理场景，如下：

- 传播现有的 panic。
- 无法找到可行的解决方案。
- 向应用程序发出无法拒绝的通知。

代码清单 12.7 是 `panic!` 宏的一个例子。基础版本的 `panic!` 宏接受任何类型的参数。这意味着你可以以任何方式来描述 panic：一个字符串错误信息、一个错误代码，或者任何你觉得有帮助的东西。

代码清单 12.7　以字符串为参数的 panic

```
fn main() {
    panic!("kaboom")
}
```

这是该简单程序引发的 panic 消息。你可以看到，在消息中包含了你给出的描述信息：

```
thread 'main' panicked at 'kaboom', src\main.rs:2:5
note: run with `RUST_BACKTRACE=1` environment variable
    to display a backtrace
```

为了提供更大的灵活性，Rust 还提供了一种高级版本的 panic! 宏，其用法与 print! 宏类似，但是它支持格式字符串，可以使用占位符和参数。如果出现了意料之外的无穷大值，则可能会在执行过程中造成毁坏性影响。但如果能够预料到这种情况，最好直接强制引发 panic，如代码清单 12.8 所示。

代码清单 12.8　带有额外错误信息的 panic

```
fn main() {
    let num1=f64::INFINITY;
    panic!("Can't proceed with this value {}", num1);
}
```

12.4.2　处理 panic

你可以对 panic 事件进行处理。具体的处理方式取决于 panic 的类型以及应用程序的复杂性。可以选择向用户求助、采取默认行为，或者干脆什么都不做。可以根据实际情况采取不同的应对措施。

另一个需要对 panic 进行处理的重要原因是避免栈展开进入外部代码，这可能会导致无法预知的行为。比如说展开进入到系统调用就可能会引发各种问题。因此，在栈展开跨越到外部代码之前及时处理 panic 通常是更明智的。

请记住，在 Rust 中最好还是做必要的错误处理。但是，如果实在无法进行错误处理，那么对 panic 进行有限的处理也可能会有帮助，例如记录 panic 信息并重新触发 panic。

catch_unwind 函数可用于处理 panic，它在 std::panic 模块中，以下是该函数的定义：

```
fn catch_unwind<F:FnOnce() -> R+UnwindSafe, R>
    (f: F) ->Result<R>
```

catch_unwind 函数接受一个闭包作为参数，该闭包返回一个 Result。如果闭包没有触发 panic，则返回 Ok(value)，其中 value 是闭包调用的结果。当发生 panic 时，该函数返回 Err(error)，其中 error 是 panic 的错误值。

在代码清单 12.9 中，应用程序通过 ask_user 函数来模拟用户输入一个索引，然后从向量中返回该索引对应的值。如果该索引无效，例如超出了 vector 范围，则会发生 panic。当然对于这个操作，有一些安全的方法，例如 get 函数，然而，为了达到本例的目的，我们不使用该方法。按照现在的代码，未处理的 panic 将在调用栈完全展开后让应用程序崩溃。

代码清单 12.9 未处理的 panic 示例

```
fn get_data(request:usize)->i8{
    let vec:Vec<i8>=(0..100).collect();
    vec[request]
}

fn ask_user(){
    // get from user
    let data:usize=105;
    get_data(data);
}

fn main() {
    ask_user();
}
```

代码清单 12.10 展示了更新后的代码版本使用 catch_unwind 函数处理 panic。

代码清单 12.10 使用 catch_unwind 函数处理 panic

```
use std::panic;
use std::any::Any;


fn get_data(request:usize)->Result<i8, Box<dyn Any + Send>>{
    let vec:Vec<i8>=(0..100).collect();
    let result = panic::catch_unwind(|| {
        vec[request]
    });
    result
}

fn ask_user(){
    // 获取用户输入
    let data:usize=105;
    let result=get_data(data);
    match result {
        Ok(value)=>println!("{}", value),
        Err(_)=>println!("handle panic...")
    }
    println!("still running");
}

fn main() {
    ask_user();
}
```

在 get_data 函数中，catch_unwind 执行一个闭包，该闭包通过索引访问一个向量，然后返回一个 Result，这样在出现无效索引时就不会发生 panic。get_data 函数接收到这个 Result 后，使用 match 表达式来处理结果。

有趣的是，当程序运行时，panic 消息仍然会被输出。是的，我们处理了 panic，但错误消息仍然存在。这是应用程序的结果：

```
thread 'main' panicked at 'index out of bounds:
    the len is 100 but the index is 105', src\main.rs:13:9
note: run with `RUST_BACKTRACE=1` environment variable to
    display a backtrace
handle panic...
still running
```

即使进行了处理，panic 消息依然会被输出。每个线程都有一个 panic hook，它是一个在 panic 发生时会被调用并输出 panic 消息的函数。正是这个 hook 函数将上面回溯信息输出，当然要在这个功能被启用的情况下。可以使用 std::panic 模块中的 set_hook 函数来替换这个 hook。panic hook 的调用在 panic 发生和处理之间。以下是 set_hook 函数的定义：

```
fn set_hook(hook: Box<dyn Fn(&PanicInfo<'_>) + Sync + Send + 'static>)
```

在代码清单 12.11 中，我们用一个什么都不做的闭包替换了默认 hook，这样就能去除 panic 消息了。

代码清单 12.11　使用一个空的 set_hook 函数来去除 panic 消息

```
fn get_data(request:usize)->Result<i8, Box<dyn Any + Send>>{
    let vec:Vec<i8>=(0..100).collect();

    panic::set_hook(Box::new(|_info| {
        // do nothing
    }));

    let result = panic::catch_unwind(|| {
        vec[request]
    });
    result
}
```

要能够处理 panic 首先就需要了解这个 panic。为什么会发生 panic？如果有相关数据，这些数据又能告诉我们什么呢？与 panic 相关的信息会以任何类型提供，需要先将其转换为特定类型，然后才能访问有关 panic 的具体信息。

在前面的例子中，我们忽略了 panic 的信息。代码清单 12.12 中展示了将数据向下转换为字符串，这样我们就可以输出 panic 数据。

代码清单 12.12　把错误消息向下进行类型转换

```
match result {
    Ok(value)=>println!("{}", value),
    Err(msg)=>println!("{:?}", msg.downcast::<String>())
}
```

12.5　unwrap

在应用程序开发或测试阶段，许多 Rust 开发者会使用 unwrap 函数来简化错误处理。通过 unwrap，可以把 Result 或 Option 中的错误结果被转换为 panic。这种做法通常有两个原因：

- 在开发阶段，暂时还没有准备好如何处理某些特定的错误。
- 想确保错误不会被忽略。

不过，unwrap 函数还有一些变体适用于更多的场景，而不仅仅是在开发阶段，他们都是 unwrap 更健壮的版本。接下来我们将从基本的 unwrap 开始，探索 unwrap 函数的多种用法。

unwrap 函数可以在 Option 或 Result 类型上调用。如果 Option 的值为 None 或 Result 为 Err(E)，就会引发 panic，如代码清单 12.13 所示。我们尝试使用 get 函数访问一个向量的元素，而 get 函数返回的是 Option 类型。由于索引 5 超出了向量的界限，因此 get 的结果是 None。因此对 None 调用 unwrap 就会引发 panic。

代码清单 12.13　在无效索引上 unwrap 会引发 panic

```
fn main() {
    let items=vec![1,2,3,4];
    let value=items.get(5);
    let value=value.unwrap();
}
```

下面是一个类似的例子，只是用 expect 函数替换了 unwrap 函数。不同之处在于 expect 可以在 panic 时指定错误消息，而 unwrap 只有默认消息。

```
fn main() {
    let items=vec![1,2,3,4];
    let value=items.get(5);
    let value=value.expect("out of range");
}
```

在这个例子中，panic 会输出以下错误消息，这是因为 expect 函数将 panic 的消息设置为 out of range。

```
thread 'main' panicked at 'out of range', src\main.rs:4:21
note: run with `RUST_BACKTRACE=1` environment variable to
    display a backtrace
error: process didn't exit successfully: `target\debug\expected.exe`
    (exit code: 101)
```

有些 unwrap 函数的变体在出现错误时不会引发 panic，这样的方法对于错误处理非常有用，甚至可以用于非开发阶段。我们将从 unwrap_or 函数开始介绍，当出现错误时，这个方法可以返回一个预先设定的替代值而不是直接引发 panic。

代码清单 12.14 中的示例与之前的示例完全相同，除了使用了 unwrap_or 而不是

unwrap 函数。当错误被解包时，unwrap_or 不会引起 panic，而是返回一个指向 1 的引用。注意替代值和成功值必须是相同的类型。

在这个场景下，Err 和 None 都被视为错误情况。

代码清单 12.14　对于错误结果 unwrap_or 函数提供了一个替代值

```
fn main() {
    let items=vec![1,2,3,4];
    let value=items.get(5);
    let value=value.unwrap_or(&1);
    println!("{}", value);
}
```

另一个变体是 unwrap_or_else 函数，在这个变体中，替代值是一个闭包，这在替代值需要通过计算或者涉及复杂逻辑时很有用。当 unwrap 出现错误，即得到 Err 或 None 时，就会调用该闭包。

代码清单 12.15 展示了 unwrap_or_else 函数。当出现错误时 unwrap_or_else 调用闭包并返回 &1。

代码清单 12.15　当出现错误时，unwrap_or_else 函数执行一个闭包

```
fn main() {
    let items=vec![1,2,3,4,];
    let value=items.get(5);
    let value=value.unwrap_or_else(||&1);
    println!("{}", value);
}
```

unwrap_or_default 函数在遇到错误时会返回对应类型的默认值。返回的具体默认值由类型决定，比如整数类型的默认值为 0。不过并非所有类型都有默认值，只有实现了 Default trait 的类型才有相应的默认值。需要注意的是，引用没有实现这个 trait，所以不能与这个函数一起使用。

在代码清单 12.16 中，result 是一个 Option<i8> 类型，并初始化为 None。这里的底层值是一个整数，当调用 unwrap_or_default 时将返回默认值，即 0。

代码清单 12.16　对于错误情况，unwrap_or_default 函数返回一个默认值

```
fn main() {
    let result:Option<i8>=None;
    let value=result.unwrap_or_default();    // 0
    println!("{}", value);
}
```

12.6　Result 和 Option 的模式匹配

主动实现错误处理的函数会返回 Result 或 Option 枚举。调用方需要解析返回值，

并做出正确的处理。通常的做法是使用 match 表达式，分别处理成功和失败两种情况。前面提到过，这才是处理错误的标准模式。在本章前面的示例中，已经多次看到过这种模式了。

代码清单 12.17 展示了标准的错误处理方式的例子。

代码清单 12.17　标准的错误处理模式

```
// faker 用来模拟错误处理
fn faker()->Result<i8,String>{
    Ok(0)
}

fn transform( )->Result<bool, String>{
    let result=funcb();
    match result {
        Ok(value)=>Ok(value>10),
        Err(err)=>Err(err)
    }
}

fn main(){
    funca();
}
```

transform 函数内部调用了 faker 函数。faker 是一个用来模拟错误处理的伪函数，返回硬编码的值。transform 函数自身也进行了错误处理。在实际代码中，多个函数组成调用链并各自处理错误是很常见的。这个例子中，不同函数返回的 Result 类型也不尽相同。因此 transform 函数里的 match 表达式需要将 Result<i8, String> 转换为 Result<bool, String>，示例中随意地选用了一种转换方式将 i8 转换为 bool。

代码清单 12.18 是对标准错误处理模式的更详细演示。该应用程序中有一个 HashMap，它包含了城市及其平均温度，温度以华氏温度记录，目标是将温度从华氏温度转换为摄氏温度。

代码清单 12.18　Option 类型的标准错误处理

```
use std::collections::HashMap;

fn into_celsius(cities:&HashMap<&str, f64>,
    city:&str)->Option<f64>{
    let result=cities.get(&city);
    match result {
        Some(temp)=>Some((*temp-32.0)*0.5666),
        None=>None
    }
}

fn main() {
```

```
    let cities = HashMap::from([
        ("Seattle", 72.0),
        ("San Francisco", 69.0),
        ("New York", 76.0),
    ]);

    let city="San Francisco";
    let result=into_celsius(&cities, city);
    match result {
        Some(temp)=>println!("{} {:.0}", city, temp),
        None=>println!("City not found.")
    }
}
```

into_celsius 函数接受一个城市的名称，然后调用 get 方法并传入该名称，它会返回一个 Option。如果在 HashMap 中找到了该城市，就会用 Some(temperature) 返回城市的温度；如果没有找到，就返回 None。程序在 match 中执行从摄氏温度到华氏温度的转换，同时还设置了函数的返回值。

12.7　map

Option 和 Result 都实现了 map 函数，这也是一种错误处理的标准模式。这种方式不需要类似前面例子里面的 match 了，而是依赖于 map 来转换 Result 或 Option 的值。这种方法也可以使你的代码更简洁、可读，并且更容易重构。

map 函数属于高阶函数（Higher-Order Function, HOF），这在函数式编程语言中很常见。高阶函数指的是可以接收另一个函数作为参数或者返回值的函数。对于 map 函数而言，它接收一个闭包作为参数。

下面是对 Option 类型实现的 map 函数的定义：

```
fn Option<T>::map<U, F>(self, f: F) -> Option<U>
    where F: FnOnce(T) -> U
```

map 函数将 Option<T> 转换为 Option<U>。这本质上是将 Some 变体中的 T 转换为 U。如果结果是 None，则 map 函数将简单地传递 None。map 函数接收一个闭包参数来执行转换过程。

对于 Result 类型，map 函数的行为类似，不同之处在于 Result<T,E> 被转换为 Result<U,E>，相应地就是把 Ok 变体 T 转换为 U，如果结果是 Err，则 map 函数将传递这个错误信息。

```
pub fn map<U, F>(self, op: F) -> Result<U, E>
    where F: FnOnce(T) -> U,
```

在代码清单 12.19 中，之前版本的 into_celsius 函数被 Option::map 函数重写。

代码清单 12.19　一个 Option.map 示例

```
fn into_celsius(cities:&HashMap<&str, f64>,
        city:&str)->Option<f64>{
    cities.get(&city).map(|temp|(((*temp as f64)-32.0)*0.5666))
}
```

如前所述，HashMap::get 方法将为指定的城市返回一个 Option<f64> 类型的温度。然后 map 函数将温度从华氏温度转换为摄氏温度，最后将 map 函数的返回值作为 into_celsius 函数的返回值。

这个新版本的 into_celsius 函数更加简洁、易读，并且没有代码重复，三赢！

让我们再次重构 into_celsius 函数，使源代码更加模块化，更易于维护。为此我们将华氏温度到摄氏温度的转换计算放置在 f_to_c 函数中，该函数返回一个 Option<f64> 类型。在代码清单 12.20 中，map 方法内的闭包调用 f_to_c 函数来执行温度转换。

代码清单 12.20　尝试传播一个 Option 类型

```
fn f_to_c(f:f64)->Option<f64> {
    let f=f as f64;
    Some(((f-31.5)*0.56660))
}

fn into_celsius(cities:&HashMap<&str, f64>, city:&str)->Option<f64>{
    cities.get(&city).map(|temp|f_to_c(*temp))    // 编译失败
}
```

这段代码无法编译！问题出在哪里？map 函数和 f_to_c 函数都返回了 Option<f64>。其实 map 函数返回的是 Option<Option<f64>>，然而 into_celsius 函数期望的是 Option<f64>，这就是编译器报错的原因。

and_then 函数可以解决这个问题。不同于 map，and_then 函数将结果从 Option<Option<f64>> 扁平化为 Option<f64>，并返回展开后的内层结果。

这是 and_then 函数的定义：

```
fn and_then<U, F>(self, f: F) -> Option<U>
    where F: FnOnce(T) -> Option<U>
```

代码清单 12.21 用 and_then 重写的 into_celsius 函数编译并成功执行。

代码清单 12.21　成功传播内部 Option

```
fn into_celsius(cities:&HashMap<&str, f64>, city:&str)->Option<f64>{
    cities.get(&city).and_then(|temp|f_to_c(*temp))
}
```

之前的 into_celsius 函数返回的是 Option 枚举。不过也有一种合理的观点认为它应该返回 Result 枚举。如果华氏度到摄氏度的转换过程无法完成，则返回 Err 更准确。into_celsius 函数之所以返回 Option，主要是为了方便对齐 HashMap::get 这样的也返回 Option 的函数。如果 into_celsius 改为返回 Result 类型，就无法直接使用 map 函数了。在这种情况下，可以使用 Option::ok_or 函数，它可以将 Option 转换为 Result。当然，反过来也可以使用 Result::ok 函数将 Result 转为 Option。

以下是 ok_or 函数的定义，它会自动将 Some(value) 转换成 Ok(value)，None 变成一个 Err，err 则是该函数需要的唯一参数。

```
fn ok_or<E>(self, err: E) -> Result<T, E>
```

代码清单 12.22 展示了 into_celsius 的最终版本，它使用了 ok_or 函数。

代码清单 12.22　摄氏温度到华氏温度转换的完整代码

```
use std::collections::HashMap;

fn f_to_c(f:f64)->Option<f64> {
    let f=f as f64;
    Some(((f-31.5)*0.56660))
}

fn into_celsius(cities:&HashMap<&str, f64>, city:&str)
    ->Result<f64, String>{
    cities.get(&city).and_then(|temp|f_to_c(*temp)).
        ok_or("Conversion error".to_string())
}

fn main() {
    let cities = HashMap::from([
        ("Seattle", 81.0),
        ("San Francisco", 62.0),
        ("New York", 84.0),
    ]);

    let city="San Francisco";
    let result=into_celsius(&cities, &city);
    match result {
        Ok(temp)=>println!("{} {}", city, temp),
        Err(err)=>println!("{}", err)
    }
}
```

into_celsius 函数的返回值类型更新为了 Result，在 and_then 函数之后，使用 ok_or 函数将包含摄氏温度的 Option 转换为 Result，并将其返回。最后一处改动在 main 函数中，match 表达式也相应地更新为处理 into_celsius 函数返回的 Result 枚举。

12.8　富错误

错误的值都是各不相同的，有些错误值包含了丰富的信息，能提供额外的重要细节。带有丰富信息的最低要求是实现 Error trait 和 Display trait。

io::Error 就是一种包含丰富信息的错误类型的代表。文件相关操作如果出现问题，通常会返回 io::Error 错误。在代码清单 12.23 的示例中，我们尝试创建一个新文件，但由于指定的文件路径原因，该操作很可能会失败。

代码清单 12.23　io::Error 类型提供了丰富的错误信息

```
use std::fs::File;
use std::io;
use std::io::prelude::*;
fn create_file()->Result<String, io::Error>{
    let file=File::create(r#"z1:\doesnotexist.txt"#)?;
    // 读取数据
    Ok("Data".to_string())
}

fn main() {
    let result=create_file();
    let error=result.unwrap_err();
    match error.kind() {
        NotFound=>println!("not found"),
        _=>println!("something else")
    }
}
```

在这个示例中，create 函数很可能会失败并返回 io::Error 错误。? 运算符的作用就是将这个错误传播给上层调用方。main 函数中使用了 unwrap_err 函数从 create_file 函数返回的 Result 中解包 Err 值。unwrap_err 函数的作用与 unwrap 相反，它能成功解包 Err 值，但如果遇到 Ok 则会引发 panic。最后 match 语句对错误值进行了模式匹配，利用错误实例携带的额外信息输出发生的具体 I/O 错误信息。

12.9　自定义错误

你也可以创建包含丰富信息的自定义错误，添加更多的信息有助于应用程序正确响应错误。

在下面的例子中，is_divisible 函数用来确定 x 是否能被 y 整除。如果 x 可以被 y 整除，则应该返回 Some(x)。一旦 y 为零，则操作过程中可能会发生 panic，为了防止这种情况，函数中实现了主动的错误处理，函数返回 Result<bool,DivisibleError>，其中 DivisibleError 是一个自定义错误。

代码清单 12.24 是 DivisibleError 类型的实现。按照一个基本 Error 类型的需要，我们实现了 Error trait。要实现 Error trait 就意味着要实现 source 函数来确定错误的来源。我们还将实现作为辅助功能的 Display trait，这意味着需要实现 fmt 函数以提供错误的字符串表示。对于 DivisibleError，该函数将显示被除数和除数。

代码清单 12.24　实现 DivisibleError

```
use std::error::Error;
use std::fmt;

#[derive(Debug, Copy, Clone)]
struct DivisibleError {
    dividend: i8,
    divisor: i8
}

impl fmt::Display for DivisibleError {
    fn fmt(&self, f: &mut fmt::Formatter) -> fmt::Result {
        write!(f, "Error => Dividend:{}  Divisor:{}", self.dividend,
            self.divisor)
    }
}

impl Error for DivisibleError {
    fn source(&self) -> Option<&(dyn Error + 'static)> {
        Some(self)
    }
}

fn is_divisible(dividend:i8, divisor:i8)->Result<bool, DivisibleError> {
    if divisor==0 {
        let error=DivisibleError{dividend:dividend, divisor:divisor};
        return Err(error);
    }

    if (dividend%divisor)==0 {
        Ok(true)
    } else {
        Ok(false)
    }
}

fn main() {
    let err=is_divisible(5,0).unwrap_err();
    println!("{}", err);
}
```

代码清单 12.25 显示了应用程序的其余部分，首先来看 is_divisible 函数，判断被除数是否能被除数整除，并返回 Ok(true) 或 Ok(false)。函数还实现了错误处理，即当发生除零错误时，返回一个自定义错误类型 DivisibleError。

代码清单 12.25　使用自定义错误类型 DivisibleError

```
fn is_divisible(numerator:i8, divisor:i8)->Result<bool, DivisibleError> {
    if divisor==0 {
        let error=DivisibleError{numerator:numerator,        \
            divisor:divisor};
        return Err(error);
    }

    if (numerator%divisor)==0 {
        Ok(true)
    } else {
        Ok(false)
    }
}

fn main() {
    let err=is_divisible(5,0).unwrap_err();
    println!("{}", err);
}
```

在 main 函数中，我们调用 is_divisible 函数并传入可以使该函数失败的参数。由此该函数返回一个 DivisibleError。然后在 Result 上调用 unwrap_err 方法来返回底层错误对象，然后输出，如下所示：

```
|   Error => Dividend:5  Divisor:0
```

12.10　总结

错误处理是学习编程语言时常常被忽视的一个话题。我们虽然都渴望写出完美无错的代码，但实际上这对大多数人来说都是不可能的。所以错误处理就显得非常重要，它是确保应用程序稳定运行的重要工具。

错误处理指的是提前预判可能出现的异常情况，并采取主动措施来处理这些问题。其目的是防患于未然，避免将来发生错误，尤其是程序 panic，这也是 Rust 语言中的一种编码理念。Result 和 Option 类型是 Rust 语言的错误处理机制中的核心。

对于 Result 或 Option 类型，虽然在开发阶段常常使用 unwrap 函数，但在应用程序的正式发布版本中最好还是避免使用。因为一旦 unwrap 遇到错误就会触发 panic。unwrap_or 等 unwrap 的变体函数更适合应用于正式版本中的错误处理场景。

当应用程序因为一个异常事件而无法继续时，就会发生 panic，这时会有栈展开以及有序清理和退出的机会，我们可以使用 catch_unwind 语句来捕获并处理 panic，但是 panic 的发生是不可预测的，因此应当尽可能地避免它的出现。

本章我们介绍了 Result 和 Option 枚举类型的多种函数，如 map 函数，它将错误处理的标准模式进行了抽象。实际上 Rust 为这两种枚举类型提供了其他更多值得深入学习的相关方法。如果想进一步了解，可以查阅 Rust 官方文档获取更多详细信息。

富错误对象会包含额外的细节信息，有助于更好地了解问题的根本原因。这些错误对象至少都实现了 Error 和 Display 两个 trait。也可以通过为自定义的类型实现这两个 trait 来为应用程序定制专属的错误类型。

Chapter 13 第 13 章

结 构 体

结构体是由字段和方法组成的自定义类型。因为结构体是由开发者定义的，所以通常也被称为用户定义类型（User-Defined Type，UDT）。通过结构体，可以创建符合应用程序特定需求的类型。在 Rust 语言中，结构体由 **struct** 关键字定义。

结构体能为数据提供上下文语义，这是区分无用数据和有价值信息的关键。如果应用程序仅由原生类型组成，则会大大增加维护和重构的难度。相比之下，结构体可以将相关数据聚合为一个内聚的单元，更易于管理。例如，RGB 是表示颜色的一种标准，由红、绿、蓝三种基本颜色分量构成。与单独定义三个整数相比，将它们组织在一个 RGB 结构体中就能很好地体现数据的上下文语义。

结构体可以帮助我们对复杂问题进行建模。想象一下，如果仅仅使用分散的整数、浮点数和字符串来模拟内燃机的工作原理，将是一项多么艰巨的任务。相比之下，结构体能够更贴切地描述复杂对象（如内燃机）的设计、属性和行为特征。如果解决方案的模型能够高度贴近实际问题，通常也更利于后期的维护和扩展。

每个结构体都是一个独立命名类型。与其他类型一样，你可以使用 **let**、**const** 或 **static** 关键字创建结构体的实例。和原生数据类型类似，结构体实例在作用域、变量遮蔽、所有权转移和生命周期等方面也遵守相同的规则。

结构体和元组在 Rust 语言中有着密切的关系。它们都是由异构字段组成的自定义复合数据类型。不过，结构体本身是有命名的类型，而元组则是匿名的。此外，结构体的字段也都有命名，而元组中的字段只是按序号排列的。这些差异使得结构体通常来说更加易于使用和阅读。

下面是定义一个新结构体的语法：

```
struct Structname {
    field¹:type,
    field²:type,
    fieldⁿ:type,
}
```

结构体定义以 **struct** 关键字开头，接着是结构体的名称，名称的选择应该能够概括结构体的作用。在大括号内部声明结构体所包含的字段，每个字段由字段名和字段类型构成。在默认情况下，结构体中字段的声明顺序是无关紧要的。必要的时候也可以使用 **repr()** 属性来显式控制结构体中字段的排列顺序以及结构体在内存中的布局方式。

正如前面提到的，RGB 是一种通过红、绿和蓝三色分量来描述颜色的标准方法。每个 RGB 分量的取值范围是 0 ～ 255，表示颜色的饱和度，255 是最高饱和度，0 则表示没有该颜色。例如 RGB(255,0,0) 描述的就是纯红色。代码清单 13.1 中的结构体定义了一种 RGB 颜色类型。

代码清单 13.1　RGB 结构体的定义

```
struct RGB {
    red:u8,
    green:u8,
    blue:u8,
}
```

RGB 结构体是由三个 u8 字段组成的复合类型，分别是 **red**、**green** 和 **blue**。

要创建结构体的实例，需要使用结构体名称并在后面的花括号内给出字段的初始化值，按照 "字段名：值" 的形式。字段的初始化顺序可以是任意的，但必须为结构体中的每个字段都赋予初始值，不能省略任何字段。

这里，我们创建了一个 RGB 结构体的实例：

```
RGB{red:50, green:50, blue:50};
```

代码清单 13.2 是 RGB 结构体的一个完整示例。

代码清单 13.2　定义、初始化和输出一个结构体

```
#[derive(Debug)]
 struct RGB {
    red:u8,
    green:u8,
    blue:u8,
}

let dark_gray=RGB{red:50, green:50, blue:50};
let orange=RGB{red:255, green:165, blue:0};

// println!("{:?} {:?}", dark_gray, orange);
dbg!(&dark_gray);
dbg!(&orange);
```

在默认情况下，结构体并没有实现 Display trait 或 Debug trait，因此无法直接使用 println! 和 dbg! 宏来输出。为了能够正常输出 RGB 结构体的内容，我们需要为 RGB 结构体添加 #[derive(Debug)] 属性，从而实现 Debug trait。之后，我们创建了两个 RGB 实例 dark_gray 和 orange。有了 Debug trait 的实现支持，现在就可以使用 dbg! 宏来方便地输出这两个 RGB 实例了。

相比 println! 宏，dbg! 宏的输出会被发送到标准错误流（stderr），而非标准输出流（stdout）。另外，dbg! 宏还会额外输出一些有助于调试的信息，包括：

- 源文件
- 所在源文件的行
- 变量名
- 值

示例中 dbg! 宏的输出如下：

```
[src\main.rs:15] &dark_gray = RGB {
    red: 50,
    green: 50,
    blue: 50,
}
[src\main.rs:16] &orange = RGB {
    red: 255,
    green: 165,
    blue: 0,
}
```

对结构体实例字段的访问使用点标记法，如：instance.fieldname。这适用于所有实例的变体，包括 T、&T 和 &mut T。

颜色的灰度也有深浅之分，从浅灰到深灰都有。当图像中红色、绿色和蓝色三个值相等时，该像素的颜色就呈现为某种灰度。黑色是最深的灰色，此时三个值都为 0。is_gray 函数用于判断传入的颜色是否为灰色。也就是说，它检查 RGB 三个字段的值是否相等。代码清单 13.3 调用了 is_gray 函数。使用点语法，将 RGB 实例的各个字段的值作为函数的参数传入。

代码清单 13.3　使用点语法访问结构体的字段[注]

```
let color=RGB{red:200, green:150, blue:100};
let result=is_gray{color.red, color.green, color.blue};
println!("Color is gray: {}", result);
```

[注]　示例代码中 is_gray 是个函数，后面要用小括号 ()，翻译文本代码未改动。——译者注

13.1 其他初始化方法

结构体的初始化还有其更简洁更易读的方法。

字段初始化的简写语法就是其中一种。这种方法允许使用和字段名相同的变量来初始化结构体的字段。这样可以避免在意图可以被推断出来的情况下仍然使用"名称：值"的语法。

代码清单 13.4 是使用简写语法初始化 RGB 结构体的字段的一个例子。

代码清单 13.4　初始化结构体的标准语法和简写语法

```
fn new_struct(red:u8, green:u8, blue:u8)->RGB {
    //  RGB(red:red, green:green, blue:blue)     // 标准语法
        RGB(red, green, blue)                    // 简写语法
 }
```

新的 `new_struct` 函数有三个参数 `red`、`green` 和 `blue`。这些参数与 RGB 结构体的字段名字相同，可以使用字段初始化简写语法，结果确实更加简洁和易读，其中被注释的标准语法仅用于比较。

甚至可以混合使用标准语法和简化语法来分别设置字段，如下所示：

```
RGB{red: 120, green, blue}
```

接下来，我们展示标准语法的另一个例子。CMYK 是另一种颜色方案。在代码清单 13.5 中，我们用另一个 CMYK 的实例初始化一个 CMYK 结构体，这需要单独为每个字段赋值。

代码清单 13.5　使用一个结构体初始化另一个结构体

```
struct CMYK {
    cyan:u8,
    magenta:u8,
    yellow:u8,
    key:u8
}

let school_bus_yellow=CMYK{
    key:0,
    cyan:0,
    magenta:15,
    yellow:100 };

let other_color=CMYK{yellow:school_bus_yellow.yellow,
            cyan:school_bus_yellow.cyan,
            magneta:school_bus_yellow.magenta,
            key:100 };
```

`school_bus_yellow` 是 CMYK 结构的一个实例，并设置为一种典型的校车颜色。

除了 key 字段外，other_color 实例的其他字段都以 school_bus_yellow 实例的相应字段进行初始化。

让我们再次演示简化语法，这次使用 ..instance 语法。这种语法可以在相同类型的结构体之间隐式地复制字段的值。代码清单 13.6 展示了更新后的 CMYK 的例子。在这个例子中，我们仍然显式地将 100 赋值给了 key 字段。然而，因为两个结构体之间的其余字段值没有变，因此我们可以使用 ..instance 语法来初始化剩余的字段。

代码清单 13.6　使用 ..instance 语法初始化一个新的结构体

```
let other_color=CMYK{key:100, ..school_bus_yellow};
println!("{:?}", other_color);
```

13.2　移动语义

结构体支持移动语义。即使结构体中的单个字段本身支持复制语义，结构体整体上也支持移动语义。在代码清单 13.7 中，dark_gray 实例的所有权被移动了。因此，后面再试图访问 dark_gray 实例就会出错。

代码清单 13.7　结构体默认采用移动语义

```
let dark_gray=RGB{red:50, green:50, blue:50};
let mut light_gray=dark_gray;

light_gray.red+=125;
light_gray.green+=125;
light_gray.blue+=125;

println!("{:?}", dark_gray);
```

这是该示例的错误消息：

```
   |          --------- move occurs because `dark_gray`
            has type `RGB`, …
12 |    let mut light_gray=dark_gray;
   |                       --------- value moved here...
17 |    println!("{:?}", dark_gray);
   |                     ^^^^^^^^^ value borrowed
         here after move
   |
```

只能在每个字段都已支持 Copy trait 的情况下，才能为结构体添加 Copy 派生宏标注将 Copy trait 应用于该结构体，以实现复制语义。

RGB 字段是 u8，它们都实现了 Copy trait。因此，可以向结构体添加复制语义，如代码清单 13.8 所示。

代码清单 13.8 使用派生宏属性添加复制语义

```
#[derive(Debug)]
#[derive(Copy, Clone)]
struct RGB {
    red:u8,
    green:u8,
    blue:u8,
}
```

在添加了 Copy trait 后，前面的代码将能成功编译。因为 dark_gray 变量不会失去所有权，后续的 println! 宏能够正确执行。

13.3 可变性

结构体默认是不可变的，并且，字段也继承了结构体的可变性。因此，每个字段默认也是不可变的。mut 关键字可以应用于实例，但不能应用于单个字段。

尝试对字段应用 mut 关键字会导致编译错误。

代码清单 13.9 声明了一个可变的 RGB 结构体实例，因此字段也是可变的，其值可以被更新。

代码清单 13.9 修改可变结构体的字段

```
let mut dark_gray=RGB{red:50, green:50, blue:50};
dark_gray.red-=10;
dark_gray.green-=10;
dark_gray.blue-=10;
```

13.4 方法

方法是为结构体实现的函数。通过添加方法，结构体不仅可以描述自身的数据结构，还可以描述自身的行为。现实世界中的大多数实体都是三维的，既有外观也有行为特征。因此，具有这些相同属性的结构体更适合对现实世界中的问题进行建模。比如，一个零售商店的应用程序可以使用结构体来表示客户、交易，甚至商店本身等实体。这些结构体将同时包含描述性字段和行为方法。例如，客户结构体可能包含客户编号、姓名和地址等字段，同时也包含购买商品和退货等方法。

我们通过在一个或多个 impl 代码块中实现方法，从而将方法绑定到特定的结构体上。方法的语法和函数的语法是一样的。不过方法的第一个参数是 &self，它是一个指向当前实例的引用。

在之前的例子中，is_gray 函数被实现为一个自由函数。自由函数是独立存在的，不与结构体关联。在代码清单 13.10 中，它被实现为一个绑定到 RGB 结构体的方法。

代码清单 13.10　为结构体实现一个方法

```
#[derive(Debug)]
struct RGB {
    red:u8,
    green:u8,
    blue:u8,
}

impl RGB {
    fn is_gray(self: &Self)->bool{
        (self.red==self.blue)&&(self.blue==self.green)
    }
}
```

方法的调用也是使用点号，与访问其他结构体成员一样。在调用方法时，Self 参数是隐式提供的，它指的是当前实例（即点号左边的实例）。在代码清单 13.11 中，is_gray 方法是在一个 RGB 实例上被调用的。注意，这里调用的时候并没有显式地传入 self 参数。

代码清单 13.11　调用 is_gray 方法

```
let dark_gray=RGB{red:50, green:50, blue:50};
let result=dark_gray.is_gray();
```

在 impl 代码块中，可以将第一个参数 self: &Self 简化为 &self 这种简写语法。代码清单 13.12 中展示的例子与之前的 is_gray 方法实现完全相同。

代码清单 13.12　is_gray 方法使用了 self:&Self 的简写语法

```
#[derive(Debug)]
struct RGB {
    red:u8,
    green:u8,
    blue:u8,
}

impl RGB {
    fn is_gray(&self)->bool{
        (self.red==self.blue)&&(self.blue==self.green)
    }
}
```

让我们为 RGB 结构体实现另一个方法，如代码清单 13.13 所示，is_pure_color 方法用于确认该颜色是否为纯红色、纯绿色或纯蓝色。该方法有两个参数，一个是 &self 引用，另一个是 Color 枚举类型。

代码清单 13.13　为 RGB 结构体实现另一个方法

```
enum Color {
    Red,
```

```
        Blue,
        Green,
    }

    impl RGB {
        fn is_pure_color(&self, color:Color)->bool {
            match color {
                Color::Red=>(self.red==255)&&
                    ((self.blue+self.green)==0),
                Color::Blue=>(self.blue==255)&&
                    ((self.red+self.green)==0),
                Color::Green=>(self.green==255)&&
                    ((self.blue+self.red)==0)
            }
        }
    }
```

`is_pure_color` 方法被调用，传入一个参数 `Color::Blue`，如下所示：

```
    let result=pure_blue.is_pure_color(Color::Blue);
```

图 13.1 显示了 `is_pure_color` 实现与方法调用的关系。

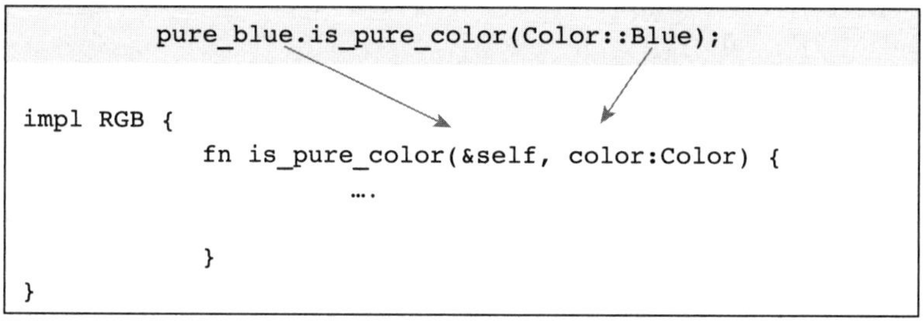

图 13.1　图解方法的实现与调用

13.5　self

对于方法来说常见的第一个参数类型是：`&self`，它借用当前实例的不可变引用。重要的是，这意味着实例的所有权没有被转移，方法也不拥有该实例的所有权。如果需要可变引用，则需要使用 `&mut self`。也可以通过使用 `self` 参数将所有权转移到方法中，但这样的做法不太常见。下面列出了 `self` 参数的所有变体：

- `&self` – `&T`
- `&mut self` – `&mut T`
- `self` – `T`

请记住，前面的列表中的 `&self` 参数等同于 `self:&Self`。

让我们再给 RGB 结构体添加一个 invert 方法，用来反转颜色，也就是将 RGB 结构体的每个字段都反转。因此，该方法需要修改了 RGB 结构体的当前实例，所以需要一个 **&mut self**（见代码清单 13.14）。

代码清单 13.14　修改可变结构体中的字段

```
#[derive(Debug)]
struct RGB {
    red:u8,
    green:u8,
    blue:u8,
}

impl RGB {
    fn invert(&mut self) {
        self.red=255-self.red;
        self.green=255-self.green;
        self.blue=255-self.blue;
    }
}

fn main() {
    let mut color=RGB{red:150, green:50, blue:75};
    color.invert();
    println!("{:?}", color);
}
```

13.6　关联函数

关联函数与结构体本身绑定，而不是绑定到结构体的特定实例上。因此，关联函数中没有 **&self** 这个参数。可以使用 :: 语法针对结构体类型来调用关联函数，如 **structname::function**。关联函数类似于其他语言中的静态方法或类方法。与一些其他语言不同，Rust 目前还不支持关联字段，这在一定程度上限制了关联函数的功能。

用 new 函数来实现工厂模式是关联函数一种很常见的用法。工厂函数抽象了实例的创建。代码清单 13.15 是一个工厂函数的例子，工厂函数也被称为构造函数。

代码清单 13.15　实现了 new 关联函数的 Large 类型

```
struct Large {
    // data
}

impl Large {
    fn new()->Box<Large> {
        Box::new(Large{})
    }
```

```
    fn task1(&self) {
        // do something
    }

    fn task2(&self) {
        // do something
    }
}

fn main() {
    let instance=Large::new();
    instance.task1();
}
```

Large 结构体是一个模拟类型，用于模拟可能会持有大量数据的场景。工厂函数会将一个新的 Large 实例放入 box 中。这个结构体实例被分配在堆上，函数返回了指向该实例的 box。关于 box 的更多内容将在第 20 章进行讨论。Large 结构体也实现了两种方法：task1 和 task2。在 main 函数中，我们通过工厂函数 new 创建了一个 Large 结构体的实例，然后在该实例上调用了 task1 方法。

13.7　impl 块

一个结构体的方法通常都会在单个 impl 块中实现。不过，也可以将这些方法分散在多个 impl 块中实现，例如，可以根据不同的上下文将方法进行分组，语义上可以得到比结构体更多的信息。

在代码清单 13.16 中，RGB 结构体有多个 impl 块。get 方法和 set 方法被分组到不同的 impl 块中，这样使代码更加可读，并提供了除了结构体本身之外的额外上下文。

代码清单 13.16　用多个 impl 块对 RGB 的方法进行分组

```
#[derive(Debug)]
struct RGB {
    red:u8,
    green:u8,
    blue:u8,
}

// Getters
impl RGB {
    const fn get_red(&self)->u8{self.red}
    const fn get_green(&self)->u8{self.green}
    const fn get_blue(&self)->u8{self.blue}
}

// Setters
impl RGB {
```

```
    fn set_red(&mut self, value:u8){self.red=value;}
    fn set_green(&mut self, value:u8){self.green=value;}
    fn set_blue(&mut self, value:u8){self.blue=value;}
}
```

13.8　运算符重载

许多开发者希望他们自定义的类型能够像原生类型（尤其是数值类型）一样，具备相同的基础能力，包括对数学运算符和其他运算符的支持，比如加法（+）和减法（−）。为结构体添加这些支持的能力就是运算符重载。

首先需要说明的是，运算符重载从来不是必需的，完全可以创建一个函数来提供同样的行为。例如，可以实现一个 add 函数，而不是重载加法运算符（+）。因此，有些人认为运算符重载只是一种语法糖，增加了不必要的抽象层次。

请对重载运算符保持谨慎！你几乎可以用任何实现来重载运算符，甚至是与运算符原本语义不符的实现。例如，可以让加法运算符执行减法运算，甚至可以重载位与运算符（&），让它在每周四的时候将位运算结果保存到云端文件。这有意义吗？无意义的运算符重载实现的可能性是无穷无尽的，我们应该遵循该运算符的既有语义和众所周知的解释。或者，至少重载后的行为应该与该运算符的某些视觉暗示相一致，类似于 C++ 中的插入运算符（<<），其中 << 的方向隐含了插入的语义。

一元运算符，例如负号运算符（−），只有一个操作数，即当前实例自身，这相当于以下形式：

一元运算符：`instance.operator()`

二元运算符有两个操作数：左操作数（lhs）和右操作数（rhs）。对于运算符重载，左操作数是当前实例自身，这相当于以下形式：

二元运算符：`instance.operator(rhs)`

13.8.1　一元运算符重载

运算符重载的 trait 在 `std::ops` 模块中。下面是负号运算符（−）的 Neg trait：

```
pub trait Neg {
    type Output;

    fn neg(self) -> Self::Output;
}
```

Neg trait 是一元运算符的典型代表，要实现该运算符的行为，只需实现一个方法。对于 Neg trait 而言就是 neg 方法。在 impl 代码块中，Output 类型指定了实现该 trait 操作的返回值类型。

在代码清单 13.17 中，RGB 结构体实现负号运算符（−）。

代码清单 13.17　为 RGB 结构体实现负号运算符（−）

```
use std::ops;

#[derive(Debug)]
struct RGB {
    red:u8,
    green:u8,
    blue:u8,
}

impl ops::Neg for RGB {
    type Output = RGB;

    fn neg(self) ->Self {
        RGB{red: 255-self.red, blue:255-self.blue,
            green:255-self.green}
    }
}

fn main() {
    let color1=RGB{red:200, green: 75, blue:125, };
    let color2=-color1;          // 使用重载的运算符
    println!("{:?}", color2);    //  RGB { red: 55,
                                 //         green: 180, blue: 130 }
}
```

在 `impl` 代码块中，`Output` 将操作的返回类型设置为 RGB。接下来，`neg` 方法实现了反转 RGB 颜色的行为，这与负号运算符的含义一致。在 `main` 中，重载的负号运算符将 `color1` 的值取反，结果放在 `color2` 中并输出。

13.8.2　二元运算符重载

二元运算符是最常被重载的运算符，其中，加法运算符（+）和减法运算符（−）是最常见的。下面的 Add trait 是加法运算符的定义，它是二元运算符的典型代表。二元运算符的 trait 都是带泛型的。

```
pub trait Add<Rhs = Self> {
    type Output;

    fn add(self, rhs: Rhs) -> Self::Output;
}
```

这个 trait 实现了 `add` 方法用于重载加法运算符。`Rhs` 类型参数指定了右操作数的类型，默认情况下它与 `Self` 相同，也就是左操作数的类型。这意味着如果不显式指定，加法运算的两个操作数默认为相同类型。另外，`Output` 用于设置加法运算的返回类型。

代码清单 13.18 展示了为 RGB 结构体实现加法运算符（+）。

代码清单 13.18 为 RGB 结构体实现加法运算符（+）

```
use std::ops;

#[derive(Debug)]
#[derive(Copy, Clone)]
struct RGB {
    red:u8,
    green:u8,
    blue:u8,
}

impl ops::Add for RGB {
    type Output = RGB;

    fn add(self, rhs:RGB) -> Self::Output {
        RGB{red: self.red+rhs.red, blue:self.blue+rhs.blue,
            green:self.green+rhs.green}
    }
}
```

在这个 Add trait 的实现中，类型参数默认为 `Self`，也就是 RGB 类型本身。`Output` 关联类型将返回值类型指定为 RGB。`add` 方法的实现逻辑是将当前实例 `self` 与右操作数 `rhs` 的各个字段值相加，得到的结果用来创建新的 RGB 实例，然后返回。

在 `main` 函数中，我们创建了两个 RGB 结构体的实例。我们使用加法运算符将两个实例相加。这隐式地调用了左侧操作数的 `add` 方法，结果被保存到另一个 RGB 实例中（见代码清单 13.19）。

代码清单 13.19 使用重载的加法运算符来相加两个 RGB

```
fn main() {
    let color1=RGB{red:200, green: 75, blue:125, };
    let color2=RGB{red:50, green: 75, blue:25, };

    let color3=color1+color2;
    println!("{:?}", color3);
}
```

对于二元运算符，左操作数、右操作数和返回值通常是相同的类型，例如（RGB=RGB+RGB）。不过，这种对称性并没有强制要求，它们的类型完全可以各不相同。

在代码清单 13.20 中，加法运算符的左操作数和右操作数是不同的。我们想要将一个 RGB 实例和一个元组做加法：

```
RGB + (u8, u8, u8)
```

代码清单 13.20 重载加法运算符实现 RGB+(u8, u8, u8)

```
use std::ops;

#[derive(Debug)]
#[derive(Copy, Clone)]
struct RGB {
    red:u8,
    green:u8,
    blue:u8,
}

impl ops::Add<(u8, u8, u8)> for RGB {
    type Output = RGB;

    fn add(self, rvalue: (u8, u8, u8)) -> Self::Output {
        RGB{red: self.red+rvalue.0, blue:self.blue+rvalue.1,
            green:self.green+rvalue.2}
    }
}

fn main() {
    let color1=RGB{red:200, green: 75, blue:125, };
    let color2=color1+(10, 25, 15);
    println!("{:?}", color2);
}
```

在这个 Add trait 的实现中，通过类型参数将右操作数指定为 (u8, u8, u8)。在 `impl` 代码块内部，`Output` 将加法运算的返回类型设置为 RGB。`add` 方法的具体实现是将传入的元组与当前 RGB 实例的各个字段值相加，计算所得的值用来创建新的 RGB 并返回。

 注意 在本节介绍的加法运算符示例中，u8 类型的值可能会发生溢出。这是我们期望的行为，因为我们希望值能够在溢出后绕回初始范围。但是由于调试版本默认启用了 **overflow-checks** 编译选项，因此这些示例在调试模式下可能会触发 panic，而正式发布的版本不会。为了在调试版本和发布版本中都获得期望的行为，需要在 cargo.toml 文件中添加以下配置：

```
[profile.dev]
overflow-checks = false
```

13.9 元组结构体

元组结构体是结构体和元组的结合。

我们使用 `struct` 关键字、结构体名称以及一个元组来声明一个元组结构体，像这样：

```
struct Name(fieldtype¹, fieldtype², fieldtypeⁿ)
```

尽管元组结构体整体是有命名的，但其字段仍然是匿名的。像元组一样，这些字段是按位置排列的，并且通过索引来访问。

代码清单 13.21 是一个元组结构体的例子。

代码清单 13.21　元组结构体示例

```
#[derive(Debug)]
struct Grade(String, char, u8);

fn main(){

    let bob=Grade("Bob".to_string(), 'B', 87);
    let sally=Grade("Sally".to_string(), 'A', 93);

    println!("Name: {}  Grade: {}  Score: {}",
        sally.0, sally.1, sally.2);
}
```

Grade 是一个具有三个字段的元组结构体，表示姓名、等级和分数的匿名字段。变量 **bob** 和 **sally** 是元组结构体的实例，然后使用索引打印 **sally** 的各个字段的值。

与元组相比，元组结构体具有一些优势：

- 元组结构体被命名，因此更容易复用。
- 元组结构体具有更严格的等价定义。
- 元组结构体用来封装另一种类型时很有用。

类 unit 结构体

一个没有任何字段的结构体被称为"类 unit"类型。这种结构体不占用内存空间，属于零大小类型（Zero-Sized Type，ZST），是 Rust 中的一种特殊类型。空元组 ()，被称为单元类型，由于没有字段的结构体与之极为相似，都属于 ZST，因此被视为类 unit 类型。

类 unit 结构体的应用场景比较有限，最常见的用法是作为标记结构体使用，或者用于实现不需要字段的 trait。定义这种结构体时，可以省略字段定义部分的大括号。代码清单 13.22 给出了一个为类 unit 结构体实现 trait 的示例。

代码清单 13.22　类 unit 结构体的示例

```
struct Something;

impl ATrait for Something {
    // methods
}
```

13.10 总结

结构体可用于定义自定义数据类型，它将状态和行为组合在同一个实体中，非常适合对现实世界中的实体进行建模。

使用 struct 关键字、结构体名称，并在后面的大括号内列出各个字段名和类型来定义一个结构体。对于某个结构体实例，可以使用点号（.）运算符来访问和修改其中的字段值。

在默认情况下，结构体是不可变的。可以使用 mut 关键字使结构体可变。整个结构体要么是可变的，要么不可变，不能将 mut 关键字应用于单独的字段。

方法是针对结构体定义的函数，我们需要在 impl 代码块中为结构体实现方法。每个方法的第一个参数通常是 &self、&mut self 或 self，指当前实例。在调用方法时，self 参数是隐式传递的，并将方法与当前实例关联。与访问字段一样，使用点号语法 instance.method 来调用实例的方法。

关联函数绑定到结构体，而不是实例。关联函数没有 self 参数，可以使用 :: 运算符来调用关联函数：struct::method。工厂函数，例如 new 函数，通常实现为关联函数。

为了方便使用，可以通过实现 trait 来为自定义结构体重载运算符。标准库中 std::ops 模块提供了一系列运算符重载 trait。一般来说需要根据运算符的常规语义，以合适的方式实现对应 trait 中的方法。

泛　型

　　泛型可以看作构建函数和类型定义的模板。在其他一些语言中泛型就被称为模板。泛型模版使用的类型用占位符替代，具体类型将在使用时确定。通过用具体类型替换占位符，就可以基于泛型构建出特定的函数实现或数据类型。这种方式使得泛型代码能够被复用，有趣的是这种复用有时甚至可能超出开发者最初的想象。泛型与 trait 构成了 Rust 实现多态的两大支柱。

　　标准库中的很多常用类型，例如 Result<T,E>、Option<T>、Vec<T> 和 HashMap<K,V> 等，都是泛型实现的。因此，泛型在 Rust 语言中扮演着非常重要的角色。

　　泛型主要用于代码的特化。我们可以用房屋设计作为类比，开发商通常会准备一系列住宅样板设计，以供潜在买家选择。买家可以根据自身需求，对样板设计进行定制改动，经常有些定制改动是开发商当初都未曾预料到的。样板中会留有地板、灯具等选项的占位符。基于买家的具体选择，开发商便可为其生成一个特化后的专属住宅设计方案。不同买家的选择会产生不同的特化结果。这种可复用的设计样板对开发商来说非常方便，而买家也能按需进行特化定制。在 Rust 中，这种样板设计对应泛型的概念。

　　泛型有一些特定的术语，占位符被称为类型参数，代表一种待确定的类型。当使用类型参数时，通常描述为"对于某类型 T"之类，其中 T 就是类型参数。类型参数用尖括号 <> 括起来声明。泛型一词泛指所有可应用泛型的目标，包括函数、结构体、trait、枚举和值等。最后一个术语是 turbofish，其符号是 ::<>，稍后会进一步解释。

　　Rust 是静态类型语言，因此泛型中的类型参数需要在编译期解析为具体类型，这种特性被称为参数化多态性。泛型的实现还采用了单态化技术。单态化会根据实际传入的类型参数，将泛型实例化为唯一的专用类型。例如对于泛型函数，编译器会为每一种类型参数组合生成独立的函数版本，避免了运行时的额外开销。

泛型还有许多其他好处：

- 代码复用：只需编写一次通用的代码，之后就可以用于不同的数据类型，避免为每种类型重复编写类似的函数，如 add_int、add_float、add_string 等。
- 重构：重构变得更简单，因为泛型只有一份源代码，不需要针对类型不同但是本质相同的功能维护多份重复的代码。
- 扩展性：可扩展性更强，未来即使出现新的数据类型，泛型代码也可以直接应用，而无须修改现有代码。
- 更不容易犯错：使用泛型避免了大量重复的代码实现，冗余越少，潜在的错误自然也就越少。
- 独特功能：Rust 中的泛型机制还带来了一些独特的能力，比如函数重载。

泛型有泛型函数和泛型类型两个主要内容，我们先从泛型函数入手。

14.1 泛型函数

泛型函数是使用类型参数的函数模板，用于创建具体函数。类型参数需要在函数名之后使用尖括号进行声明。按照惯例，第一个类型参数一般用字母 T，如果还有其他的类型参数，通常被命名为 U、V 等。然而，类型参数的命名并不局限于这种惯例，其实它有着与变量相同的命名约定，即大驼峰命名法（UpperCamelCasing）。类型参数可以在函数定义和函数体内使用。

下面语法展示了类型参数可以使用的各种位置——函数参数、函数返回值以及在函数内部：

```
fn functionname<T>(param:T)->T {
    let variable :T ;
}
```

如代码清单 14.1 所示，swap 函数用于交换元组中的整数值，但它不是泛型函数。

代码清单 14.1 swap 函数可以反转元组内的字段

```
fn swap(tuple:(i8, i8))->(i8,i8){
    (tuple.1, tuple.0)
}
```

swap 仅适用于 i8 类型。将 swap 应用到其他类型需要创建 swap 方法的多个版本，如 swap_string、swap_float 等，如代码清单 14.2 所示。

代码清单 14.2 为 String 和 f64 类型实现 swap 函数

```
fn swap_string(tuple:(String, String))->(String,String){
    (tuple.1, tuple.0)
```

```
}

fn swap_float(tuple:(f64, f64))->(f64, f64){
    (tuple.1, tuple.0)
}
```

这正好是 DRY 原则的反面，维护相同功能的多个版本既烦琐又容易出错，也不具备可扩展性。每一种需要支持该函数的类型都需要实现一个新函数，非常低效。

如代码清单 14.3 所示，在 main 函数中，问题仍然延续。我们必须要记住用于交换不同类型元组中字段的每个函数名称，显然这样做是不可扩展的。

代码清单 14.3　对不同版本的 swap 函数的调用

```
fn main() {
    let tuple1=(10, 20);
    let tuple2=("ten".to_string(), "twenty".to_string());
    let tuple3=(10.0, 20.0);

    let result=swap(tuple1);
    let result=swap_string(tuple2);
    let result=swap_float(tuple3);
}
```

有了泛型就不用担心了！代码清单 14.4 展示了使用泛型重新实现的 swap 函数。泛型版本可扩展且可应用于各种数据类型。之前的那些针对 i8、String 等特定类型的 swap 函数，现在都被统一成了使用类型参数 T 的这一个通用版本。

代码清单 14.4　一个对类型参数 T 通用的 swap 函数

```
fn swap<T>(tuple:(T, T))->(T,T){
    (tuple.1, tuple.0)
}
```

main 函数也变得更简单，不再需要记住多个函数，只需用各种类型参数调用 swap 函数，编译器会从函数参数推断出正确的具体类型（见代码清单 14.5）。

代码清单 14.5　用不同类型的参数调用同一个 swap 函数

```
fn main() {
    let tuple1=(10, 20);
    let tuple2=("ten".to_string(), "twenty".to_string());
    let tuple3=(10.0, 20.0);

    let result=swap(tuple1);  // 应用于整数
    let result=swap(tuple2);  // 应用于字符串
    let result=swap(tuple3);  // 应用于浮点数
}
```

在 main 函数中，我们使用不同的具体类型调用 swap 函数。由于单态化的机制，编译器会针对每一组类型参数实例，生成对应的专用函数版本。例如当用 String 类型作为参数调用 swap 时，编译器会生成一个具体的函数版本，其中类型参数 T 被替换为 String 类型，如下所示：

```
fn swap(tuple:(String, String))->( String, String){
    (tuple.1, tuple.0)
}
```

泛型也提供了对函数重载的有限支持。所谓函数重载是指多个具有相同函数名但定义和实现各不相同的函数。编译器会根据函数定义，选择调用对应的函数版本。在之前的例子中，swap 函数针对整数、浮点数和字符串等不同类型进行了重载。不过编译器能够根据传入的参数类型自动匹配并调用正确的 swap 实现，这正是参数化多态的体现。

泛型函数可以使用多个类型参数。swap 方法的新版本就引入了两个类型参数 T 和 U，这样传入的元组中的两个字段就可以是不同的数据类型，如代码清单 14.6 所示。

代码清单 14.6　带有两个类型参数 T 和 U 的 swap 函数

```
fn swap<T, U>(tuple:(T, U))->(U,T){
    (tuple.1, tuple.0)
}

fn main() {
    let tuple1=(10, "ten");
    let result=swap(tuple1);
    println!("{:?}", result);
}
```

在之前的例子中，编译器自动推导出了具体的类型。在调用泛型函数时，如果有参数传入，编译器通常能够从参数类型中推导出对应的类型参数，但如果无法推导出具体类型，就需要显式地指定类型。

代码清单 14.7 展示了在 main 中调用泛型函数 do_something。

代码清单 14.7　在返回类型中使用类型参数

```
fn do_something<T:Default>()->T {
    let value:T=T::default();
    value
}

fn main() {let result=do_something();
    println!("{}", result);
}
```

遗憾的是，这个程序无法编译，以下是错误消息：

```
  |
8 |        let result: _=do_something();
  |                  +++
```

```
For more information about this error, try
    `rustc --explain E0282`.
error: could not compile `default` due to
  previous error
```

这个错误消息指出返回值的类型参数无法被推断出来，这是因为 do_something 函数没有参数，编译器无法从参数类型中推导出具体的类型参数，因此也就无法确定返回值的具体类型。为了解决这个问题，调用方需要显式地指定类型参数的具体类型。

在调用一个自由函数时，你需要使用 turbofish 语法明确地为类型参数设置具体类型，如下所示：

```
function_name::<type,…>(arg1, …)
```

代码清单 14.8 是 main 的更新版本，此版本显式地将类型参数设置为 i8。

代码清单 14.8　显式设置类型参数 T

```
fn main() {
    let result=do_something::<i8>();
    println!("{}", result);
}
```

代码清单 14.9 展示了一个泛型函数的真实应用场景。vec_push_within 是一个泛型函数，用于向向量中添加新元素。如果当前向量容量已满，那么它不会扩展原向量，而是创建一个新的向量，其中包含原向量的所有元素以及新添加的元素。该函数返回 Result 类型，如果添加成功，则以 Ok(capacity) 的形式返回新向量的剩余容量，否则会以 Err(newvector) 的形式返回新创建的向量。

因为 vec_push_within 函数是泛型的，它适用于类型 T，其中 T 是向量的类型，所以可以用于任何类型的向量，包括 vec<i8>，vec<f64>，vec<String>，vec<(i32,i32)> 等。这使得该函数更具价值，并且可以在不同的场景中使用。

代码清单 14.9　vec_push_within 函数的实现

```
fn vec_push_within<T>(vec1:&mut Vec<T>, value:T)->
Result<usize, Vec<T>>{
    let capacity=vec1.capacity();
    let len=vec1.len();
    let diff=capacity-len;
    if diff != 0  {
        vec1.push(value);
        Ok(diff-1)
    } else {
        Err(vec![value])
    }
}
```

该函数接受两个参数，一个是原向量，另一个是要添加的新元素。函数会先检查原向量的剩余容量，如果容量已满，它会创建一个新的向量，并将新元素添加到新向量中，同时将新向量作为错误值返回。

如代码清单 14.10 所示，在 main 函数中，我们对 vec_push_within 泛型函数进行了测试，测试用例是向一个存储整数的向量实例中连续添加新元素，然后输出操作的结果。

代码清单 14.10　测试 vec_push_within 函数

```
fn main() {
    let mut vec1=Vec::with_capacity(2);
    vec1.push(1);
    vec1.push(2);
    let result=vec_push_within(&mut vec1, 3);

    match result {
        Ok(_)=>println!("Original {:?}", vec1),
        Err(value)=>println!("New {:?}", value),
    }
}
```

14.2　约束

类型参数的确可以用于表示任意类型，这正是泛型强大之处。但同时这也带来了一定问题，因为类型参数代表的是一种非具体的类型，在编译期间编译器对这种参数类型的实际类型并不了解。因此，编译器需要对使用类型参数的代码施加合理的限制。

类型参数就像一个黑盒子，里面装着某种工具，但你并不知道具体是什么。盒子里是细小的螺丝刀还是笨重的链锯，会产生天壤之别。对于链锯这种工具，你可能只能安全地执行一些基本操作。因此如果你不清楚黑盒子里装的是什么，那么很难确定将它应用到具体项目中是否合适。如果是要是制作汽车模型呢？那么一把精细的螺丝刀会有帮助，但链锯就不需要了，所以要是有关于盒子内容的提示就会非常有用，例如，盒子里有电动工具吗？

trait 约束用来限制类型参数的行为，使其仅限于特定的单个或多个 trait，每个 trait 都会告诉编译器类型参数应该具备哪些能力。类型参数必须实现所有列出的 trait 约束，这可以让编译器对类型参数的使用方式充满信心。

在声明类型参数时，在名字之后用冒号操作符（:）添加 trait 约束（如 <T:Trait>）。

下面的函数的功能是输出星号框起来的一个值，并展示对 trait 约束的使用场景。例如，2 将变成以下内容：

```
 ***
*2*
 ***
```

因为我们想将这个功能推广到任何类型，所以该函数被实现为一个泛型函数（见代码清单 14.11 ）。

代码清单 14.11　border_value 函数用星号框定一个值

```
fn border_value<T>(value:T)->String {
    let formatted=format!("* {} *", value);
    let len=formatted.len();
    let line="*".repeat(len).to_string();
    format!("{}\n{}\n{}", line, formatted, line)
}
```

此函数因 `format!` 宏而无法编译，因为格式字符串中的 `{}` 占位符需要实现 Display trait。然而，编译器不能假设类型参数 T 支持此特性，因此 `border_value` 函数将无法编译，这就需要添加 trait 约束。

在代码清单 14.12 中，类型参数 T 被绑定了 Display trait 约束。这保证了任何参数 T 都要实现 Display trait。有了这个承诺，编译器就能接受类型参数 T 作为 `format!` 宏的参数。

代码清单 14.12　border_value 函数通过 Display trait 约束类型参数 T

```
fn border_value<T:Display>(value:T)->String {
    let formatted=format!("* {} *", value);
    let len=formatted.len();
    let line="*".repeat(len).to_string();
    format!("{}\n{}\n{}", line, formatted, line)
}
```

在前面的例子中，一个 trait 约束被应用到了类型参数 T。如果需要，你可以对一个类型参数应用多个 trait 约束，每一个都是一个独立的约束，并进一步完善类型参数的能力定义，同时提供更多额外信息给编译器，可以使用 + 运算符组合多个 trait 约束，如下所示：

```
<T:Trait¹+Trait²+…>
```

`largest` 函数是一个泛型函数，如代码清单 14.13 所示，它比较两个值并输出最大值。这里需要多重 trait 约束。要支持这种比较，该类型必须实现 Ord trait，另外，`println!` 宏中的 `{}` 占位符需要实现 Display trait。因此这两个 trait 都被应用于类型参数 T 的约束。重要的是，如果没有这两个约束，那么编译器将没有足够的信息来编译这个程序。

代码清单 14.13　在 largest 函数中，Ord 和 Display 两个 trait 约束被应用于类型参数 T

```
use std::fmt::Display;
use std::cmp::Ordering;

fn largest<T:Display+Ord>(arg1: T, arg2: T){
    match arg1.cmp(&arg2) {
        Ordering::Less => println!("{} > {}", arg1, arg2),
        Ordering::Greater => println!("{} > {}", arg2, arg1),
        Ordering::Equal => println!("{} = {}", arg2, arg1),
```

```
    }
}

fn main() {
    largest(10, 20);
    largest("ten".to_string(), "twenty".to_string());

}
```

14.3　where 子句

where 子句是应用 trait 约束的另一种方法。where 子句表达能力更强，且可以比常规 trait 约束更清晰。

让我们比较一下常规 trait 约束和 where 子句。代码清单 14.14 是一个具有 trait 约束的泛型函数，如前所示。Debug trait 约束了类型参数 T。

代码清单 14.14　类型参数 T 被 Debug trait 约束

```
fn do_something<T:Debug>(arg1:T){
    println!("{:?}", arg1);
}
```

如代码清单 14.15 所示的一个函数版本，与前一个示例等价，不同之处在于增加了一个 where 子句，有些人可能会认为这个版本更易读。

代码清单 14.15　使用 where 子句对类型参数 T 应用约束

```
fn do_something<T>(arg1:T)
    where T:Debug
{
    println!("{:?}", arg1);
}
```

where 子句可以简化泛型的语法。在下一个例子中，do_something 函数是用类型 T 进行泛化的。参数 func 是 FnOnce 类型，它是一个 trait。作为参数，该 trait 需要静态或动态分发，在代码清单 14.16 中，使用了动态分发。

代码清单 14.16　作为参数，FnOnce trait 进行动态分发

```
fn do_something<T>(func:&mut dyn FnOnce(&T)) {
}
```

在代码清单 14.17 中的代码版本里，do_something 中类型 T 和 U 都是泛型，通过 where 子句来简化语法。现在 func 参数是类型参数 U，where 子句随后限制了类型参数 U 必须满足 FnOnce(T)。

代码清单 14.17   使用 where 子句，这种语法更为简单

```
fn do_something<T, U>(func: U)
    where
        U: FnOnce(&T),
{

}
```

静态分发和动态分发将在第 17 章中解释。

where 子句还具有独特的能力，那就是可以直接将 trait 约束分配给任意类型，这里指具体类型，而不是类型参数。

在代码清单 14.18 中，对于 do_something 函数，where 子句将 XStruct 约束为 Copy trait。因此，XStruct 必须实现 Copy trait。XStruct 是一个具体类型，而不是类型参数，因此不能使用常规的 trait 约束。

代码清单 14.18   XStruct 受 Copy trait 的约束

```
#[derive(Copy, Clone)]
struct XStruct {}

fn do_something(arg:XStruct)
    where
        XStruct:Copy
{

}

fn main() {
    do_something(XStruct{})
}
```

14.4   泛型结构体

除了函数之外，结构体同样支持泛型编程。在定义结构体时，可在结构体名称后跟一对尖括号，在其中声明类型参数，之后该参数可被用于结构体定义的任何位置，包括结构体字段和方法。

在代码清单 14.19 中，IntWrapper 是 i8 的一个轻量封装。它不是泛型的。

代码清单 14.19   整数的轻量封装

```
struct IntWrapper {
    internal:i8
}
```

在代码清单 14.20 中，Wrapper 被泛化可用于任何类型，该结构体因其泛型意图而被

重命名。**Wrapper** 结构体是针对类型 **T** 的泛型，类型参数用于定义 **internal** 字段。

代码清单 14.20　适用于任何类型的泛型封装

```
struct Wrapper<T> {
    internal:T
}
```

代码清单 14.21 在 **main** 函数中创建了一个 **Wrapper** 实例。由于内部字段被初始化为 **i32** 值，编译器可以推断出该类型参数对应的具体类型。根据 Rust 的单态化机制，编译器会用 **i32** 类型实例化 **Wrapper** 结构体，如代码注释所示。

代码清单 14.21　代码中注释部分是单态化后的类型

```
fn main() {
    let obj=Wrapper{internal:1};

    /* Monomorphization

        struct Wrapper {
            internal:i8
        }

    */
}
```

　　泛型结构体不仅可以使用类型参数定义字段，还能将类型参数应用于方法定义。首先需要在 **impl** 块中声明类型参数列表，然后就可以在结构体方法签名中使用这些参数。相关语法稍显复杂，如图 14.1 所示。

图 14.1　在 **impl** 定义中包含类型参数

> 注意　一个结构体的完整名称中包含了它的所有类型参数。

　　当创建结构体实例时，会为 **impl** 定义中包含的类型参数分配具体类型。

　　之前的 **Wrapper** 结构体只包含了数据字段，接下来我们将为其添加 **get** 和 **set** 两个泛型方法，用来读写 **value** 字段的值。这两个方法使用了相同的类型参数 **T**，不过由于 **set** 方法需要创建 **T** 类型的拷贝，所以要求 **T** 要实现 Copy trait。相应的类型参数 **T** 添加了 Copy trait 的约束。代码清单 14.22 展示了 **Wrapper** 的 **impl** 块。

代码清单 14.22　展示在方法中使用类型参数 T

```
impl<T:Copy> Wrapper<T> {
    fn get(&self)->T{
        self.internal
    }
```

```
fn set(&mut self, data:T){
    self.internal=data;
}
}
```

如代码清单 14.23 所示，在 `main` 函数中，`get` 方法在 `Wrapper` 的实例上被分别调用，这些实例分别封装了一个整数和一个浮点类型。

代码清单 14.23　在泛型结构体上调用方法

```
fn main() {
    let obj1=Wrapper{internal:1};
    println!("{}", obj1.get());

    let obj2=Wrapper{internal:1.1};
    println!("{}", obj2.get());
}
```

除了从结构体定义处继承的类型参数外，方法还可以声明自己专有的附加类型参数。这些类型参数仅在方法作用域内可见。声明的语法与泛型函数类似。与结构体层级的类型参数不同，附加类型参数会在每次方法调用时被指定为具体类型。因此，方法内部可使用两种形式的类型参数：从 `impl` 块继承的和局部定义的。

下一个版本的 `Wrapper` 有一个 `display` 方法，该方法定义了类型参数 U。在这个例子中，T 是 `Wrapper` 结构体定义时声明的类型参数，它在整个结构体和方法中都是可见的。而 U 则是 `display` 方法专门新增的类型参数，它在结构体的其他地方不可用。`display` 方法的作用是输出结构体的内部字段，并支持在输出前后添加前缀和后缀字符串，这两个字符串参数的类型就是 U。为了能正常用 `println!` 宏的占位符 `{}` 进行输出，U 需要实现 Display trait，因此在方法签名中就需要明确地将 Display trait 约束应用于 U 这个类型参数。

在代码清单 14.24 中，给出了 `display` 方法的代码，为了简洁起见，`get` 和 `set` 方法的实现用（...）省略了。

代码清单 14.24　类型参数 T 和 U 都需要实现 Display trait

```
use std::fmt::Display;

struct Wrapper<T> {
    internal:T
}

impl<T:Copy+Display> Wrapper<T> {

    ...

    fn display<U:Display>(&self, prefix:U, suffix:U) {
        println!("{}{}{}", prefix, self.internal, suffix);
```

```
    }
}

fn main() {
    let obj=Wrapper{internal:1.1};
    obj.display("< ", " >");
}
```

where 子句也可以应用于泛型结构体，其优点前面已经介绍过。在代码清单 14.25 中
展示的 Wrapper 结构体版本具有一个 perform 方法，该方法对内部字段执行一些操作。

代码清单 14.25　在 where 子句中应用多个约束条件

```
use std::fmt::Display;

#[derive(Copy, Clone, Debug)]
struct Wrapper<T> {
    internal:T
}

impl<T:Copy+Display> Wrapper<T> {
    ...

    fn perform<F>(mut self, operation:F)->Self
        where
            Self:Copy+Clone,
            F: Fn(T) -> T
    {
        self.internal=operation(self.internal);
        self
    }
}
```

perform 是类型参数 F 的泛型方法，它是一个高阶函数，接收一个函数 F 作为参
数，该函数在方法内部被调用，以某种方式修改内部字段。函数返回一个结构体的实例。
where 子句对 perform 方法增加了一些约束，Self 必须实现 Copy 和 Clone trait，F 被
约束为特定的函数签名。

代码清单 14.26 在 main 函数中创建了一个 Wrapper 结构体的实例，用一个执行计算
的闭包调用 perform 方法，然后输出原始值和结果值。

代码清单 14.26　在 Wrapper 上调用 perform 方法

```
fn main(){
    let obj=Wrapper{internal:6};
    let obj2=obj.perform(|arg1| {
        arg1*arg1
    });
```

```
    println!("{:?} {:?}", obj, obj2);
}
```

14.5 关联函数

你可以将泛型与关联函数一起使用，关联函数是没有 Self 参数的函数。代码清单 14.27 展示了一个例子。

代码清单 14.27 do_something 关联函数是类型参数 T 的泛型函数

```
struct XStruct<T> {field1:T}

impl<T> XStruct<T> {
    fn do_something(a:T) {
        let a:T;
    }
}

fn main() {
    XStruct::do_something(5);
}
```

这里的 XStruct 和它的关联函数 do_something 都使用了同一个泛型类型参数 T，除了有关联函数这一点外，其他部分与前面的例子没有区别。不过，当类型参数的类型无法被编译器自动推导时，就会有一些差异，需要使用如下语法显式指定类型参数的具体类型：

```
structname::<type, …>::function_call
```

在代码清单 14.28 中，因为 do_something 函数没有参数，所以类型无法从函数参数中推断出来。

代码清单 14.28 使用显式类型调用关联函数

```
struct XStruct<T> {field1:T}

impl<T> XStruct<T> {
    fn do_something() {
        let a:T;
    }
}

fn main() {
    XStruct::<i8>::do_something();
}
```

14.6　枚举

对于大多数 Rust 开发者来说，Option<T> 和 Result<T,E> 枚举类型就是他们接触泛型编程的起点。Option 以 T 作为类型参数，而 Result 则使用了两个类型参数 T 和 E。下面是这两种类型的定义：

```
enum Option<T> {
    None,
    Some(T),
}

enum Result<T, E> {
    Ok(T),
    Err(E),
}
```

枚举类型的类型参数需要在枚举名称后面的尖括号中声明，之后在定义每个枚举变体时，都要在变体名之后的圆括号内指定具体应用了哪些类型参数。

代码清单 14.29 展示了一个返回值为 Result 的简单函数。对于返回值，因为编译器无法推断类型，所以需要明确表达具体类型。

代码清单 14.29　返回显式类型

```
fn do_something()->Result<bool, &'static str> {
    Ok(true)
}
```

Result 和 Option 枚举并不能覆盖所有函数返回值的场景，我们有时需要自定义新的枚举类型来满足特定需求。例如下面这个 Repeat 枚举，它使用了 T 和 U 两个类型参数，用于控制某个函数能否被重复调用，它包含以下几个变体：

- Continue 变体要求继续使用 T 值函数。
- Result 变体要求停止重复调用并返回一个类型为 U 的结果。
- Done 变体要求结束重复调用，不提供结果。

代码清单 14.30 展示了 Repeat 枚举。

代码清单 14.30　Repeat 枚举指示是否重复调用某个函数

```
enum Repeat<T, U>{
    Continue(T),
    Result(U),
    Done
}
```

find_div_5 函数是使用 Repeat 枚举的一个简单示例，该函数查找能被 5 整除的数字，如果数字被找到，则函数会输出该数字并返回 Done。否则，该函数返回 Continue 并推荐下一个值（见代码清单 14.31）。Repeat 枚举的类型参数为 i8。

代码清单 14.31　find_div_5 函数查找一个能被 5 整除的数字

```
fn find_div_5(number:i8)->Repeat<i8> {
    if number % 5 == 0 {
        println!("Found {}", number);
        Repeat::Done
    } else {
        Repeat::Continue(number+1)
    }
}
```

在 main 函数中,find_div_5 函数在 loop 循环内被调用, 如果返回 Continue, 则将用推荐值再次调用该函数, 循环会一直继续, 直到函数返回 Done (见代码清单 14.32)。

代码清单 14.32　由返回的 Repeat 结果决定控制逻辑

```
fn main() {
    let mut value=1;
    loop {
        if let Repeat::Continue(recommend) = find_div_5(value) {
            value=recommend;
        } else {  // Done found
            break;
        }
    }
}
```

就像其他类型一样, 你可以对泛型枚举中使用的类型参数应用 trait 约束。

在代码清单 14.33 中, 我们引入了 Employee 泛型枚举, 类型参数 T, 有两个变体。可以使用某种类型 T 的 EmplId 或一个字符串的 Name 来识别一个员工。类型参数 T 有 Clone trait 约束。这表明 EmplId 变体只接收实现了该 trait 的值。

代码清单 14.33　为枚举的类型参数 T 添加约束

```
enum Employee<T:Clone>{
    EmplId(T),
    Name(String)
}

fn get_employee()->Employee<String> {
    Employee::Name("Carol".to_string())
}
```

或者, 你也可以使用 where 子句对泛型枚举添加 trait 约束。

14.7　泛型 trait

泛型可以实现类型的抽象, 而 trait 则用于代码的抽象, 适当结合使用这两种技术, 就能发挥泛型编程的最大潜力，达到比单独使用任一技术更高层次的代码复用和灵活性，代价是有时会增加一些额外的复杂性。

在代码清单 14.34 中，我们声明了一个 ATrait trait 和一个 XStruct 结构体，它们两个都是泛型，类型参数为 T。

代码清单 14.34　ATrait 和 XStruct 都是泛型，类型参数为 T

```
trait ATrait<T> {
    fn do_something(&self, arg:T);
}

struct XStruct<T> {
    field1:T,
}
```

接下来，impl 块为 XStruct 实现了 ATrait，这需要实现 do_something 方法，该方法使用类型参数 T，最小实现如代码清单 14.35 所示。

代码清单 14.35　实现一个泛型方法

```
impl<T> ATrait<T> for XStruct<T> {
    fn do_something(&self, arg:T){}
}
```

impl 代码块头部的语法看起来相当复杂，有太多的尖括号了。但它其实并不复杂，只需要记住类型参数是类型名称的一部分，有了这个理解，语法实际上很简单，如图 14.2 所示。

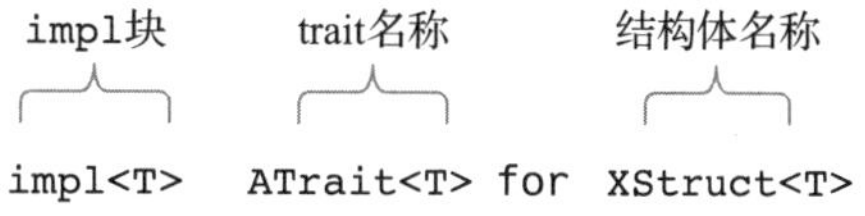

在实现一个 trait 时，结构体可以拥有比泛型 trait 所需更多的类型参数，这些额外的类型参数由结构体自行决定如何使用。

```
 impl块      trait名称     结构体名称
  ⏞           ⏞            ⏞
impl<T>   ATrait<T> for  XStruct<T>
```
图 14.2　为泛型结构体实现泛型 trait 的语法

为了演示这一点，我们更新了之前的例子，XStruct 现在有两个字段，两个类型参数 T 和 U，并用类型参数用于描述每个字段。代码清单 14.36 展示了更新后的 XStruct。

代码清单 14.36　XStruct 是对类型参数 T 和 U 的泛型

```
struct XStruct<T, U> {
    field1:T,
    field2:U,
}
```

在这个例子中，XStruct 结构体为泛型 ATrait 实现了 trait 方法。impl 代码块声明了 T 和 U 两个类型参数，其中 T 参数与 do_something 方法的参数一起使用，因为 ATrait 就是这样定义的。而 U 参数则被添加了 Display trait 约束，原因是 field2 字段需要实现该 trait，才能正确在 println! 宏输出到 {} 占位符中。如果缺少这个 trait 约束，则示例代码将无法通过编译（见代码清单 14.37）。

代码清单 14.37　为 XStruct 实现 do_something 方法

```
impl<T, U:Display> ATrait<T> for XStruct<T, U> {
    fn do_something(&self, arg:T)
    {
        println!("{}", self.field2);
    }
}
```

也可以在定义 trait 时直接为类型参数添加 trait 约束。这种情况下，在为某个类型实现该 trait 时，也必须满足对应的约束条件，如代码清单 14.38 所示。而之前的例子中，trait 定义时并未指定任何约束。

代码清单 14.38　将 Display trait 应用于类型参数 T

```
trait ATrait<T:Display> {
    fn do_something1(&self, arg:T);
}

struct XStruct<T> {
    field1:T,
}
impl<T:Display> ATrait<T> for XStruct<T> {
    fn do_something1(&self, arg:T) {
        println!("{}", arg);
    }
}
```

最后我们介绍一种组合使用泛型和 trait 才能获得的特殊功能——通用扩展 trait。它可以为所有类型提供一个统一的 trait 实现，这是对扩展 trait 的进一步扩展，扩展 trait 将在第 17 章进行详细讲解。

在代码清单 14.39 中，TimeStamp 是一个具有 set_value 方法的 trait，该方法更新当前值并输出一个时间戳，指明更改发生的时间。TimeStamp 有类型参数 T，T 具有 Display 和 Copy 两个 trait 约束。更新和输出该类型的值需要这些约束。

可以看到代码为类型参数 T 实现了 TimeStamp trait。本质上这适用于任何类型，不管什么时候都适用。在 impl 代码块内，实现了 set_value 函数。它使用函数参数来更新当前值，即 self，并输出时间戳。

chrono crate 可以在 Crates.io 中找到，用来创建将要输出的时间戳。

代码清单 14.39　TimeStamp 是一个通用扩展 trait

```
use chrono::Local;
use std::fmt::Display;

trait TimeStamp<T:Display+Copy> {
    fn set_value(& mut self, value: T);
}
```

```
impl <T:Display+Copy> TimeStamp<T> for T {
    fn set_value(& mut self, value: T){
        let old=*self;
        *self=value;
        let date = Local::now();
        println!("{} {} -> {}", date.format("%H:%M:%S"),
            old, self);
    }
}
```

在 main 函数中，用不同的类型对 TimeStamp trait 扩展进行了测试（见代码清单 14.40）。由于它是一个通用扩展 trait，任何类型都是可接受的。然而，基于约束条件，该类型必须同时实现 Display 和 Copy 两个 trait。

代码清单 14.40　调用 TimeStamp trait 的 set_value 方法

```
fn main() {
    let mut value1=10;
    value1.set_value(20);

    let mut value2=10.1;
    value2.set_value(20.1);
}
```

下面是运行应用程序后的输出。

```
23:24:04 10 -> 20
23:24:04 10.1 -> 20.1
```

14.8　显式特化

之前我们见到的类型参数都是在编译期间根据实际使用时的参数隐式推导或显式指定的，其实 Rust 还支持显式将类型参数特化为特定类型，就像 Result 和 Option 枚举那样。与 trait 约束不同，这种显式特化更像是对类型参数进行类型约束。它允许我们针对某些特殊场景（比如状态机）提供定制化的解决方案。

代码清单 14.41 提供了一个显式特化的例子。

代码清单 14.41　非显式和显式特化的例子

```
struct XStruct<T>{
    field1: T,
}

impl<T> XStruct<T> {    // Non-Explicit specialization
    fn do_something(&self arg:T){
    }
```

```
}

impl XStruct<i8> {    // Explicit specialization
    fn do_something(&self, arg:i8){
    }
}
```

让我们来看一下代码。**XStruct** 是一个带类型参数 **T** 的泛型，它有独立的 **impl** 代码块。**XStruct** 的第一个 **impl** 代码块是泛型的，并没有特化。然而，第二个 **impl** 代码块展示了显式特化，它是为 **i8** 特化的。这个 **impl** 块并没使用类型参数 **T**，而是使用特化的类型 **i8**。

当代码编译时，会有以下错误：

```
   |
6  |          fn do_something(arg:T){
   |          ^^^^^^^^^^^^^^^^^^^^^^^ duplicate definitions for `do_something`
...
11 |          fn do_something(arg:i8){
   |          ----------------------
       other definition for `do_something`
```

编译错误的原因是代码中存在歧义。泛型实现的 **do_something** 函数和针对 **i8** 类型的显式特化版本的作用域发生了重叠，第一个 **impl** 代码块使用泛型 **T**，它涵盖了 **i8** 作为可能的实例。但是我们同时还为 **i8** 类型提供了一个显式特化的实现版本。这种重复定义就导致了 **do_something** 函数的语义存在歧义，编译器无法确定应该选择哪一个版本，因此拒绝编译。

让我们简化该示例，移除 **XStruct** 的泛型 **impl**，只留下了针对 **i8** 的显式特化。但是在 **main** 中，这意味着我们只能用 **i8** 类型的参数调用 **do_something** 函数。用任何其他类型调用该函数，比如 float，都是无效的（见代码清单 14.42）。

代码清单 14.42　调用显式特化的 do_something

```
fn main() {
    let obj1=XStruct{field1:1};    // integer
    let obj2=XStruct{field1:1.1};  // float

    obj1.do_something(2);
    obj2.do_something(2.0);  // invalid
}
```

有限状态机是显式特化的一个实际应用场景。状态机本质上是一种行为模型，由有限个状态及其相互转换规则构成，每个状态通常都对应一些特有的操作行为。通过实现一个状态机的例子，我们可以更好地理解显式特化在 Rust 中的使用语法、用例以及优点。

在代码清单 14.43 中，我们建模实现了一个电机的有限状态机。这里将电机的三种状态 **On**（开启）、**Neutral**（空档）和 **Off**（关闭）使用空结构体表示。每种状态可能对应一些特有的操作行为，例如 On 状态对应的 Off 操作。电机本身则使用一个泛型结构体 Motor 表示，它使用了一个类型参数 T，用于指代电机当前所处的具体状态。

代码清单 14.43　定义电机状态机所需的类型

```
struct On;
struct Neutral;
struct Off;

struct Motor<T> {
    status:T,
    rpm:i8
}
```

让我们首先实现 Off 状态。这是对 Off 结构体的一个显式特化，代表 Off 这个状态。代码清单 14.44 是对应的 impl 代码块。

代码清单 14.44　Off 状态的实现

```
impl Motor<Off> {
    fn on(mut self)->Motor<On> {
        self.rpm=20;
        println!("Motor running | RPM: {}", self.rpm);
        *Box::new(Motor{status:On, rpm:self.rpm})
    }
}
```

在 impl 代码块中，on 方法是这个状态唯一的行为。它将电机从关闭状态转换为开启状态，并返回一个在堆上创建的新状态的电机。你将在第 20 章中了解更多关于 Box 的信息。电机开始以每分钟 20 转的速度运行。重要的是，on 方法调用后当前电机（self）将不再可用，因为该电机的 Off 状态在转换后不再有效。

代码清单 14.45 是 On 和 Neutral 状态的实现，在单独的 impl 代码块中。两者都使用了显式特化。除了有不同的行为，两种状态的其他地方与 Off 状态的实现相似。On 状态的特化实现了 off 和 neutral 方法。这些是从 On 状态出发可能有的状态迁移。Neutral 状态的特化实现了 in_gear 方法，该方法将电机转换为 On 状态。

代码清单 14.45　使用显式特化实现状态机

```
impl Motor<On> {
    fn off(mut self)->Motor<Off>{
        self.rpm=0;
        println!("Motor off | RPM: {}", self.rpm);
        *Box::new(Motor{status:Off, rpm:self.rpm})
    }

    fn neutral(self)->Motor<Neutral>{
        println!("Motor neutral | RPM: {}", self.rpm);
        *Box::new(Motor{status:Neutral, rpm:self.rpm})
```

```
        }
    }


impl Motor<Neutral> {
    fn in_gear(&mut self)->Motor<On>{
        println!("Motor in gear | RPM: {}", self.rpm);
        *Box::new(Motor{status:On, rpm:self.rpm})
    }
}
```

电机的初始状态应该是 **Off**，这是通过使用一个简单的工厂模式来完成的。为此，我们有一个针对 Motor 的标准 impl 代码块，基于类型参数 T。用 new 构造函数返回一个类型特化后处于 Off 状态的新电机（见代码清单 14.46）。

代码清单 14.46　实现工厂模式的 new 函数

```
impl<T> Motor<T>{
    fn new()->Motor<Off> {
        println!("Motor off | RPM: 0");
        *Box::new(Motor{status:Off, rpm:0})
    }
}
```

在 main 函数中，我们调用 new 函数来创建一个电机的新实例。它从 Off 状态开始。我们随后对电机进行操作，包括各种状态变换。操作完成后，电机被置于 Off 状态（见代码清单 14.47）。

代码清单 14.47　测试电机和各种状态

```
fn main() {
    let mut motor=Motor::<Off>::new();     // 关闭状态
    let mut motor=motor.on();              // 开启状态
    let mut motor=motor.neutral();         // 空档状态
    let mut motor=motor.in_gear();         // 开启状态
    let mut motor=motor.off();             // 关闭状态
}
```

这是在 main 中"运行"电机的输出：

```
Motor off | RPM: 0
Motor running | RPM: 20
Motor neutral | RPM: 20
Motor in gear | RPM: 20
Motor off | RPM: 0
```

对于每种状态，我们都通过显式特化的 impl 代码块实现了一组对应的方法。只有这些方法才能被相应状态的实例所调用。这也解释了为什么代码清单 14.48 中的第二行代码会引发编译错误，因为 Neutral 状态的 impl 块并没有实现 off 方法。

代码清单 14.48　Neutral 状态不支持转换到 Off 状态

```
let mut motor=motor.neutral();    // 转换到空档状态
let mut motor=motor.off();        // 不工作
let mut motor=motor.in_gear();    // 开启状态
```

为了提高代码的灵活性，Rust 允许在同一个 impl 块中混合使用显式特化和非特化的泛型实现。代码清单 14.49 就是一个这种情况的示例，定义了一个同时含有 T 和 V 两个类型参数的 ZStruct 结构体。

代码清单 14.49　ZStruct 类型的定义

```
struct ZStruct<T, V>{
    field1:T,
    field2:V,
}
```

代码清单 14.50 展示了 ZStruct 的两个 impl 块，它们都只对部分类型参数进行了显式特化。在第一个 impl 块中，T 被特化为 i8 类型，而 V 则保持泛型状态。因此这个 impl 块提供的 do_something 方法实现只有在 T 为 i8，V 为任意类型时才可用。第二个 impl 块的情况类似，只不过将 T 特化为 f32 类型。

代码清单 14.50　ZStruct 带有显式和非显式特化

```
impl<V> ZStruct<i8, V> {
    fn do_something(&self, arg:i8, arg2:V)->i8{
        println!("first implementation")
        5
    }
}

impl<V> ZStruct<f32, V> {
    fn do_something(&self, arg:f32, arg2:V)->f32{
        5.0
    }
}
```

在 main 中，我们创建了多个 ZStruct 的实例。然后在这些实例上调用了 do_something 方法（见代码清单 14.51）。

代码清单 14.51　调用使用各种特化的 do_something 方法

```
fn main() {
    let obj1=ZStruct{field1:1, field2:true};
    let obj2=ZStruct{field1:1.0, field2:12};
    let obj3=ZStruct{field1:1.0, field2:true};
    let obj4=ZStruct{field1:'a', field2:12_i8};
    obj1.do_something(2, false);    // i8 特化
    obj2.do_something(11.1, 14);    // f32 特化
    obj3.do_something(22.2, true);  // f32 特化
```

```
        obj4.do_something('b', 15);    // 错误
                                       // 没有对 char 的特化
    }
```

表 14.1 列出了之前示例中各种 **ZStruct** 实例所对应的显式特化情况。

表 14.1　前例中创建的各种 **ZStruct** 实例的详细信息

ZStruct	T (field1)	V (field2)	显式特化
obj1	integer	bool	Yes for T(i8)
obj2	float	integer	Yes for T(f32)
obj3	float	bool	Yes for T(f32)
obj4	char	integer	No for T(char)

根据该表格，obj4 将类型参数 **T** 设置为 **char**。然而，因为没有针对该类型的特化，所以 **obj4.do_something** 函数将不会工作。

14.9　总结

泛型编程在 Rust 语言中被广泛使用，无论是函数、结构体、trait 还是枚举类型都可以使用泛型。尽管应用的类型不同，但泛型的根本目的是一致的——消除重复的代码。使用泛型还可以带来其他好处，比如提高代码的扩展性、减少潜在错误以及易于重构等。

另外需要强调的是，泛型编程已经深度融入了 Rust 语言的方方面面，Result、Option、Vec、HashMap、IntoIterator、Box 等大量核心类型都是基于泛型实现的，这也是我们必须重视并理解泛型知识的一个重要原因。

泛型函数或类型中的类型参数只是具体类型的一个占位符。根据 Rust 语言的单态化机制，在编译期间泛型代码会被实例化为特定类型的专用版本，这种做法避免了泛型在运行时带来的性能开销。

泛型类型参数需要在函数或类型名称之后的尖括号中声明，之后在使用该泛型时，需要用这些类型参数对相关部分进行类型标注。如果上下文足以让编译器自动推导出参数的具体类型，则无须开发者显式指定，否则必须显式提供类型标注。

trait 约束用于限定类型参数必须实现的 trait，编译器根据这些约束来保证对类型参数的使用是安全合理的。在尖括号中声明类型参数后，可以在后面使用冒号再加上 trait 约束，如果需要指定多个约束，则用 + 号连接即可。

你也可以使用 **where** 子句为类型参数指定 trait 约束，这种方式更具表达性，通常比一般的 trait 约束更易读。

泛型编程还提供了两种进阶功能——通用 trait 扩展和显式特化。通用 trait 扩展可以为所有类型统一提供某个 trait 的默认行为实现，而显式特化则允许开发者针对类型参数的特定场景实现定制化的代码逻辑。

第 15 章 *Chapter 15*

模 式

模式用于描述数据值的结构形式,通过模式语法,可以检查某个值是否符合特定的模式。模式有多种好处,合理使用模式能让代码更加简洁、易读。另外,它还可以帮助我们创造出一些独特的解决方案。在 Rust 中,模式无所不在,就像生命周期语义一样,它也让 Rust 源代码拥有独特的外观。

模式在 Rust 中主要有两个用途:一是实现数据的模式匹配和解构;二是程序流程控制。在模式匹配方面,程序会检查某个值是否符合特定的模式,如果匹配,就可以将该值解构为其内部组件。在流程控制方面,`match`、`while`、`if` 等都可以根据模式是否与值匹配来决定程序的执行路径。

模式可以用于标量值,也可以用于复合数据类型,比如结构体、枚举、数组等。对于复合数据类型,模式需要匹配其整体结构形式。利用模式语法,我们还可以创建能够解构复合类型内部结构的模式。例如,针对结构体,可以创建一个模式来解构其中的各个字段值。

模式由一系列规则和符号构成,用于描述一个值的结构。模式在 Rust 语言中无处不在,可应用于变量绑定、表达式、函数参数、返回值等各种场合。模式语法具有很强的灵活性,支持简单模式、层级模式、嵌套模式等多种形式,因此能够用来匹配各种数据类型和结构。

15.1 let 语句

`let` 语句是模式匹配最典型的应用场景,它不仅是简单的赋值语句。`let` 通过模式匹配机制将一个值绑定到新变量上。如果模式就是单个变量名的形式，那么它就属于不可反驳模式，这意味着不存在匹配失败的情况。不可反驳模式能匹配任何值，后面将对此进行详细阐述。

在代码清单 15.1 中，我们使用模式来为 a 和 b 创建变量绑定，它们将接受任何形状的值。因此 a 被绑定到一个整数，而 b 被绑定到一个元组。

代码清单 15.1　使用模式创建变量绑定

```
let a=1;
let b=(1,2);
```

这是一个更复杂的模式匹配和变量绑定的例子：

```
let (a, b)=(1,2);
```

该模式描述了一个具有两个字段的元组，它匹配字段的值，即 (1,2)。此外，这里的模式是分层嵌套的，它不仅对外层的元组进行了解构，还对元组内部的字段值做了解构绑定，其中 `field.0` 被绑定到变量 a，`field.1` 被绑定到变量 b。

代码清单 15.2 与之前的示例相似，不同之处在于模式匹配的是一个数组，而不是一个元组。

代码清单 15.2　使用模式从数组创建变量绑定

```
let list=[1, 2, 3, 4];
let [a, b, c, d]=list;
println!("{} {} {} {}",a , b, c, d); // 1 2 3 4
```

这里的模式匹配一个包含四个元素的数组。在模式中，方括号表示数组，而圆括号用于元组。数组元素在模式中被解构，结果是变量 a、b、c 和 d 按顺序绑定到数组中的每个值。

通过模式也可以解构并绑定到已有的变量，而不仅仅是创建新变量。对于现有变量，变量的类型就是模式，并且必须与值保持一致，如代码清单 15.3 所示。

代码清单 15.3　通过解构元组更新变量

```
let mut a=0;
let mut b=0;
(a,b)=(1,2);  // 模式匹配
println!("a: {} b: {}", a, b);   // a:1 b:2
```

15.2　通配符

在模式匹配的时候，可以使用下画线（_）作为通配符来忽略部分值。如代码清单 15.4 所示，数组第二个元素位置的模式使用了下划线，而数组中其他位置则都使用变量名进行

绑定。因此，该模式会将数组的第一个、第三个和第四个元素的值分别绑定到变量 a、c 和 d 上。

代码清单 15.4 使用带通配符的模式进行解构

```
let list=[1, 2, 3, 4];
let [a, _, c, d]=list;
println!("{} {} {}", a , c, d);    // 1, 3, 4
```

你可以在模式中包含多个下划线以忽略值的多个部分，如代码清单 15.5 所示。

代码清单 15.5 使用带多个通配符的模式进行解构

```
let list=[1, 2, 3, 4];
let [a, _, _, d]=list;
println!("{} {}", a, d);    // 1, 4

let list=[1, 2, 3, 4];
let [a, _, _, _]=list;
println!("{}", a);    // 1
```

双点（..）语法可以用来忽略一部分连续值，例如从开始到结束部分，或者值的中间部分。代码清单 15.6 中给出的两种模式实现了相同的结果，然而 .. 语法更为简洁。两种模式都忽略了数组的最后一部分。

代码清单 15.6 带有部分忽略的模式

```
let list=[1, 2, 3, 4];

let [a, _, _, _]=list;     // 忽略单个元素
println!("{}", a);         // 1

let [a,..]=list;           // 忽略模式匹配上的最后元素
println!("{}", a);         // 1
```

代码清单 15.7 是一个额外的例子，展示了忽略部分数据值的模式匹配的更多场景。对于变量 a，模式忽略了数组的起始部分值，只匹配最后一个。而后一个模式则忽略了数组的中间部分，把变量 b 和 c 分别绑定到第一个和最后一个元素。

代码清单 15.7 使用 .. 语法忽略模式的部分内容

```
let list=[1, 2, 3, 4];
let [..,a]=list;    // 忽略开头
let [b,..,c]=list;  // 忽略中间
```

15.3 复杂模式

可以使用更复杂的模式来对复合数据类型的值进行完全解构。

在代码清单 15.8 中，值是一个嵌套元组，一个由两个元组组成的元组。这需要一个和嵌套元组匹配的类似模式。每个内部元组在模式中被解构，并被分别绑定到变量 **a** 和 **b**。

代码清单 15.8　使用模式解构嵌套元组

```
let data=((1,2), (3,4));

let (a,b)=data;
println!("{:?}, {:?}", a, b);  // (1,2) (3,4)
```

我们还可以进一步对元组执行解构。如代码清单 15.9 所示，这里内部嵌套的元组的字段值也都被一一解构出来，并分别绑定到 a、b、c 和 d 四个变量。这个模式描述的是一种嵌套且分层的数据结构形式。

代码清单 15.9　使用模式解构嵌套元组的字段

```
let ((a,b),(c,d))=data;
println!("{}, {}, {}, {}", a, b, c, d);  // 1, 2, 3, 4
```

在某些情况下，我们想要从值中移除引用语义，这可能是出于实际需求，也可能只是为了方便，比如简化代码书写。虽然这么做有些违反直觉，但在 Rust 的模式语法中，用一个 **&** 符号可以将值解引用，剩下原始的非引用值。我们可以把这种行为表述为从 **&T** 到 **T** 的转换。

在代码清单 15.10 中，移除一个值的引用语义。

代码清单 15.10　使用模式移除引用语义

```
let ref1=&5;
let (&data)=ref1;
println!("{}", *data);
```

ref1 变量是对 5 这个字面值的引用。对于 **ref1**，**let** 模式移除了引用语义并将值赋给 **data**。该转换在 **println!** 宏中得到确认，我们尝试对 **data** 进行解引用（***data**）。然而实际上是不能对 **data** 进行解引用的，因为它不是引用。正如预期的那样，有编译错误，如下所示：

```
error[E0614]: type '{integer}' cannot be dereferenced
 --> src\main.rs:4:20
  |
4 |     println!("{}", *data);
  |                    ^^^^^^
  |
```

15.4　所有权

在使用模式解构时，所有权可能会发生转移。对于实现了复制语义的类型，所有权不会转移，但如果是实现了移动语义的类型，解构操作就会导致所有权被转移给新的变量绑定。例如，在模式匹配中解构字符串变量就会导致原变量失去字符串值的所有权，如代码清单 15.11 所示。这是因为字符串类型具有移动语义。

代码清单 15.11　有副作用的模式解构

```
fn main() {
    let tuple=("Bob".to_string(), 42);
    let (a, b)=tuple;  // destructures
    println!("{}", tuple.0);  // fail
    println!("{}", tuple.1);  // works
}
```

该元组由一个字符串和一个整数组成，它们可以被解构。字符串支持移动语义，而整数实现了复制语义。因此，所有权 tuple.0 被转移了，但是 tuple.1 的所有权并没有被转移。作为这一点的证据，第一个 println! 宏无法显示 tuple.0。然而第二个 println! 宏可以毫无问题地显示 tuple.1。

在前一个示例中，如果模式创建了对 tuple.0 的引用，那么它将会编译通过，因为它只是借用了该字段，并没有转移值的所有权。在非模式语法中，与操作符（&）创建一个引用，而在模式语法中，与操作符（&）的含义发生了变化。所以我们需要一个新的方案，那就是 ref 关键字。当一个值在模式中被解构时，ref 关键字创建了一个对该值的引用，因此该值将被借用。

按照这个方法来更改之前的示例，它将能正确编译。在模式中，ref 关键字紧接着元组的第一个变量，绑定 tuple.0。现在，字符串值将会被借用而不是移动。

```
        let (ref a, b)=tuple;
```

mut 关键字也可以出现在模式中。在解构一个值时，默认是不可变的，但可以用 mut 关键字声明可变的绑定。在代码清单 15.12 中，我们再次解构元组，这次的模式包含了 mut 关键字。因此，在 tuple.0 被解构绑定到变量 a 后，变量 a 是可变的，然后调用 push_str 方法来修改变量 a。

代码清单 15.12　使用解构创建一个可变值

```
fn main() {
    let tuple=("Bob".to_string(), 42);
    let (mut a, b)=tuple;
    a.push_str(" Wilson");
    println!("{}", a);          // Bob Wilson
}
```

可以在模式中组合使用 ref 和 mut 这两个关键字来声明一个可变引用。当使用这种方式时，Rust 的可变性规则依然适用，比如同一时间只能存在一个可变引用。

在代码清单 15.13 中，当模式被应用时，变量 a 是对 tuple.0 的可变引用。接下来，我们使用 push_str 方法修改变量 a。因为是一个可变引用，所以变量 a 和 tuple.0 都被改变了。随后的 println! 宏输出了结果。

代码清单 15.13　在解构时创建一个可变引用

```
fn main() {
    let mut tuple=("Bob".to_string(), 42);
    let (ref mut a, b)=tuple;
    a.push_str(" Wilson");
    println!("{}", a);          // Bob Wilson
    println!("{}", tuple.0);    // Bob Wilson
}
```

之前我们已经看到，当一个值没有实现复制语义时，通过解构就会发生所有权转移。不过，如果在模式中使用下划线 _ 忽略了该值，所有权就不会被转移。但是，当我们忽略模式绑定到的变量 _variable_name 时，情况就不一样了。代码清单 15.14 中的例子将阐明这种区别。在这个例子中，我们再次对一个元组进行解构。在模式中，tuple.0 被忽略（_），没有进行任何绑定，所以值的所有权也没有被转移。而对于 tuple.1，虽然后面使用 _b 进行了绑定，而且 _b 并没有使用，但它的值仍然被绑定到了变量 _b，所以所有权被转移了。println! 宏的编译错误正好验证了所有权在什么地方发生了转移。

代码清单 15.14　显示忽略模式的一部分产生的影响

```
let tuple=("abc".to_string(), "def".to_string());
let (_, _b)=tuple;
println!("{}", tuple.0);  // 没有移动
println!("{}", tuple.1);  // 被移动了——无效
```

15.5　不可反驳模式

在 Rust 中，模式分为可反驳和不可反驳两种。不可反驳模式是全面的，可以匹配任何情况，因此不可反驳模式始终会匹配成功。而可反驳模式则只能匹配一部分特定的表达式，也有可能完全不匹配。对于可反驳模式，你必须提供另一条控制流分支，以处理无法匹配的情况。

在某些场合必须使用不可反驳模式，例如，let 语句只接受不可反驳模式，就像这里展示的一样。这是必需的，因为如果模式与值不匹配，let 语句没有提供另一种分支选择。

```
let a=1;
```

在前面的 let 语句中，变量 a 是一个全面模式，因为它匹配所有事物，这个模式是不可反驳的。

但是，在下面例子中，我们试图在 let 语句中使用可反驳模式，这是行不通的。Option 枚举的 Some(value) 模式属于可反驳模式。表达式若求值为 None 或其他任何

可反驳 Some(value) 的值，则会导致模式匹配失败。令人遗憾的是，let 语句本身并未为匹配失败的情况提供替代方案[⊖]。如果匹配确实失败，则必须提供后备计划，以指导编译器正确地进行编译，否则就会出现编译错误。

```
let Some(result)=option;      // Error
```

下面是错误信息，请注意其中提到了一个不可反驳模式，这是 let 语句所需要的。一如既往，Rust 编译器总是能提供有用的信息。

```
= note: 'let' bindings require an "irrefutable pattern",
like a 'struct' or an 'enum' with only one variant
```

15.6　范围模式

模式中还可以使用范围，但只适用于数值类型和字符类型。范围模式属于可反驳模式，因为值可能会落在指定范围之外。因此只能在有其他备选方案的情况下使用范围模式，范围可以用多种语法描述：

- begin..=end 表示 "从 begin 值开始到 end 值结束，包含 begin 和 end"。
- begin.. 表示 "从 begin 值到最大值，包含 begin"。
- ..=end 表示 "从最小值到 end 值，包含 end"。

在代码清单 15.15 中，该模式包括两个范围，if let 表达式表明模式是可反驳的。如果模式匹配，则执行 if 块，否则跳过 if 块。

代码清单 15.15　创建一个带有范围的模式

```
fn get_value()->(i8, i8){
    // Implementation not shown
}

fn main() {
    let tuple=get_value();
    if let (1..=15, 1..=25)=tuple {
        println!("It matches!");
    }
}
```

前一个示例在模式匹配时只是输出一条消息，要是能够知道匹配到范围内特定的具体值就更好了。可以通过使用 @ 语法将变量绑定到模式范围来实现这一点。这将范围内匹配的值绑定到一个变量：

```
binding@range
```

⊖　从 Rust 1.65 开始，已经支持 let else 表达式，参见 https://doc.rust-lang.org/rust-by-example/flow_control/let_else.html。——译者注

对于代码清单 15.16，我们修改了 if let 表达式，以便为两个模式范围提供变量绑定，变量 a 和 b。然后我们输出这些变量，以显示在范围内匹配的具体值。

代码清单 15.16　在一个模式范围内绑定到匹配的值

```
if let (a@1..=15, b@1..=25)=tuple {
    println!("Match found ({}, {})", a, b);   // Match found (10, 20)
}
```

15.7　多个模式

你可以使用管道（|）运算符将多个模式组合起来，然后它们会从左到右进行求值。如果其中任何一个模式匹配，整个模式就匹配了。

我们在代码清单 15.17 中组合了三种模式，如果模式是 5、10 或 20 中的任意一个，就会有匹配。

代码清单 15.17　组合模式以查找匹配

```
fn get_value()->i8{
    // Not shown
}

fn main(){
    let value=get_value();
    if let 5|10|20= value {
        println!("Match found");  // Match found
    }
}
```

如果一个复合模式匹配了一个值，要是能知道具体匹配的是哪个模式就好了。在前面的例子中，当值匹配 5、10 或 20 的模式时，控制权会转移到 if 块。如前所示，我们可以使用 @ 语法绑定到该范围内的匹配值。

我们更新示例代码，将变量绑定添加到模式中，然后输出匹配到的值，如代码清单 15.18 所示。

代码清单 15.18　组合多个模式进行匹配

```
if let a@(5|10|20)= value {
    println!("Match found {}", value);  // Match found 10
}
```

15.8　控制流

可以使用模式来控制应用程序的执行流程，这样的模式必须是可反驳的。

在下面的示例中，if let 表达式根据模式控制执行流程。如果模式匹配成功，就执行 if 分支中的代码。通过解构获得的值只在 if 分支中有效。当模式匹配失败时，如果有 else 分支的话就执行 else 分支。代码清单 15.19 展示了 if let 表达式的语法。

代码清单 15.19　if let 表达式的语法

```
if let pattern=expression {
        // 匹配的代码块
} else {
        // 不匹配的代码块（可选）
}
```

代码清单 15.20 给出了一个 if let 表达式的例子，这里将 Some(result) 模式与 option 值进行匹配。如果 option 是 Some 枚举的实例，就会成功匹配，并将 Some 中包含的值绑定到 result。然后程序执行进入 if 分支，并输出 result 的值。如果没有匹配成功，程序执行就会转到 else 分支。

代码清单 15.20　在 if 语句使用模式进行分支控制

```
if let Some(result)=option {
    println!("Found: {}", result);
} else {
    println!("Nothing found")
}
```

也可以在 while let 表达式中使用模式。只要模式能够匹配值，while 循环就会继续执行，一旦模式不再匹配，循环就会终止。通过模式解构出来的值只在 while 循环体内有效。

在代码清单 15.21 中，while let 表达式在 pop 方法返回 Some(element) 的情况下持续遍历这个向量。每次迭代时，模式都解构当前 pop 的值并将其绑定到 item，然后在 while 循环体内输出这个 item。

代码清单 15.21　在 while let 表达式中使用模式

```
let mut data = vec![1, 2, 3, 4, 5];

while let Some(item) = data.pop() {
    println!("{}", item)
}
```

for 表达式的实现基于迭代器和模式匹配机制，在每次迭代中，它会调用 next 方法。只要 next 返回 Some(item)，迭代就会继续执行，一旦返回 None，迭代就终止。for 循环为开发者做了抽象，隐藏了这些细节。

在代码清单 15.22 中，for 循环遍历向量的元素，enumerate 方法返回一个迭代器，为向量的每个元素提供（index，item）的元组。在这个例子中，模式将元组字段绑定到

index 和 item 变量，然后输出这些值。

代码清单 15.22　在 for 循环中使用模式

```
let data = vec![1, 2, 3, 4, 5];
for (index, item) in data.into_iter().enumerate() {
    println!("{} {}", index, item)
}
```

match 表达式是控制流的另一示例，也是模式最常见的应用场景，15.11 节会详细讨论它。

15.9　结构体

模式也常被用于匹配结构体。对结构体进行解构赋值特别有用，可以让源代码更加灵活、简洁和易读。

对于结构体模式，至少包含结构体名称和正确的字段名，字段顺序无关紧要。在默认情况下，结构体的字段会被绑定到同名的变量上。

代码清单 15.23 展示了一个解构结构体的例子。

代码清单 15.23　解构一个结构体

```
struct Rectangle {
    p1: (u32, u32),
    p2: (u32, u32),
}

fn main() {
    let r = Rectangle { p1: (10, 20), p2: (30, 40) };
    let Rectangle { p1, p2 } = r;   // 解构
    println!("P1:{:?} P2:{:?}",
        p1, p2)   // P1:(10, 10) P2:(20, 20)
}
```

在这个例子中，Rectangle 有两个字段，均为元组类型，用于表示矩形的尺寸。我们创建了一个 Rectangle 的实例，然后使用模式对这个值进行解构，分别为 p1 和 p2 创建了新的变量绑定。这个模式的结构与 Rectangle 结构一致，所以能够匹配。注意，绑定的变量名与结构体字段名相同。

一个模式可以匹配结构体的任何层次的结构。在前面的例子中，Rectangle 有两个字段，都是元组。我们不仅可以解构结构体中的元组，还可以解构每个元组的各个字段，如代码清单 15.24 所示。

代码清单 15.24　在结构体中解构有层次的结构

```
let r = Rectangle { p1: (10, 20), p2: (30, 40) };
let Rectangle { p1:(a, b),
    p2:(c, d) } = r;   // 解构字段
```

```
println!("[{}, {}] [{}, {}]",
    a, b, c, d)  // [10, 20] [30, 40]
```

在该例子中，模式解构了元组 p1 和 p2，而且每个元组的字段也被解构：a、b、c 和 d。重要的是，绑定只发生在最内层的解构。因此，没有为 p1 和 p2 创建绑定。只为 a、b、c 和 d 创建绑定。

在解构一个结构体时，无须采用当前的字段名作为变量绑定。字段可以通过模式中的 field_name:binding_name 规则进行重命名。在需要更具描述性的名称或提供额外上下文时，这种方式很有用。

对于 p1 和 p2 字段，代码清单 15.25 中的模式创建了 top_left 和 bottom_right 变量，这些变量无疑更具描述性：

代码清单 15.25　重命名结构体字段为变量

```
let r = Rectangle { p1: (10, 20), p2: (30, 40) };
let Rectangle { p1:top_left, p2:bottom_right } = r;   // 解构
println!("P1:{:?} P2:{:?}", top_left,
    bottom_right)    // P1:(10, 10) P2:(20, 20)
```

模式也可以包括字面量。字面量对模式进行了细化，只有特定的用例才能够匹配，也就是说，字面量和值必须相同。通过这种方式，字面量成为模式匹配成功必需的额外条件。

在代码清单 15.26 中，该模式匹配一个 Rectangle。然而，元组 p2 必须是 (30,50)，因为 (30,50) 作为字面量包含在模式中。

代码清单 15.26　使用字面量进行模式匹配

```
let r = Rectangle { p1: (10, 20), p2: (30, 40) };
let Rectangle { p1, p2: (30, 50) } = r;
```

由于 r 的 p2 元组 (30,40) 与模式中的字面量 (30,50) 不匹配，又因为 let 需要一个不可反驳模式，所以这个例子将无法编译。你将从编译器收到以下错误信息：

```
error[E0005]: refutable pattern in local binding
 --> src\main.rs:8:9
  |
8 |     let Rectangle { p1, p2: (30, 50) } = r;
  |         ^^^^^^^^^^^^^^^^^^^^^^^^^^^^^^
              patterns 'Rectangle {
              p2: (0_u32..=29_u32, _), .. }' and
              'Rectangle { p2: (31_u32..=u32::MAX, _),
              .. }' not covered
```

将 let 语句替换为 if let 表达式可以消除编译器错误。由于 else 分支的存在，因此该模式是可反驳的，这样就有了用于匹配和不匹配情况的控制流，如代码清单 15.27 所示。

代码清单 15.27　一个可反驳模式

```
let r = Rectangle { p1: (10, 20), p2: (30, 40) };
if let Rectangle { p1, p2: (30, 50) } = r {
    println!("P1: {:?}", p1);
}   else {
    println!("no match");
}
```

你也可以在解构模式中使用通配符。下划线通配符（_）用于忽略一个字段值。双点（..）通配符表示将忽略任何剩余的值，它必须是模式中的最后一项。

代码清单 15.28 展示了在结构体模式中使用通配符的各种示例，这些模式解构了一个由三个角的元组组成的 Triangle，并在代码注释中进行了解释。

代码清单 15.28　结构体模式中各种通配符的示例

```
struct Triangle {
    p1: (u32, u32),
    p2: (u32, u32),
    p3: (u32, u32),
}

fn main() {
    let tri = Triangle { p1: (10, 20),
        p2: (30, 40), p3: (0, 40) };

    /*  当字面值和模式匹配时，为 p1、p2 和 p3
        创建变量绑定。                        */

    let Triangle{p1, p2, p3}=tri;

    /*  为 p1 和 p3 创建变量绑定，忽略 p2。       */

    let Triangle{p1, p2:_, p3}=tri;

    /*  为 p1 和 p3 创建变量绑定，忽略 p2。       */

    let Triangle{p1, p3, ..}=tri;

    /*  为 p2 创建变量绑定，忽略 p1 和 p3。       */

    let Triangle{p2, ..}=tri;

    /*  解构 p1 元组。为 tuple.0 创建绑定，但
        忽略 tuple.1，此外也忽略 p2 和 p3。       */

    let Triangle{p1:(a,_), ..}=tri;

    /*  为 p1 创建变量绑定。对于 p3，解构元组
        并创建变量绑定 a、b，但是 b 不会被使用。
        最后，忽略 p2。                        */
```

```
    let Triangle{p1, p3:(a, _b), ..}=tri;

    /*   这是无效的。在变量绑定的两侧都有 .. 通
         配符是有歧义的。更重要的是，.. 通配符
         在一个模式中不能出现多次。              */

    let Triangle(.., p2, ..);
}
```

15.10 函数

模式也可以用在函数参数上，其常规规则和语法依然适用，只不过要与函数参数的语法相结合，并且只能在函数参数中使用不可反驳模式。

如代码清单 15.29 所示，do_something 函数有一个元组参数，它使用模式将参数解构为 x 和 y 两个变量绑定，其中 & 符号是模式的一部分，目的是去除参数的"引用性"。因此，x 和 y 是值而不是引用。

代码清单 15.29　一个解构函数参数的模式

```
fn do_something(&(x, y): &(i8, i8)) {
    println!("{} {}", x, y);
}

fn main() {
    let values=(5, 6);
    do_something(&values);
}
```

代码清单 15.30 是另一个在函数参数中使用模式的例子。combine 函数将两个矩形的尺寸相加得到一个新的矩形，函数参数也是矩形。在模式中，把矩形解构成它们的坐标：x1、x2、y1 和 y2。然后将这些坐标组合起来形成一个新的矩形并返回该矩形。在 main 中，combine 函数将两个矩形结合起来，然后输出结果。

代码清单 15.30　在函数参数中使用模式

```
#[derive(Debug)]
struct Rectangle { p1: (u32, u32), p2: (u32, u32),}

fn combine(Rectangle{p1:(x1_1, y1_1),
                     p2:(x2_1, y2_1)}:&Rectangle,
           Rectangle{p1:(x1_2, y1_2),
                     p2:(x2_2, y2_2)}:&Rectangle)
     ->Rectangle
{
    Rectangle{p1:(x1_1+x1_2, y1_1+y1_2),
        p2:(x2_1+x2_2, y2_1+y2_2)}
}
```

```
fn main() {
    let r1 = Rectangle {p1: (10, 10), p2: (20, 20)};
    let r2 = Rectangle {p1: (30, 30), p2: (40, 40)};
    let r3=combine(&r1, &r2);
    println!("Combined {:?}", r3);
}
```

15.11　match 表达式

match 表达式与模式的结合被广泛用于控制流。每个 match 分支都以一个模式开头，当被测试的值与该模式匹配时，对应分支会被执行。总体来说，匹配的模式必须穷尽值的全部范围，如果没有，就需要添加一个默认模式（_）来达到穷尽范围的目的。因为默认模式是不可反驳的，所以它应作为最后一个分支。

下面是 match 表达式的语法：

```
match expression {
    pattern¹=>expression,    // arm 1
    pattern²=>expression,    // arm 2
    patternⁿ=>expression,    // armⁿ
    _=>expression,           // default
}
```

在 match 表达式中，模式按顺序进行匹配。如果存在多个模式可以匹配当前值的情况，那么遇到的第一个能匹配上的模式将决定执行哪个代码分支。

典型的 match 表达式如代码清单 15.31 所示。

代码清单 15.31　在 match 表达式中进行模式匹配

```
let value=get_value();
match value {
    1=>println!("One"),
    2=>println!("Two"),
    _=>println!("Unknown, but not 1 or 2")
}
```

在这个例子中，模式使用了字面量 1 和 2，它们只能匹配和其相等的整数值。但是整数的取值范围不仅限于此。因此，需要一个通配符模式（_）作为最后一个默认分支，用于捕获之前模式所未覆盖的其他整数情况。

我们不喜欢神秘事物，当默认模式被匹配时，具体匹配的值就成了一个谜，要是能知道匹配的具体值就好了。为了获得这个值，你可以用变量绑定来替换下划线模式。

在代码清单 15.32 中，other 变量被绑定到默认范围内的值，然后就可以使用 other 作为默认值了。

代码清单 15.32　使用不可反驳模式作为默认值的 match 表达式

```
match value {
    1=>println!("One"),
    2=>println!("Two"),
    other=>println!("Default: {}", other)
}
```

match 表达式中也可以使用范围模式。在代码清单 15.33 中，匹配值会落在第二个模式的范围内，然后输出一条消息。

代码清单 15.33　在 match 表达式中使用范围模式

```
let value = 7;
match value {
    1..=5 => println!("1..=5"),
    6..=10=> println!("6..=10"),   // 匹配成功
    _ => println!("other value"),
}
```

对于范围模式，我们也可以获取范围内的匹配的具体值，只需要在范围模式前加上 @ 语法。使用 @ 语法，你可以创建变量绑定。在代码清单 15.34 所示的这个例子中，为两个范围模式创建了变量绑定，然后输出匹配的值。

代码清单 15.34　绑定到范围模式内的值

```
fn main() {
    let value = 7;
    match value {
        a@1..=5 => println!("Value is {}", a),   // Value is 7
        b@6..=10=> println!("Value is {}", b),
        _ => println!("other value"),
    }
}
```

匹配分支的模式也可以使用管道（|）运算符组合多个模式，如前面所述。这些模式从左到右依次匹配，只要有一个匹配，控制权就会转移到该分支的表达式。

在代码清单 15.35 中，我们组合了模式 25、30 和 35。如果 value 与任何模式相匹配，控制权就会转移到那个分支。

代码清单 15.35　在 match 中用模式组合

```
fn main() {
    let value = 25;
    match value {
        25 | 30 | 35 => println!("25 |30 | 35"),
        _ => println!("other"),
    }
    println!("{}", value);
}
```

在 match 表达式中，模式匹配也用来处理枚举类型。Option 和 Result 是两种最典型的枚举类型。代码清单 15.36 展示了如何在 match 表达式中分别处理 Result 的 Ok 和 Err 两种情况。match 的模式不仅能识别出当前是哪一个变体，还可以解构提取出变体内部包含的具体值，从而方便后续的数据处理和展示。

 注 意 不携带数据的枚举变体无法被解构。

代码清单 15.36　使用模式匹配 Result 变体

```
let result=do_something();

match result {
    Ok(result)=>println!("{}", result),
    Err(msg)=>println!("{}", msg)
}
```

下面是另外一个例子，再次强调在解构枚举时需要注意所有权转移的问题。从代码清单 15.37 可以看出，Person 枚举的 Name 变体内部包含了一个 String 类型。在对 Name 变体进行模式匹配时，为了避免 String 值的所有权被转移，我们需要使用 ref 关键字创建对该值的引用。而 GovId 变体内部只包含一个整数，所以在解构时不需要进行特殊处理。

代码清单 15.37　在解构时，用借用而不是移动值

```
enum Person {
    Name(String),
    GovId(i32),s
}

fn main() {
    let bob: Person=Person::Name("Bob".to_string());

    match bob {
        Person::Name(ref name)=>println!(
            "Name: {}", name),       // 借用
        Person::GovId(id)=>println!(
            "Government Id: {}", id)    // 复制
    }
}
```

在代码清单 15.38 中，match 表达式有带字面量的模式。在每个 match 分支中，匹配具有特定尺寸的矩形。例如，第一个分支匹配左上角在 (10,10) 的矩形，下一个分支匹配右下角在 (20,20) 的矩形。如果 Rectangle 值不包含这两个角中的任何一个，则匹配默认模式。

代码清单 15.38 针对矩形的不同要求进行匹配

```
#[derive(Debug)]
struct Rectangle { p1: (u32, u32), p2: (u32, u32),}

fn main() {
    let r = Rectangle {p1: (10, 10), p2: (20, 20),};

    match r {
        Rectangle { p1: (10, 10), p2 } => println!(
            "Found: (10, 10), {:?}", p2),
        Rectangle { p1, p2: (20, 20) } => println!(
            "Found {:?}, (20, 20)", p1),
        _ => println!("No match"),
    }
}
```

在之前的例子中，模式包含了字面量。你可以在模式中使用 @ 语法来绑定字面量匹配，然后在其他地方使用这个值。就匹配的目的而言，添加 @ 语法并不改变模式的结构，下面是一个例子：

```
Rectangle { p1: p1_lit@(10, 10), p2 } => println!(
"Found: {:?}, {:?}", p1_lit, p2),
```

使用 @ 语法将 p1_lit 绑定到字面量的匹配上。我们现在可以在匹配分支中使用 p1_lit，并输出字面量的值，这比硬编码字面量要灵活得多。

15.12 匹配守卫

匹配守卫是模式匹配中的过滤器，也是一个布尔表达式。如果匹配守卫为假，该模式就会被过滤掉，不会进行匹配。然而，如果匹配守卫为真，模式匹配就会像往常一样进行。

表 15.1 显示了匹配守卫可能的结果。

表 15.1 匹配守卫的可能的结果

模式	匹配守卫	是否执行匹配分支
匹配	真	是
不匹配	真	否
匹配	假	否
不匹配	假	否

代码清单 15.39 展示了匹配守卫。前两个模式有匹配守卫，以确认一个矩形是否形状正确，也就是左侧要在右侧的左边，底部应该在顶部的下方。

代码清单 15.39 匹配并判断是否正确构成矩形

```
#[derive(Debug)]
struct Rectangle { p1: (u32, u32), p2: (u32, u32),}
```

```
fn main() {
    let r = Rectangle {p1: (10, 10), p2: (20, 20),};

    match r {
        Rectangle { p1:(x1, _), p2:(x2,_ )}if x2 < x1
            => println!("Left invalid {} {}", x1, x2),
        Rectangle { p1:(_, y1), p2:(_, y2 )}if y2 < y1
            => println!("Bottom invalid {} {}", y1, y2),
        r => println!("Proper {:?}", r),
    }
}
```

第一个模式解构了矩形的左侧和右侧，分别绑定到变量 x1 和 x2，顶部和底部被忽略。匹配守卫确认右侧是否小于左侧。如果这是真的，则矩形是无效的，将会输出一条消息。第二个模式对 y1 和 y2 进行相同的分析，y1 和 y2 分别是矩形的顶部和底部。当默认模式被选中时，说明矩形是正确的。

下面是匹配守卫的第二个例子。对于复杂的匹配守卫，甚至可以调用返回一个布尔值的函数。

在下一个示例中，我们将匹配守卫实现为一个函数，该函数将接受一种颜色参数，可以是 RGB 或 CMYK，并判断颜色是不是灰色，若是，则返回 true。对于 RGB，如果 red、blue、green 三个分量的数值完全相等，则判定为灰色，对于 CMYK，则需要 cyan、magenta、yellow 三个分量值都为 0 才视为灰色。

在代码清单 15.40 中，我们定义了一个颜色枚举 Colors，包含 RGB 和 CMYK 两种变体。两种变体都携带数据，分别是 RgbColor 结构体和 CmykColor 结构体。

代码清单 15.40　定义颜色枚举 Colors 及相关类型

```
use Colors::RGB;
use Colors::CMYK;

#[derive(Debug, Copy, Clone)]
struct RgbColor {red: i32, blue: i32, green: i32,}

#[derive(Debug, Copy, Clone)]
struct CmykColor {cyan: i32, magenta: i32,
    yellow: i32, black: i32,}

enum Colors {
    RGB(RgbColor),
    CMYK(CmykColor),
}
```

对于 Colors，我们将 is_gray 方法实现为匹配守卫。如代码清单 15.41 所示，is_gray 方法返回 true 或 false，以表明当前颜色是不是灰色。

代码清单 15.41 is_gray 方法的实现

```
impl Colors{
    fn is_gray(&self) -> bool {
        match self {
            RGB(color)=>(color.red==color.green)==
                (color.green==color.blue),
            CMYK(color)=>(color.cyan+color.magenta+
                color.yellow)==0,
        }
    }
}
```

在代码清单 15.42 中，我们为 Colors 实现了 display_gray 方法，该方法只会输出灰色系列的颜色。在 match 表达式中，is_gray 方法作为匹配守卫被调用，阻止非灰色系列的颜色被输出。在 match 表达式的底部，还有 RGB 和 CMYK 两个分支，注意它们没有匹配守卫。这些分支匹配非灰色的颜色，而灰色系列的颜色在这之前都已经被处理过了。

代码清单 15.42 display_gray 方法的实现

```
fn display_gray(&self) {
    match *self {
        RGB(value)
            if self.is_gray()=>println!("RGB {:?} is gray",
                value),
        CMYK(value)
            if self.is_gray()=> println!("CMYK {:?} is gray",
                value),
        RGB(value)=>println!("RGB {:?} is not gray", value),
        CMYK(value)=> println!("CMYK {:?} is not gray", value),
    }
}
```

如代码清单 15.43 所示，在 main 函数中我们分别创建了 RGB 和 CMYK 颜色，并对每个颜色调用 display_gray 方法以确认是否为灰色。

代码清单 15.43 display_gray 方法的调用

```
fn main() {
    let rgb=RGB(RgbColor{red:100, green:155, blue:155});
    rgb.display_gray();

    let cmyk=CMYK(CmykColor{cyan: 0, magenta: 0,
        yellow: 0, black: 100});
    cmyk.display_gray();
}
```

输出结果如下：

```
RGB RgbColor { red: 100, blue: 155, green: 155 } is not gray
CMYK CmykColor { cyan: 0, magenta: 0, yellow: 0,
black: 100 } is gray
```

当一个模式由多个模式组合而成时，匹配守卫语句会应用到所有的模式。代码清单 15.44
展示了在一个模式中组合多个字面量模式的情况。这个例子中的匹配守卫是一个函数，只
有在周一时返回 `true`，它是对周一的一种特殊处理。只有当模式被匹配并且匹配守卫也为
`true` 时，整个模式才会被匹配。

代码清单 15.44　对组合的模式应用匹配守卫

```
fn is_monday()->bool {
    // 判断是不是周一
}

fn main() {
    match 1 {
        1 | 11 | 21 if is_monday()=>println!(
            "Value 1, 11, or 21"),
        _=>println!("Not Monday!")
    }
}
```

15.13　总结

能怎么利用模式，只受限于开发者的创造力。Rust 有丰富的模式语法，支持使用简单
的模式或复杂的模式来构建先进的解决方案。在 Rust 中，模式匹配无处不在，就连最基本
的变量绑定也是一种模式的应用。

模式主要用在下面三个领域：

- 将一个值解构为其组成部分。
- 控制应用程序的流程，包括 `if let`、`while let` 和 `match` 表达式。
- 使用字面量过滤值、可反驳模式和匹配守卫。

在解构模式中的值时，可以应用移动语义，也可以使用 `ref` 关键字来借用。对于引用，
你可以在模式中包含一个 `&` 符号来表示移除值的引用性。

在特定的用例中，可以将字面量包含在模式中，这可以与模式的其他方面结合使用。

模式中也可以使用通配符来跳过或者忽略一个或多个值。下划线（`_`）表示忽略单个值，
而双点（`..`）表示可以忽略多个值。

匹配守卫用于过滤模式。在一个模式之后，你可以使用 `if` 关键字添加一个匹配守卫，
也可以用一个返回布尔值的函数来表达复杂的匹配守卫。当组合多个模式时，也可以应用
匹配守卫。

到目前为止，本书已经介绍了 trait、泛型，以及模式等 Rust 语言的核心特性，这些特
性共同塑造了 Rust 别具一格的编程风格和体验。

第 16 章 *Chapter 16*

闭　包

闭包（closure）指的是一种可以捕获外部环境中变量的匿名函数。"闭包"这个名词由此而来，它所引用的外部变量被称为自由变量，因为这些变量本来并不属于闭包函数的作用域范围。与普通函数类似，闭包也可以执行代码逻辑、接收参数输入，并返回值。

闭包作为一种语言特性，在 Java、C++ 等多种编程语言中都广受欢迎。在某些语言中，如 Java，闭包通常被称作 lambda 表达式。

在实际编程时，开发者往往需要在闭包和普通函数之间做出选择。闭包相对于普通函数具有以下优势：

- 如果只需要在一个地方使用某个函数，那么闭包会是一个更简洁便的选择。
- 闭包是一等公民，和其他原生类型有相同的地位，可以将闭包当作函数参数、返回值，甚至赋值给一个变量。
- 闭包一般都定义在需要使用它的地方附近，这使得代码的可维护性更好。

闭包和标准函数之间也有许多相似之处。实际上在某些情况下一个函数和一个闭包是可以互换的。

闭包可以实现 Fn、FnMut 或 FnOnce 三种不同的 trait，它们分别对应不同的行为。其中 Fn trait 和定义函数指针类型时使用的 fn 关键字是不同的。在绝大多数情况下，编译器都能根据上下文自动推断出闭包应该实现哪一种 trait。但如果所需的 trait 没有被实现，编译器就会报错。

与函数不同，闭包语法更灵活。在大多数场景下，更倾向于使用简洁的语法编写闭包，例如，闭包通常不需要明确声明返回值类型，编译器可以自动从上下文中推导出来。

最后需要注意的是，闭包并不是嵌套函数，嵌套函数无法捕获定义它们的外层函数作用域中的变量，而这正是闭包的核心能力。另外，嵌套函数有显式的函数名，而闭包则是匿名的。

16.1 "Hello,World"

我们之前展示了一个"Hello, World"程序，代码清单16.1展示了一个闭包版本的程序。

代码清单 16.1　使用闭包的"Hello, World"程序

```
fn main() {
    let hello=|| println!("Hello, world!");
    hello();
}
```

闭包以 || 语法开始，接下来是闭包的实现。作为一个值，闭包被赋值给 hello 变量，然后使用调用操作符 () 来调用闭包，闭包随后运行并输出问候语。

也可以直接调用闭包。在代码清单16.2中，闭包通过 () 立即被调用，而并没有事先被绑定给一个变量。

代码清单 16.2　直接调用闭包

```
fn main() {
    (|| println!("Hello, world!"))();
}
```

16.2 闭包语法

为了让语法更加简洁，前面介绍的闭包省略了一些细节。下面来看看完整的闭包语法：

```
|parameter1, parameter2, ..., parametern|->return_type{
    // 代码块
}
```

闭包以独特的管道符号 || 开始。如果存在参数，则将其放置在管道符号之间，以"名称：类型"对的形式进行描述。return_type 是返回值的类型。闭包代码块包含要执行的表达式。

在代码清单16.3中，cubed 闭包使用完整的闭包语法进行了定义。

代码清单 16.3　实现一个计算立方值的闭包

```
fn main() {
    let cubed=|number:usize|->usize{
        number*number*number
```

```
    };

    let value=5;
    let result=cubed(value);
    println!("{}", result);
}
```

当被调用时，闭包返回一个立方值。闭包的参数和返回值都是 usize 类型。在闭包内部，用参数值计算立方后返回结果。闭包被赋值给了 cubed 变量，然后用 value 作为参数调用该闭包，返回值被保存在一个 result 变量中并输出。

对于极简主义者来说，cubed 闭包的定义可以更简化。参数和返回类型都是可选的，可以让编译器推断。对于单一表达式来说，闭包代码块也可以省略。以下是精简版：

```
    let cubed=|number|number*number*number;
```

16.3　捕获变量

闭包可以捕获自由变量，被捕获的变量随后在闭包内部可用。最常见的情况是，捕获的变量是对外部函数作用域内值的借用。

代码清单 16.4 中的闭包捕获了 value 变量，这是一个自由变量。在闭包内部，捕获的变量被用来计算结果。

代码清单 16.4　一个捕获了变量的闭包

```
fn main() {
    let value=5;
    let cubed=||value*value*value;
    let result=cubed();
    println!("{}", result);
}
```

如前所述，闭包内捕获的变量是被借用的。

在代码清单 16.5 中展示的示例是无法编译的！ values1 变量是一个可变的元组。在闭包内使用时，它对 values1 执行了借用，这个借用会一直持续，直到闭包被调用之后。然而，values2 变量在那个范围内声明为可变的借用，而 Rust 不允许在同一个变量上同时有可变和不可变的借用，因此这将导致编译错误。

代码清单 16.5　在闭包中，捕获的变量是被借用的

```
fn main() {
    let mut values1=(5,10);

    // mutable borrow - starts
    let swap_values=||(values1.1, values1.0);
```

```
    let values2=&mut values1; // second mutable borrow
    let result=swap_values();
    // mutable borrow - ends

    println!("{:?}", result);                              1
}
```

下面错误消息准确描述了问题，它突出显示了不可变和可变借用发生的地方。

```
3 |      let swap_values=||(values1.1, values1.0);
  |      --              --------- first borrow occurs
           due to use of `values1.0` in closure
  |                          |
  |                      immutable borrow occurs here
4 |      let values2=&mut values1; // does not work
  |                  ^^^^^^^^^^^^^ mutable borrow occurs here
5 |      let result=swap_values();
  |                 ----------- immutable borrow later used here
```

在代码清单16.6中，swap_values 被调用两次。这将最初的借用的范围扩展到第二次调用 swap_values 之后。在这个范围内尝试进行另外的可变借用将无法编译，这和之前遇到的问题是一样的。

代码清单 16.6　不允许同时存在不可变借用和可变借用

```
fn main() {

    let values1=(5,10);

    // 可变借用开始
    let swap_values=||(values1.1, values1.0);
    let mut result=swap_values();
    let values2=&mut values1;     // 不工作
    result=swap_values();
    // 可变借用结束

    println!("{:?}", result);
}
```

太棒了！新版本应用程序终于可以正常运行了！编译没有出现任何错误。我们在最后一次调用 swap_values 函数之后再进行可变借用，所以不会出现借用重叠的情况（见代码清单16.7）。

代码清单 16.7　可变借用和不可变借用没有重叠

```
fn main() {
    let mut values1=(5,10);

    // 可变借用开始
    let swap_values=||(values1.1, values1.0);
```

```
    let mut result=swap_values();
    result=swap_values();
    // 可变借用结束
    println!("{:?}", result);
    let values2=&mut values1;  // 可变借用工作
}
```

16.4　闭包作为函数参数

作为一等公民，闭包也可以用作函数参数。

如前所述，闭包可能实现了 Fn、FnMut，或 FnOnce trait。现在我们将专注于 Fn trait（稍后会讲到其他的 trait）。作为函数参数，需要使用 impl 关键字指定 Fn trait，还必须提供函数定义。

在代码清单 16.8 中，do_closure 函数接收一个闭包作为参数 run。impl 关键字将闭包类型约束为 Fn。在 trait 名后的 "()" 描述了一个既没有参数也没有返回值的函数。接下来，在 do_closure 函数中调用绑定到 run 变量的闭包。

代码清单 16.8　接收闭包作为函数参数

```
fn do_closure(run:impl Fn()){
    run();
}

fn main() {
    let display=||println!("message");
    do_closure(display);
}
```

代码清单 16.9 是一个更全面的闭包作为函数参数的例子，它展示了闭包的灵活性。

代码清单 16.9　闭包绑定到变量并作为函数参数

```
enum Calculation {
    Cubed,
    Quad
}

fn get_result( run: impl Fn(i32)->i32, value:i32)->i32{
    run(value)
}

fn main() {
    let cubed=|value:i32|value*value*value;
    let quad=|value:i32|value*value*value*value;
    let calculation_type=Calculation::Cubed;
    let result=match calculation_type {
```

```
        Calculation::Cubed => get_result(cubed, 5),
        Calculation::Quad => get_result(quad, 5),
    };
    println!("{}", result);
}
```

这个例子可以计算一个值的立方或四次方。这两种操作都作为闭包实现，它们是
Fn(i32)->i32 类型的。get_result 函数有一个参数 run，它接收相同类型的闭包。
run 参数是一个 Fn(i32)->i32 类型，与 cubed 和 quad 闭包类型一致。在函数内部，
调用 run 闭包并返回结果。

在 main 函数部分，Calculation 枚举用来表示所选操作，即 Calculation::
Cubed 或 Calculation::quad。根据匹配的分支调用对应的 get_result 函数，并将
对应闭包作为参数传入。

16.5 闭包作为函数返回值

本节继续讨论闭包是怎样作为一等公民的。我们将探索闭包作为函数返回值的情况。
要返回一个闭包也可以通过 impl 关键字。与参数一样，impl 关键字用于指定一个闭包
trait，比如 Fn trait。

代码清单 16.10 是一个返回闭包的函数示例。

代码清单 16.10　从函数返回闭包

```
fn get_closure()->impl Fn(i32)->i32 {
    |number|number*number*number
}

fn main() {
    let cubed=get_closure();
    let result=cubed(5);
    println!("{}", result);
}
```

基于 impl 关键字，get_closure 函数返回一个 Fn(i32)->i32 类型的闭包，其
中 Fn 是闭包 trait。Fn(i32)->i32 类型与返回的闭包兼容。在 main 中，调用 get_
closure 函数以返回一个闭包，然后将其赋值给 cubed 变量。之后调用 cubed 闭包并输
出 result。

16.6 闭包的实现

搞清楚 Rust 闭包的内部实现原理，对我们理解和使用闭包会有很大帮助。这不仅能

让闭包这个概念变得更加清晰，也能消除我们对它的一些疑虑。尤其是对 Fn、FnMut 和 FnOnce 这三种不同的闭包 trait 有了透彻的了解，我们才能体会到它们之间的区别。以下的描述省略了一些细节，以保持解释的简洁性。

Rust 编译器在编译时实现闭包，闭包会被转换成结构体，而捕获的变量会成为该结构体的字段。

闭包结构体内没有对闭包函数的引用。没有必要！因为闭包函数实际上是闭包结构体的一个方法。像其他方法一样，闭包方法的第一个参数也是 self。至于闭包方法的属性，包括 self 参数的具体含义，则取决于编译期间选择实现的闭包 trait（Fn、FnMut 或 FnOnce）。

代码清单 16.11 展示了一个典型闭包 adder，实现了 Fn trait。

代码清单 16.11　一个典型的闭包

```
let a=1;
let b=2;
let adder=|prefix:String|println!("{} {}", prefix, a+b);
adder("Add Operation:".to_string());
```

代码清单 16.12 描述了为 adder 闭包创建的内部结构体。adder 闭包被转换为一个带有两个字段的结构体，用于捕获变量 a 和 b。闭包函数作为一个方法实现，第一个参数为 &self。该方法的第二个参数是闭包的初始参数，即前缀。记住，这只是一个近似实现，而且闭包的内部表示随时都可能改变。

代码清单 16.12　一个典型闭包可能的结构体定义示例

```
struct adder {
    a: i32,
    b: i32
}

impl Fn<(String)> for adder {
    type Output = ()
    fn call(&self, args: Args)->Self::Output {
        // 这里省略了细节
    }
}
```

16.6.1　Fn trait

在实现闭包时，最好优先选择 Fn 这个 trait。这三个闭包 trait 之间存在着层次关系，如图 16.1 所示。

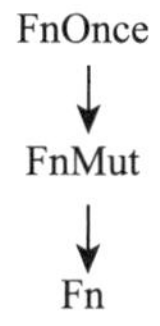

例如，FnMut trait 是 Fn trait 的 supertrait。这意味着在需要 Fn trait 的地方可以使用 FnMut trait 替代。然而，反过

FnOnce
↓
FnMut
↓
Fn

图 16.1　闭包 trait 的层级结构

来对于 subtrait 则不适用。无法将约束为 FnMut trait 的地方替换为 Fn trait。

闭包如果是不可变的，则实现了 Fn trait，这意味着捕获的变量也必须是不可变的。对于 Fn trait，闭包方法的 self 是 &Self，捕获的变量则是借用语义。

在代码清单 16.13 中，hello 闭包没有捕获任何变量，因此该闭包是自包含的，没有上下文，这也意味着闭包是不可变的，并实现了 Fn trait。do_closure 函数成功地以 hello 闭包作为函数参数被调用，该参数是一个 Fn 类型。这确认了 hello 函数实现了 Fn trait，否则函数将无法编译。

代码清单 16.13　hello 闭包实现了 Fn trait

```
fn do_closure(closure:impl Fn()){
    closure();
}

fn main() {
    let hello=||println!("Hello");
    do_closure(&hello);
}
```

代码清单 16.14 是对前一个示例的轻微修改。现在的 hello 闭包捕获了 hello_string 变量。捕获的变量是不可变的，因此编译器自动为不可变上下文实现了 Fn trait。可以成功调用 do_closure 函数，再一次确认了闭包为 Fn。

代码清单 16.14　hello 闭包再一次实现了 Fn trait

```
fn do_closure(closure:impl Fn()){
    closure();
}

fn main() {
    let hello_string="Hello".to_string();
    let hello=||println!("{}", hello_string);
    do_closure(&hello);
}
```

如代码清单 16.15 所示，在这个版本中，hello_string 现在是可变的。变量仍然作为自由变量在 hello 闭包中被捕获。闭包现在有了一个可变的状态并且将自动实现 FnMut trait。do_closure 的函数参数类型已更改为 FnMut 类型来确认该闭包实现了 FnMut trait。

代码清单 16.15　hello 闭包实现了 FnMut trait

```
fn do_closure(closure:&mut impl FnMut()){
    closure();
}

fn main() {
```

```
        let mut hello_string="Hello".to_string();
        let mut hello=||println!("{}",hello_string);
        do_closure(&mut hello);
    }
```

不管叫什么名字，玫瑰就是玫瑰。一个没有捕获任何外部变量的闭包，实际上就等同于一个标准函数。因此，标准函数和这种无捕获上下文的闭包是可以相互转换的。这就是 Fn trait 也适用于标准函数的原因。

在代码清单 16.16 中的 hello 是一个嵌套函数，而不是闭包。不过嵌套函数本身就属于标准函数。这里我们将 do_closure 函数的参数类型改为 Fn，然后将 hello 函数作为参数传递给 do_closure 函数，用以验证 hello 函数是否满足 Fn trait 的约束。

代码清单 16.16　嵌套函数实现了 Fn trait

```
fn do_closure(closure:impl Fn()){
    closure();
}

fn main() {
    fn hello(){
        println!("Hello");
    }

    do_closure(hello);
}
```

16.6.2　FnMut trait

如前所述，FnMut trait 适用于那些捕获了可变上下文的闭包。对于实现了 FnMut trait 的闭包，其方法中的 self 参数类型为 &mut self，也就是说闭包通过可变借用的方式来捕获外部变量。

在代码清单 16.17 中，increment 闭包实现了 FnMut trait。注意，捕获的变量也是可变的，给 increment 闭包一个可变上下文。do_closure 函数成功调用闭包，这也确认了其已实现了 FnMut trait。

代码清单 16.17　increment 闭包实现了 FnMut trait

```
fn do_closure(mut closure:impl FnMut()){
    closure();
}

fn main() {
    let mut value=5;
    let increment=||value=value+1;
    do_closure(increment);
    println!("{}", value);   // 6
}
```

16.6.3 FnOnce trait

FnOnce trait 适用于那些只能被执行一次的闭包。

强制实施安全编码规范是 Rust 语言的一大优势，这也包括能够将函数限制为只能执行一次。实现了 FnOnce trait 的闭包就只能执行一次，如果尝试第二次执行则会导致编译失败。对于 FnOnce trait，闭包方法的 self 参数类型是 self，也就是说闭包获取了被捕获变量的所有权。这也就是为什么 FnOnce 闭包只能被调用执行一次的原因。

代码清单 16.18 是 FnOnce trait 的一个例子。

代码清单 16.18 hello 闭包实现了 FnOnce trait

```rust
fn do_closure(closure:impl FnOnce()->String){
    closure();
    closure();   // 编译失败
}

fn main() {
    let value="hello".to_string();
    let hello=||value;   // 值已经移动了
    do_closure(hello);
}
```

闭包内部返回了被捕获的变量值，这是因为闭包获取了该变量的所有权。Rustc 编译器需要将外部函数中的 value 变量移动到闭包内部，而不是借用。这就导致 value 变量在闭包外部的作用域中不可再被使用。也正因所有权转移到了闭包内部，所以闭包无法被再次调用，只能执行一次，从而让编译器为该闭包实现 FnOnce trait。因此在 do_closure 函数中，我们不能两次调用同一个闭包。

并不是所有时候我们都能一眼看出闭包是否被实现为满足 FnOnce trait，但幸好 Rust 编译器会给出友好的提示，帮助我们理解。

代码清单 16.19 是另一个需要 FnOnce trait 的例子。在 dropper 闭包中，捕获的字符串被丢弃。同一个字符串可以被丢弃多少次？当然只有一次！Rustc 编译器识别到这一点，并为闭包实现了 FnOnce trait。dropper 闭包被传入 do_closure 函数，作为 FnOnce 类型，它在函数中只能被调用一次。

代码清单 16.19 dropper 闭包实现了 FnOnce trait

```rust
fn do_closure_fn(closure:impl FnOnce()){
    closure();
    closure();   // 编译失败
}

fn main() {
    let value="data".to_string();
    let dropper=||drop(value);
    do_closure_fn(dropper);
}
```

Fn trait 和 FnMut trait 是 FnOnce trait 的 subtrait，因此实现了任一 trait 的闭包可以作为 FnOnce 实例使用。

在代码清单 16.20 中，**hello** 闭包实现了 Fn trait，它本质上可以被多次调用，因为其实现里面没有任何东西阻止其被多次调用。**do_closure** 函数有一个 **FnOnce** 参数。在 **main** 中，用 **hello** 闭包作为参数对 **do_closure** 进行调用，尽管 **hello** 实现了 Fn trait，但是在 **do_closure** 中，因为 **hello** 绑定到 **closure** 这个 **FnOnce** 变量，所以还是只能被调用一次。

代码清单 16.20　hello 闭包实现了 FnOnce trait

```
fn do_closure(closure:impl FnOnce()){
    closure();
    closure();  // 编译失败
}

fn main() {
    let hello=||println!("hello");
    do_closure(hello);
}
```

16.6.4　move 关键字

每个函数在运行时都会在栈上分配一个私有的内存区域，称为栈帧，用于存储函数的局部变量和寄存器状态等上下文信息。闭包可以从外部函数的栈帧中捕获变量值作为自由变量引用。由于这一机制，闭包并不完全拥有它们所使用的环境。这种依赖关系有时会导致一些问题，如代码清单 16.21 所示。

代码清单 16.21　闭包及其依赖

```
fn get_closure()->impl Fn()->i32 {
    let number=1;
    ||number+2
}
```

get_closure 函数返回了一个依赖于捕获值 **number** 的闭包，这就产生了对外部函数环境的依赖。但是当闭包返回后，外部函数的栈帧就会被销毁，无法再维系这种依赖关系。因此，编译器会报出如下错误：

```
3 |     ||number+2
  |     ^^^^^^^^^^
help: to force the closure to take ownership of `number` (and any
other referenced variables), use the `move` keyword
  |
3 |     move ||number+2
  |     ++++
```

错误信息指出，使用 move 关键字可以解决这个问题。使用 move 关键字的闭包会获取其捕获环境的完整所有权，而不再依赖于外部函数的栈帧。通过 move 关键字，被捕获的变量值会被转移到闭包的环境中，采用移动或复制语义，具体取决于值的类型。这样就不会再有对外部函数的依赖。

除了闭包上的 move 标注，代码清单 16.22 中的源代码与前一个示例完全相同。然而，这个版本编译时没有错误。太好了！

代码清单 16.22　拥有独立环境的闭包

```
fn get_closure()->impl Fn()->i32 {
    let number=1;
    move||number+2        // move 标注的闭包
}

fn main() {
    let add_one=get_closure();
    let result=add_one();
    println!("{}", result);
}
```

在 get_closure 中，闭包带有 move 关键字标注。因此 number 变量被转移到了闭包的环境中。我们现在可以安全地从函数返回闭包。回到 main 中，闭包被赋值给了 add_one 变量。当调用 add_one 时，闭包环境中的 number 值将被更新，然后返回结果。

16.6.5　impl 关键字

trait 本身是大小不定的，因此我们无法直接创建 trait 的实例。要使用 trait，需要通过静态分派或动态分派的方式管理具体实现了该 trait 的类型实例。关于 trait 静态分派和动态分派的内容，我们将在第 17 章中详细探讨。

在本章中，我们多次使用了 impl 关键字为闭包显式指定实现的闭包 trait。然而，impl 关键字并非在所有场景下都可以使用。之前的例子已经展示了它可以用于函数参数和返回值的场景。但值得特别注意的是，impl 关键字无法用于变量绑定的情况。

这里有两个不能使用 impl 的例子。首先，我们为包含两个 Fn 闭包的元组定义了一个 type 别名，这将无法编译。

```
type closure_tuple=(impl Fn(),
    impl Fn())   // 无法编译
```

接下来，我们创建一个 HashMap，每个条目的值都是使用 impl 关键字的 Fn 闭包，这也无法编译。

```
let mut operation: HashMap<char, impl Fn()>=
            HashMap::new();       // 无法编译
```

在 impl 关键字无法使用的场合，我们可以考虑使用静态分发或动态分发。

在代码清单 16.23 中，AStruct 是类型 T 的泛型，通过 where 子句，我们限制了类型 T 必须满足 Fn trait 约束。这意味着 T 类型的 hello 字段必须是一个 Fn 闭包。注意所有这些都没有使用 impl 关键字。在 main 函数中，我们随后将一个闭包赋值给 hello 字段，然后调用了该闭包。

代码清单 16.23　不使用 impl 关键字的闭包赋值

```
struct AStruct<T>
where T: Fn() {
    hello: T,
}

fn main() {
    let value=AStruct{hello:||println!("Hello")};
    (value.hello)();
}
```

在代码清单 16.24 中，我们将一个闭包赋值给 hello 变量，这种情况下无法使用 impl 关键字。这里我们使用 dyn 关键字采用动态分派的方式，将闭包作为引用绑定到变量上，之后就可以调用 hello 闭包了。

代码清单 16.24　使用动态分派，hello 绑定到一个闭包的引用

```
let hello:&dyn Fn()=&|| println!("hello");
hello();
```

16.7　矩阵示例

再来看一个使用闭包的例子，这个例子的目的是对矩阵的每一行执行数学运算，支持加法、减法、乘法和除法等操作。

下面是这个矩阵：

Operation	LHS	RHS	Result
A	4	5	0
M	2	6	0
D	9	3	0
S	5	6	0

矩阵的第一列指示该行的操作，例如 A 代表加法，LHS 列和 RHS 列分别是二元操作的左侧操作数和右侧操作数，操作的结果放在最后的 Result 列。

对于如何对矩阵的每一行应用数学运算，可能有多种可行的解决方案，一种方法是使

用枚举来标识不同的运算类型，枚举变体与 **match** 分支对应，在相应分支中执行具体运算。这种方案下，枚举变体中需要携带行数据。另一种方法是使用结构体向量，每个结构体包含执行特定行运算所需的全部数据，包括对应的闭包引用。

我们将使用第三种解决方案，即使用 **HashMap**，其优势是解决方案既动态又可扩展，代码清单 16.25 展示了完整的应用程序。

代码清单 16.25　完整的矩阵程序

```rust
use std::collections::HashMap;

type Row=(char, i32, i32, i32);
type OperationType<'a>=&'a dyn Fn(Row)->i32;

fn main() {
    let mut matrix=vec![('a', 4, 5, 0),
        ('m', 2, 6, 0),
        ('d', 9, 3, 0),
        ('s', 5, 6, 0),
    ];

    let mut operation: HashMap<char, OperationType>;
    operation=HashMap::new();
    operation.insert('a', &|row|row.1+row.2);
    operation.insert('m', &|row|row.1*row.2);
    operation.insert('d', &|row|row.1/row.2);
    operation.insert('s', &|row|row.1-row.2);

    for each_row in matrix.iter_mut() {
        each_row.3=(operation.get(&each_row.0)).
            unwrap()(*each_row);
    }

    println!("{:?}", matrix);
}
```

让我们仔细看看这个解决方案的每个组成部分。

程序一开始定义了两个类型别名，一个别名用于描述每一行的元组，包括操作类型、左操作数、右操作数和结果值，另一个 **OperationType** 别名则用于定义二元运算闭包的类型。这里我们使用动态分派的方式引用 Fn trait（见代码清单 16.26）。

代码清单 16.26　定义别名用于行类型和数学运算

```rust
type Row=(char, i32, i32, i32);
type OperationType<'a>=&'a dyn Fn(row)->i32;
```

在 **main** 中，我们将矩阵声明为元组的向量（见代码清单 16.27）。

代码清单 16.27 声明矩阵

```
let mut matrix=vec![('a', 4, 5, 0),
    ('m', 2, 6, 0),
    ('d', 9, 3, 0),
    ('s', 5, 6, 0),
];
```

接下来我们定义了一个 HashMap（见代码清单 16.28），它将数学运算（以闭包形式）映射到字符。HashMap 关键字表示运算符的字符，比如 a 表示加法，值则是 OperationType 类型的数学运算闭包，每个闭包所代表的运算都通过 insert 方法插入该 HashMap 中。

代码清单 16.28 将闭包添加到哈希表

```
let mut operation: HashMap<char, OperationType>;
operation=HashMap::new();
operation.insert('a', &|row|row.1+row.2);
operation.insert('m', &|row|row.1*row.2);
operation.insert('d', &|row|row.1/row.2);
operation.insert('s', &|row|row.1-row.2);
```

万事俱备。我们可以将不同的运算应用到矩阵的每一行，如代码清单 16.29 所示。for 循环遍历矩阵的所有行，每一行的类型是 Row，即一个元组。在循环内部，我们将当前行的第一个字段作为键，通过 HashMap.get 方法获取对应的运算闭包，并传入行中的左右操作数进行调用，将运算结果赋值给该行的最后一个字段。

代码清单 16.29 遍历矩阵并执行相应操作

```
for each_row in matrix.iter_mut() {
    each_row.3=(operation.get(&each_row.0)).unwrap()(*each_row);
}
```

最终，输出结果：

```
    println!("{:?}", matrix);
```

成功，现在我们可以庆祝一下了。

16.8 总结

闭包是一种匿名函数，它是 Rust 语言中的一等公民。闭包可以在任何地方使用，无论是变量绑定、函数参数、函数返回值，还是其他任何地方。使用闭包的好处有很多，比如使用便利性强、灵活性高等。

捕获的变量，也称为自由变量，是在闭包内部使用的外部函数中的值。这是闭包和普通函数之间的主要区别。

因此，没有捕获变量的闭包与标准函数相似。闭包被实现为下面三种 trait 之一：

- Fn trait，这种闭包只需要不可变上下文，闭包的 self 是 &self。
- FnMut trait，这种闭包需要可变上下文，闭包的 self 是 &mut self。
- FnOnce trait，这种闭包只允许执行一次，闭包的 self 是 self。

使用 impl 关键字可以将闭包（如 Fn）作为函数参数和返回值类型，但这种方式并不适用于所有场合，这时候我们可以选择静态分派或动态分派作为替代方案。

move 关键字可以为闭包构造一个独立的环境，并对该环境拥有所有权。被捕获的变量会通过移动语义或复制语义的方式转移到这个环境中。同时也可以延长所捕获变量的生命周期，让其可以超出外部函数的作用域，在某些场景下这是必需的。

第 17 章 *Chapter 17*

trait

trait 是一种抽象类型，用于描述一个行为，该行为可以由多个函数组成。trait 需要由具体的类型来实现，每个 trait 的实现都是该类型的一种特化。

trait 可以在不同类型之间建立关系。举个例子，比如 GasCar（汽油车）、ElectricCar（电动汽车）和 HybridCar（混合动力汽车）这些不同的类型都可以实现 Car（汽车）这个 trait，它们虽然是不同的类型，但都属于 Car 的一种。因此，它们可以共享一组公共的接口和行为，比如 start（启动）、brake（刹车）、accelerate（加速）和 turn（转向）等功能。这些不同的类型因为实现了相同的 trait 才建立了关系，并在有些特定场合下也可以互换使用。

每个类型可以实现多个 trait。比如一个两栖交通工具可以同时实现 Car trait 和 Boat trait。它既是一种汽车（Car），也是一种船（Boat）。在 Rust 中，有很多类型都实现了不止一个 trait，例如，字符串类型就实现了数十个 trait。

trait 本质上是一种契约。任何声明实现某个 trait 的类型，都必须完整地实现 trait 中定义的全部行为，这一点由编译器来强制执行。如果只是实现了 trait 的一部分内容，编译器就会报错，这样可以避免实现 trait 时遗漏了某些重要行为，例如在实现 Car 这个 trait 时漏掉了 brake 的功能。

trait 也是一种承诺。实现了某个 trait 的类型，就承诺会遵从该 trait 定义的行为约束。例如实现了 Drop trait 的类型，就承诺自身是可丢弃（drop）的。另一个例子是 Clone trait 和 Copy trait，实现了这两个 trait 的类型就承诺支持复制语义。

Rust 语言允许在不同 trait 之间建立关系，所谓 supertrait，指的是如果一个类型要实现一个 subtrait，那么必须同时实现这个 subtrait 的 supertrait。自然地，一个有 supertrait 的 trait 就是一个 subtrait。在第 16 章中，我们介绍了 Fn 和 FnMut trait。FnMut 是 Fn 的

supertrait，因此，Fn 是一个 subtrait。

17.1 定义 trait

trait 用于定义一组必须在某类型中实现的函数（方法）集合。声明一个 trait 需要使用 `trait` 关键字、名称、trait 代码块，以及用分号分隔的函数签名列表。trait 中不能包含字段定义。trait 中可以同时包含实例方法和关联函数，实例方法的第一个参数通常是 `self`、`&self` 或 `&mut self`。

在代码清单 17.1 中展示了一个 Car trait。任何一种类型的汽车都需要实现这个 trait。它是一个抽象概念，包含了任何汽车都需要的通用功能。

代码清单 17.1　定义 Car trait

```
trait Car {
    fn ignition(&mut self, drive:bool);
    fn turn(&mut self, angle:u8)->u8;
    fn brake(&mut self, amount:i8)->i8;
    fn accelerate(&mut self, new_speed:i8)->i8;
    fn stop(&mut self);
}
```

类型需要对 trait 进行实现，即创建该 trait 的一个特化版本，是通过类型的 `impl` 代码块来完成的，语法如下：

```
impl trait for type {
    // 实现
}
```

在某个 trait 的 `impl` 代码块中，需要为 trait 定义的每个函数都提供具体实现，否则将无法通过编译。不过值得庆幸的是，如果确实出现这种情况，那么编译器会显示错误信息，指出是哪些 trait 函数还未被实现。

代码清单 17.2 展示了 `ElectricCar` 结构体的定义。

代码清单 17.2　ElectricCar 的定义

```
struct Battery {
    charge:i8
}

struct ElectricCar {
    battery:Battery,
    started:bool,
    speed:i8,
    direction:u8,
}
```

Electric 类型可以定义一个 get_charge_level（获取充电等级）函数，如代码清单 17.3 所示，它在该类型的 impl 代码块中进行实现。

代码清单 17.3 ElectricCar 的实现

```
impl ElectricCar {
    fn get_charge_level(&self)->i8 {
        self.battery.charge
    }
}
```

作为一种汽车，它也需要实现 Car trait。必须创建一个专用的 impl 块来为 ElectricCar 实现该 trait，如代码清单 17.4 所示。

代码清单 17.4 为 ElectricCar 实现 Car trait

```
impl Car for ElectricCar {
    fn ignition(&mut self, drive:bool){
        self.started=true;
    }

    fn turn(&mut self, angle:u8)->u8{
        self.direction+=angle;
        self.direction
    }

    fn brake(&mut self, amount:i8)->i8{
        self.speed-=amount;
        self.speed
    }

    fn accelerate(&mut self, new_speed:i8)->i8{
        self.speed+=new_speed;
        self.speed
    }

    fn stop(&mut self){
        self.speed=0;
    }
}
```

为类型实现了一个 trait 并不会改变创建实例或访问其方法的方式。在代码清单 17.5 中，main 函数创建了一个 ElectricCar 的实例。这样你就准备好开车了！然后调用各种方法来驾驶汽车。这就是标准的 Rust 语法。

代码清单 17.5 为 ElectricCar 再一次实现 Car trait

```
fn main() {
    let mut mycar=ElectricCar {
        battery:Battery{charge:0},
```

```
            started:false,
            speed:0,
            direction:0,
    };

    mycar.ignition(true);
    mycar.accelerate(25);
    mycar.brake(5);
    mycar.stop();
    mycar.ignition(false);
    mycar.get_charge_level();
}
```

17.2　默认实现

正如前面已经展示的，trait 定义了类型必须实现的函数集合。然而，trait 也可以在定义的时候提供函数的默认实现。这样任何实现该 trait 的类型都可以使用这些函数。当然实现该 trait 的类型可以选择接受默认实现，也可以选择用特化来重写它，这带来了语言的可扩展性。任何将来实现该 trait 的类型都将自动获得默认实现。

在代码清单 17.6 中，Shape trait 定义了几何形状的行为，例如矩形（rectangle），椭圆形（ellipse）、三角形（triangle）、八边形（octagon）等。在定义中，该 trait 以默认方法实现了 draw 方法，erase 方法则没有实现。

代码清单 17.6　定义 Shape trait

```
trait Shape {
    fn draw(&self){println!("drawing...");}
    fn erase(&self);
}
```

Rectangle 和 Ellipse 类型都是一种几何形状（Shape），因此它们可以实现 Shape trait，见代码清单 17.7。Rectangle 接受 draw 方法的默认实现，只重新实现了 erase 方法。然而，Ellipse 两个方法都重新实现了，从而覆盖了默认实现。最终 Rectangle 和 Ellipse 都实现了两个方法。

代码清单 17.7　实现 Shape trait

```
Struct Rectangle{}
struct Ellipse{}

impl Shape for Rectangle {
    // accepts Shape::draw
    fn erase(){}
}
```

```
impl Shape for Ellipse {
    fn draw(){}  // override Shape::draw
    fn erase(){}
}
```

默认实现可以调用 trait 内的其他方法，无论这些方法是否已被实现，即使这样我们仍然可以根据需要重写默认实现。

代码清单 17.8 定义了 Light trait，该 trait 具有 `light_on` 和 `light_off` 方法，用于确认灯是否亮着。`light_off` 方法有默认实现，它简单地对 `light_on` 方法的结果取反。

代码清单 17.8　在默认实现中调用其他方法

```
Trait Light {
    fn light_on(&self)->bool;
    fn light_off(&self)->bool{
        !self.light_on()
    }
}
```

17.3　标记 trait

标记 trait 是没有任何方法的 trait，它是一个空的 trait。然而标记 trait 却相当有用，通常用来表示某种状态。例如 Copy trait 是一个标记 trait，表示可以对实现了该 trait 的对象进行按位复制（bitwise copying）。

标记 trait 只需要被采用，而不需要实现，因为没有什么可实现的！

Rust 有很多预定义的标记 trait，大多数都出现在 `std::marker` 模块中。

比如 Copy trait 就在这个模块中，下面列出了这个模块中的其他的一些标记 trait：

- Send
- Sized
- Sync
- Unpin

标记 trait 的细节会在其他相关章节进行更具体的介绍。

17.4　关联函数

trait 也可以有关联函数，即不是以 `self` 作为第一个参数的函数。因为没有 `self`，所以关联函数是在类型上而不是在特定实例上调用的，调用使用操作符 `::`。我们第一次提到关联函数在第 13 章中。

代码清单 17.9 是一个工厂模式的实现。作为一个 trait，该模式可以应用于多种类型。

该 trait 有两个关联函数，new 函数定义了单例的创建，而 get_instance 函数返回该实例。

代码清单 17.9　定义 Singleton trait

```
trait Singleton {
    fn new()->Self
        where Self:Sized;
    fn get_instance()->Self
        where Self:Sized;
}
```

在前一个例子中，针对某 trait 而言 Self 是 unsized 的，因为 trait 本身是不带确定大小的，它可以被多种不同的具体类型所实现，而各个实现类型的大小可能各不相同。在 Rust 中，unsized 类型是不允许创建实例的，然而 Singleton trait 的函数正需返回一个该 trait 的实例，这就产生了矛盾。不过值得庆幸的是，虽然 trait 本身是 unsized 的，但当它被具体类型所实现时，该具体类型必定是 sized 的，所以当 trait 函数被调用时，self 参数即会是该具体类型的 sized 实例。基于这个原理，我们在 where 子句中为 Self 类型参数添加了 Sized 约束，以满足编译器对 sized 实例的要求。

在国际象棋中，棋盘（chess board）可以使用单例模式来实现，就像代码清单 17.10 展示的那样，不过这只是个简单的示例，并不是一个完整的游戏实现。可以看到有两个 impl 代码块：一个为 Chessboard 实现了 start 函数，另一个独立的 impl 代码块则为 Singleton trait 实现了其关联函数。

代码清单 17.10　定义 Singleton trait

```
struct Chessboard{
}

impl Chessboard {
    const INSTANCE:Chessboard=Chessboard{};
    fn start(&self) {
        println!("chess game started");
    }
}

impl Singleton for Chessboard {

    fn new()->Self {
        Chessboard::INSTANCE
    }

    fn get_instance()->Self {
        Chessboard::INSTANCE
    }
}
```

在代码清单 17.11 中，调用 new 函数来创建 Chessboard，得到一个新的实例。new 作为一个关联函数，该函数使用 :: 语法。然后你可以在实例上调用 start 方法来开始游戏。

代码清单 17.11　使用 new 构造函数创建单例

```
fn main() {
    let board=Chessboard::new();
    board.start();
}
```

17.5　关联类型

trait 定义中的关联类型可以看作一种类型占位符。当针对某个具体类型实现这个 trait 的时候，关联类型就会对应到实现中指定的具体类型。这样一来，我们就可以将实现细节融入 trait 定义中。作为占位符，关联类型可以在 trait 定义的任何地方使用，例如作为函数参数类型或返回值类型。

关联类型的定义使用 type 关键字。当为某个类型实现 trait 时，你需要为关联类型指定一个具体的类型。使用关联类型的语法如下：

> Self::*associated_type*

代码清单 17.12 定义了一个 Inventory trait，描述了库存管理的一系列行为。其中 StockItem 是一个关联类型，作为库存物品类型的占位符。这样一来，该 trait 就可以针对不同类型的库存物品进行实现。

代码清单 17.12　定义一个带有关联类型的 trait

```
trait Inventory {
    type StockItem;

    fn find(&self, stock_id:&String)->Self::StockItem;
    fn add(&mut self, item:Self::StockItem)->String;
}
```

假设你被雇用开发一个椅子经销商的库存管理应用程序，这个应用程序里面每个库存物品的类型都是 Chair。在代码清单 17.13 中，我们使用 Chair 作为关联类型，为 Chairs 类型实现了 Inventory trait。在 main 函数里，我们创建了一个 Chairs 实例，并调用其实现的库存管理方法。

代码清单 17.13　实现带有关联类型的 trait

```
struct Chair{}

#[derive(Copy, Clone)]
```

```
struct Chairs{}

impl Inventory for Chairs {
    type StockItem=Chair;

    fn find(&self, stock_id:&String)->Self::StockItem{
        Chair{}
    }

    fn add(&mut self, item:Self::StockItem)->String {
        "ABC12345".to_string()
    }
}
fn main() {
    let mut catalog=Chairs{};
    let stock_id=catalog.add(Chair{});
    let item=catalog.find(&stock_id);
    println!("Stock id: {:?}", stock_id);
}
```

一个 trait 也可以有多个关联类型，因此在 trait 内部将可以有多个类型占位符可用。

在代码清单 17.14 中，ATrait 有两个关联类型，它们被用来定义 do_something 方法的返回值 Result 类型，每个 trait 的实现现在都可以决定 do_something 应该返回什么。

代码清单 17.14　定义一个带有两个关联类型的 trait

```
trait ATrait {
    type ValueType;
    type ErrorType;

    fn do_something(&self)->Result<Self::ValueType,
        Self::ErrorType>;
}
```

在代码清单 17.15 中，我们为 MyStruct 实现了 ATrait trait。关联的类型 ValueType 和 ErrorType 分别被设置为 i8 和 String，因此 do_something 的返回值为 Result<i8,String>。

代码清单 17.15　实现具有两个关联类型的 trait

```
struct MyStruct {

}

impl ATrait for MyStruct {
    type ValueType=i8;
    type ErrorType=String;
```

```
fn do_something(&self)->Result<Self::ValueType,
    Self::ErrorType> {
        Ok(42)
    }
}
```

17.6　扩展方法

到目前为止我们都是为自定义的类型实现 trait，但是通过扩展方法这个特性，我们还可以在一定限制下，为包括原生类型在内的任何类型实现 trait。扩展方法需要在针对目标类型的单独 impl 代码块中实现。这样一来，我们就可以为任何类型添加新的行为，从而赋予整个语言可扩展性，这也是该特性被称为"扩展方法"的原因。

代码清单 17.16 展示了扩展方法的实现例子。Dump trait 的 write_dump 方法可以将调试信息输出到日志文件，这种行为对任何类型来说都可能有用，因此非常适合作为扩展方法。此外，trait 中也提供了 write_dump 的默认实现。通过 impl 关键字，我们为 i8 类型实现 Dump trait。由于默认实现已存在，因此 impl 代码块里就无须再实现了。在 main 函数中，我们可以直接在 i8 值上调用 write_dump 方法，这样 write_dump 的行为就成功扩展到了 i8 类型。

代码清单 17.16　使用 Dump trait 实现扩展方法

```
trait Dump {
    fn write_dump(&self) {
        println!("{}", self);  // 模拟函数
    }
}

impl Dump for i8 {
}

fn main(){
    let num:i8=1;
    num.write_dump();
}
```

在前面的例子中，Dump trait 被应用于 i8 这个原生类型。不幸的是，应用程序无法编译！因为在 write_dump 方法中，println! 宏的 {} 占位符需要实现 Display trait。然而编译器不确定 self 是否支持该 trait。为什么？ 在 trait 的定义中，最终实现 trait 的类型是未知的。这意味着编译器没有足够的信息来确定是否实现了 Display trait。没有这些信息，应用程序无法编译。

为了解决这个问题，可以将 Display trait 作为 Self 的 trait 约束，这确保了扩展方法的目标类型实现了 Display trait。编译器现在将有足够的保证来接收带有 {} 占位符的

println! 宏，如代码清单 17.17 所示。

代码清单 17.17　使用 Dump trait 实现扩展方法

```
trait Dump {
    fn write_dump(&self) where Self: Display { // 默认
        println!("{}", self);
    }
}
```

扩展方法的约束不限于单一 trait，可以在 where 子句中使用 + 运算符添加多个 trait 约束，这样就能对目标类型增加更多的限制条件。

代码清单 17.18 是 Dump trait 的更新版本，这个版本中 where 子句要求 Self 同时实现 Display 和 Debug 两个 trait。这确保了在 println! 宏中对 {} 和 {:?} 占位符的支持。

代码清单 17.18　在扩展方法上应用多个约束

```
trait Dump {
    fn write_dump(&self) where Self: Display + Debug { // 默认
        println!("{:?}", self);
    }
}
```

为防止扩展方法引入的潜在混乱，其应用方式有一些限制。如果外部库在应用程序无感知的情况下，通过扩展方法擅自更改了某些类型的行为，则必将导致难以预料的后果。为杜绝此类风险，Rust 对扩展方法的使用设置了两个限制条件：

- trait 必须在作用域内。如果它不在作用域内，则可以尽可能通过使用 using 语句将 trait 引入作用域。
- 在扩展方法所属的 trait 定义与被扩展的目标类型中，至少有一个是在应用程序自身的作用域内实现的。

例如，以下内容在你的应用程序中无法编译。无论是 trait 还是类型，即 Iterator trait 或 i8 类型，都不是在我们的应用程序中实现的。

```
impl Iterator for i8 {
}
```

17.7　完全限定语法

在 trait 的实现中，有可能出现函数调用有歧义情况。比如某个类型分别实现了两个包含相同函数签名的 trait，当对该类型调用这个函数时，编译器就无法确定应该使用哪个 trait 中的实现。一旦出现歧义，编译器不会妄加猜测，而是直接拒绝编译，这样做既简单也更加安全。因此消除这种歧义是开发者的责任。

为了避免有歧义的函数调用，了解调用函数的各种语法是有帮助的：

- 隐式调用：即 `object.method()` 语法，其中 `Self` 是隐式的。这是最常见的语法，也是最推荐的用法。
- 显示调用：即 `type::function(Self)` 语法，其中 `Self` 是目标类型，它将显式调用为目标类型和实例实现的函数。
- 完全限定类型：即 `<type as trait>::function(Self)` 语法，它在任何需要上下文的情况下使用。

代码清单 17.19 展示了各种语法的例子：

代码清单 17.19　各种函数调用语法的示例

```
// implied
 obj.do_something();

 // 显式
XStruct::do_something(&obj);

// 完全限定语法
<XStruct as Atrait>::do_something(&obj);
```

让我们通过一个例子来讲解在存在歧义时需要采用的正确语法。在代码清单 17.20 中，Atrait 和 Btrait 两个 trait 均实现了 `get_name` 方法。MyStruct 类型分别为这两个 trait 提供了实现，并接收了各自 trait 中 `get_name` 的默认实现。需要注意的是，MyStruct 并没有为 `get_name` 方法提供专门的重写实现。因此，针对 MyStruct 实例调用 `get_name` 方法时，编译器将无法确定应采纳哪一个 trait 中的实现版本，从而产生了调用歧义。

代码清单 17.20　用隐式语法对有歧义的方法进行调用

```
Trait Atrait {
    fn get_name(&self){
        println!("Atrait");
    }
}

trait Btrait {
    fn get_name(&self){
        println!("Btrait");
    }
}

struct MyStruct{}

impl Atrait for MyStruct{}
impl Btrait for MyStruct{}

fn main() {
    let obj=MyStruct{};
    obj.get_name();  // 隐式语法——无法工作
}
```

在 main 函数中，我们使用隐式语法（object.method()）在 MyStruct 实例上调用了 get_name 方法。编译器会首先尝试在 MyStruct 类型上查找 get_name 的直接实现，但没有找到。接下来搜索就转向了 MyStruct 所实现的 trait，但是由于 get_name 同时存在于 Atrait 和 Btrait 的实现中，编译器无法判断应该采用哪一个版本，因此产生了歧义，导致程序无法编译。不过这个问题可以通过使用显式语法来解决。

在代码清单 17.21 中，我们改用了显式语法来调用 get_name 方法。通过这种方式，在函数调用时需要明确指定 trait 名称和目标实例。有了这些明确的信息，调用就不再存在歧义，程序可以正常编译运行。

代码清单 17.21　使用显式语法成功调用函数

```
fn main() {
    let obj=MyStruct{};
    ATrait::get_name(&obj);   // 显式语法
}
```

代码清单 17.22 给出了另一个需要使用显式语法调用函数的例子。其中 display_name 是一个关联函数，MyStruct 类型对它提供了直接实现。此外，MyStruct 还实现了 ATrait trait，而该 trait 内部也包含了 display_name 关联函数。

代码清单 17.22　使用显式语法成功调用函数

```
trait ATrait {
    fn display_name();
}

struct MyStruct{}

impl ATrait for MyStruct{
    fn display_name() {
        println!("ITrait::MyStruct");
    }
}

impl MyStruct{
    fn display_name() {
        println!("MyStruct");
    }
}

fn main() {
    let obj=MyStruct{};
    // 显式
    MyStruct::display_name();
    // 显式
    ATrait::display_name();
}
```

在 main 函数中，我们使用显式语法两次调用 display_name 函数。第一次调用可以成功编译，但第二次 ATrait::display_name() 则编译失败，原因是函数调用必须作用于具体的类型或实例上，而不能直接作用于 trait。要解决这个问题，我们需要提供更多上下文信息，而不仅仅是 trait 名称。完全限定语法正好可以提供所需的额外信息，它不仅包含了 trait 名称，还指明了具体的类型。

代码清单 17.23 展示了使用完全限定语法的 main 函数版本。有了这个修改，应用程序就可以成功编译了。

代码清单 17.23　使用完全限定语法的示例

```
fn main() {
    let obj=MyStruct{};

    // 显式
    MyStruct::display_name();

    // 完全限定语法
    <MyStruct as ATrait>::display_name();
}
```

17.8　supertrait

trait 之间也可以存在 supertrait 和 subtrait 的关系，前者是基础 trait，后者是对其的细化和补充。这种 trait 间关系可以带来更好的内聚性。例如，我们可以让 Shape 作为 Rectangle 的 supertrait，Shape 包含所有形状的通用行为，而 Rectangle 则在此基础上添加特有的矩形相关方法。这样我们在 trait 之间构建了合理的逻辑关系和层次，代码也因此变得更加透明和易于维护。

虽然 supertrait 和 subtrait 的关系看似面向对象中的继承关系，但实际上并不是。Rust 语言本身并不支持传统意义上的继承机制。当一个类型实现 subtrait 时，它必须分别实现 subtrait 和其 supertrait 中定义的全部接口，两者的接口不会自动合并。这与 C++ 或 Java 中基于类的继承有所不同。

以下是创建 supertrait 和 subtrait 关系的语法：

```
trait subtrait:supertrait {
    // subtrait functions
}
```

下面是标准库中一些 supertrait 和 subtrait 的例子：

- Copy: Clone
- Eq: PartialE
- FnMut<Args>:FnOnce<Args>
- Ord:Eq+PartialOrd

以下示例展示了一个 supertrait 和 subtrait 的使用场景，如代码清单 17.24 所示。

代码清单 17.24　同时实现 supertrait 和 subtrait

```
struct Text {}



// trait
trait Font {
    fn set_font(&mut self,  font_name:String);
}

trait FontWithStyle: Font {
    fn set_style(&mut self, bold:bool, italics:bool);
}

// trait 实现
impl Font for Text  {
    fn set_font(&mut self, font_name:String) {}
}

impl FontWithStyle for Text  {
    fn set_style(&mut self, bold:bool, italics:bool){}
}

fn main() {
    let mut text=Text{};
    text.set_font("arial".to_string());
    text.set_style(true, false);
}
```

这个例子具有两个 trait，Font 是一个 supertrait，也是字体的一个抽象。FontWithStyle 是 Font trait 的 subtrait，并对其进行了改进，增加了对粗体和斜体字体样式的支持。该示例在一个 `impl` 代码块中为 `Text` 结构体实现了 FontWithStyle trait，但是它还必须在另一个 `impl` 代码块中实现 Font trait。在 `main` 函数中，创建了一个 `Text` 值，该值调用了两个 trait 的函数。

一个 subtrait 可以有多个 supertrait。通过加号（+）操作符组合 supertrait，如代码清单 17.25 所示，这里我们增加了 Unicode trait 作为第二个 supertrait。它是一个标记 trait，表示 Unicode 文本。因为它是一个标记 trait，没有什么需要实现的，所以不需要单独的 `impl` 代码块。

代码清单 17.25　实现多个 supertrait

```
struct Text {}

trait Font {
    fn set_font(&mut self,  font_name:String);
```

```
}

trait Unicode {
}

trait FontWithStyle: Font+Unicode {
    fn set_style(&mut self, bold:bool, italics:bool);
}
```

我们来讨论一下著名的钻石问题，这个问题主要出现在 C++ 等语言中。假设一个结构体分别实现了两个 subtrait，而这两个 subtrait 正好拥有同一个 supertrait，那么在这个结构体中，supertrait 的函数会通过两条不同的 trait 层次路径引入，可能导致调用歧义。在 C++ 中，virtual 关键字是解决这个问题的办法。而在 Rust 中，语言本身的设计就避免了钻石问题的发生：不管 supertrait 在 trait 层次结构中出现了多少次，它始终只会被实现一次。这从根本上杜绝了调用歧义。

代码清单 17.26 是一个共享 supertrait 的例子。一种两栖车辆既是汽车也是船。因此，Amphibious（两栖）结构体基于 Car 和 Boat 两个 trait。但这两个 trait 共享同一个 supertrait：Vehicle。在其他语言中，这可能会造成问题，但对于 Rust，只需在不同的 impl 代码块中分别实现这三个 trait 就可以了。为了简化，impl 代码块的实现是最简版本。

代码清单 17.26　实现一个复杂的 trait 层次结构

```
struct Amphibious{
}

trait Vehicle {
    fn drive(&self){}
}

trait Car: Vehicle  {
}

trait Boat: Vehicle {
}

impl Car for Amphibious {
}

impl Boat for Amphibious {
}

impl Vehicle for Amphibious {
}
fn main() {
    let boat=Amphibious{};
    boat.drive();
}
```

请注意，Vehicle trait 的 `drive` 方法只实现了一次，所以当该函数被调用时，没有任何歧义。

17.9　静态分发

相较于使用具体的类型，采用 trait 作为函数参数和返回值类型能使代码更具扩展性，也更加简洁。只要是实现了相同 trait 的类型，在该 trait 的使用的语境中都是可以互换使用的，不必局限于某个特定类型。因此可以将 trait 看作实现了相应行为的任何具体类型的占位符。

在这个例子中，函数参数是一个 trait，如代码清单 17.27 所示。

代码清单 17.27　带有 trait 参数的函数

```
fn do_something(obj: ATrait) {
}
```

这个例子将无法编译，因为 trait 是 unsized 的。前面提到过，unsized 类型不能用来创建实例，当然 trait 也是不行的。要解决这个问题，我们可以采用静态分发或动态分发的方式。我们先来看静态分发。

静态分发在编译时将 trait 解析为具体类型，然后编译器为那个特定类型创建一个函数的特化版本。这称为单态化，能够通过减少运行时消耗来提高性能，但是它可能导致代码膨胀。单态化的前提是在编译时能够识别具体的类型。

我们使用 `impl` 关键字来定义静态分发。如代码清单 17.28 所示，这个版本可以编译成功。

代码清单 17.28　对 trait 参数使用静态分发的函数（1）

```
fn do_something(obj: impl ATrait) {
}
```

 注意 `impl` 关键字可以与函数参数一起使用。但是，它不能与变量绑定一起使用。

代码清单 17.29 定义了一个 Human（人类）trait 和一个 Alien（外星人）trait。Human trait 是地球居民的抽象，而 Alien trait 则针对外星生物。`Adult`（成人）和 `Child`（儿童）类型实现了 Human trait。`Martian`（火星人）实现了 Alien trait。为了简洁，这个例子中的大部分实现都用省略号隐藏了。

代码清单 17.29　对 trait 参数使用静态分发的函数（2）

```
trait Human {
    fn get_name(&self)->String;
```

```
}

struct Adult(String);

impl Human for Adult {
    ...
}

struct Child(String);

impl Human for Child {
    ...
}

impl Child {
    ...
}

trait Alien {
    fn get_name(&self)->String;
}

struct Martian (String);

impl Alien for Martian {
    ...
}
```

现在我们打算为受邀宾客举办一场派对。不过这场派对只对人类开放，因此 invite_ to_party 方法使用了静态分发，将 Human trait 作为参数类型。由于 Martian 并未实现 Human trait，他们将无法参加这场派对。Human trait 起到了过滤的作用——错误的类型会编译失败。通过这种方式，trait 实现了一种宾客资格的约束，只有实现了特定 trait 的类型，才能获得相应的资格。其他未实现该 trait 的类型，都无法作为约束了该 trait 的参数、返回值或者其他，如代码清单 17.30 所示。

代码清单 17.30　只邀请人类参加派对的函数

```
fn invite_to_party(attendee: impl Human) {
...
}
```

在代码清单 17.31 中，我们创建了 Adult、Child 和 Martian 三个实例。他们都收到了派对的邀请（通过调用 invite_to_party 函数）。由于 Bob 和 Janice 实现了 Human trait，因此可以被正常邀请，但是 Fred 作为一个 Martian，只实现了 Alien trait 而没有实现 Human trait。因此在尝试邀请 Fred 时会产生编译错误。

代码清单 17.31　调用函数来邀请人类参加派对

```
fn main() {
    let bob=Adult("Bob".to_string());
    let janice=Child("Janice".to_string());
    let fred=Martian("Fred".to_string());
    invite_to_party(bob);
    invite_to_party(janice);
    invite_to_party(fred);  // 不允许参加
}
```

17.10　动态分发

有时编译器无法推断出具体类型，这种情况下就需要使用动态分发。还是那个老问题，运行时需要具体的类型才能创建实例，所以我们依然无法直接用 unsized 的 trait 来创建实例。对于动态分发，解决方案是使用引用，因为引用具有固定大小。不过普通引用所携带的信息还不够，我们需要更多信息。为此，Rust 将 dyn 关键字和引用组合起来提供了 trait 对象，它在运行时被初始化为两个指针，一个指向具体类型实例，另一个指向 trait 的实现（vtable）。

有几种方法可以声明一个 trait 对象。第一种就是简单地使用 dyn 关键字，像这样：

```
&dyn trait
```

或者，你也可以使用 Box 来创建 trait 对象：

```
Box<dyn trait>
```

我们来为之前的示例添加一个新函数。在代码清单 17.32 中，create_person 函数可以根据传入的布尔值参数，返回一个新的 Adult 实例或 Child 实例。由于 Adult 和 Child 都实现了 Human trait，因此该函数的返回值类型使用了 Human trait，并采用了动态分发的方式。

代码清单 17.32　实现函数返回值的动态分发

```
fn create_person(adult:bool, name:String)->Box<dyn Human> {
    if adult {
        Box::new(Adult(name))
    } else {
        Box::new(Child(name))
    }
}
```

动态分发还可以应用于变量绑定。让我们重新看一下本章前面提到的 Shape 示例，当时 Ellipse 和 Rectangle 都实现了 Shape trait。在 main 函数中，我们希望创建一个存储实现了 Shape trait 的元素的向量。如果不利用动态分发，那么该向量只能存放实现了 Shape trait 约束的特定类型值。在代码清单 17.33 中，我们以动态分发的方式定义了一个向量，包含实现了 Shape trait 的元素。它被初始化为几个 Ellipse 和 Rectangle 的值，它们都实现了 Shape trait。在 for 循环中，迭代向量中的 trait 对象，并调用 draw 方法。作为 Shape 类型，它们保证实现了 draw 方法。这种实现方法比其他可能的解决方案更简洁、易扩展。

代码清单 17.33　展示动态分发

```
fn main() {
    let shapes: Vec<&dyn Shape>=vec![&Rectangle{},
        &Ellipse{}, &Rectangle{}];
    for shape in shapes {
        shape.draw();
    }
}
```

17.11　枚举和 trait

枚举类型同样可以实现 trait，你可以自由选择任何实现方式。不过本章介绍了一种最佳实践：在为枚举实现 trait 函数时，应当使用 match 表达式，针对每个枚举变体分别提供一种唯一的 trait 实现。

代码清单 17.34 定义了 Schemes trait，该 trait 的方法返回一个 RGB 或 CMYK 颜色，例如红色或青色。

代码清单 17.34　定义 Schemes trait（1）

```
trait Schemes {
    fn get_rgb(&self)->(u8, u8, u8);
    fn get_cmyk(&self)->(u8, u8, u8, u8);
}
```

代码清单 17.35 中定义了一个 CoreColor 枚举，它的变体包括了 Red、Green 和 Blue 这三种 RGB 核心颜色。接下来，我们为 CoreColor 枚举实现了 Schemes trait。首先是实现 get_rgb 方法，其中使用 match 表达式针对每个颜色变体提供了一个分支，分别返回对应的 RGB 颜色元组，比如 Red 分支返回 (255,0,0)。然后是实现 get_cmyk 方法，不同之处在于它为每种核心颜色返回一个 CMYK 颜色。

代码清单 17.35　实现 Schemes trait（2）

```
enum CoreColor {
    Red,
    Green,
    Blue
```

```
    }

impl Schemes for CoreColor {
    fn get_rgb(&self)->(u8, u8, u8) {
        match self {
            CoreColor::Red=>(255, 0, 0),
            CoreColor::Green=>(0, 255, 0),
            CoreColor::Blue=>(0, 0, 255)
        }
    }

    fn get_cmyk(&self)->(u8, u8, u8, u8) {
        match self {
            CoreColor::Red=>(0, 99, 100, 0),
            CoreColor::Green=>(100, 0, 100, 0),
            CoreColor::Blue=>(98, 59, 0, 1)
        }
    }
}
```

在 main 函数中我们输出了 CoreColor::Green 的 RGB 和 CMYK 值，如代码清单 17.36 所示。

代码清单 17.36　使用实现了 trait 的枚举

```
fn main() {
    let green=CoreColor::Green;
    let rgb=green.get_rgb();
    let cmyk=green.get_cmyk();
    println!("{:?} {:?}", rgb, cmyk);
}
```

17.12　总结

是的，Rust 中 trait 无处不在。无论你是定义类型的预期行为、设置泛型的约束、动态类型、提供默认实现等，trait 都起着重要的作用。

在 Rust 中，trait 被用于多种场景：

- 确保一个特定的接口，由函数声明的集合组成。
- 建立可互换的相关类型。
- 用标记 trait 来提供状态信息。
- 通过扩展方法来扩展任何现有类型的功能。

trait 对于操作符重载也是必不可少的，在第 13 章中有所展示。

trait 最终其实是一种契约，实现 trait 的类型必须完全实现 trait 的接口。甚至可以建立 trait 之间的关系，例如 subtrait 和 supertrait。当你实现一个 subtrait 时，必须要同时实现
subtrait 和 supertrait。

在各种 trait 满天飞的情况下，有歧义的函数调用并不少见。显式或完全限定语法应该
可以解决任何有歧义的函数调用。

trait 作为函数参数和返回值也特别有用，这可以使应用程序更具扩展性。可以选择在
编译期通过 impl 关键字静态分发将 trait 解析为具体类型，也可以在运行时通过 dyn 关键
字动态分发。如果具体类型在编译期就可以确定，则建议使用静态分发以获得更好的性能
和可读性。

枚举类型也可以实现 trait。我们需要在单独的 impl 代码块中编写枚举的 trait 实现代
码。对于 trait 中的每个函数，都需要针对枚举的每种可能的取值情况分别提供对应的实现。

线　程　1

很久以前，在计算机科技尚未发达的年代，单处理器计算机和设备占据主导地位。尽管如此，每个进程实际上可以拥有多条执行路线，每条独立执行路线被称为一个线程。在这种环境下，多个线程共享同一个处理器资源，这种现象被称为并发。在这种架构下，操作系统会按照一种称为"时间片轮转"的算法来调度线程。

如今，多核处理器设备已经非常普及。我们可以真正实现并行化，将进程分解为多个线程，分别在不同的 CPU 核心上同时运行。充分利用多核架构的强大计算能力是一个值得追求的目标，对于需要可线性扩展的应用程序而言尤为重要。但是并行化并不是自动发生的，也没有什么神奇的力量在幕后驱动，开发者必须亲自编写能够支持并行计算的程序。当模型需要线性扩展或更高的性能时，并行编程就显得格外重要。例如并行计算的发展推动了新一代人工智能和机器学习应用的兴起。

在 Rust 中，每个进程最初只有一条主执行路径，称为主线程。通过并行化，我们可以创建额外的线程，以实现并行执行任务或操作。Rust 语言中的线程实现本质上就是操作系统线程或物理线程。main 函数的执行实际上就是主线程的执行过程。Rust 遵循 1：1 线程模型，即每一个 Rust 线程与操作系统线程存在一一对应关系。这与一些语言中的"绿色线程"概念不同，后者支持将多个逻辑线程（M）调度到少数几个物理线程（N）上运行，即 $M：N$ 线程模型。然而，目前 Rust 语言中并没有内置的绿色线程实现，不过开发者可以在 crates.io 上找到各种的第三方绿色线程库。

并行编程和并发是引入多线程模型的两大重要原因。并行编程旨在将一个进程拆分为多个并行操作，以提升整体性能。例如一个服务器应用为每个客户端连接创建一个独立线程，这就是并行编程的经典场景。而并发则致力于提高系统的响应能力，例如在执行排序等计算密集型操作时，仍然能保持用户界面的响应。

你可能会觉得既然 2 个线程可以提升性能，那 10 个线程岂不是效果更好？然而事实并非如此。决定增加线程数量能否带来实际性能改善的因素有很多，例如与操作系统相关的因素。一旦线程数量超过某个临界点，反而会导致性能下降。因为存在数据依赖和线程运行的开销（如上下文切换），所以无法做到完全并行。阿姆达尔（Amdahl）定律提出了一种算法模型，用于分析线程数量与实际性能之间的相关性。因此对于多线程应用程序，进行性能测试和分析就显得尤为重要。

如果把一个进程比喻一座房子，那么线程就是房子里执行特定任务并且经常争夺共享资源的人，只是进程主要的共享资源是内存。当多个线程同时尝试修改任何共享资源时，就可能会发生冲突。在 Rust 中，"无畏并发"的设计消除了并发编程中的诸多顾虑。本章将涵盖无畏并发的各个方面，例如所有权模型。

在一个进程的"空间"之中，每个线程也拥有自己的私有资源。其中最值得关注的是线程栈，用于维护该线程的局部变量、系统调用信息以及其他信息。在某些环境下，线程的默认栈大小可能高达 2MiB（兆字节）。对于拥有数十甚至上百个线程的进程而言，栈空间的总占用就可能成为一笔相当可观的内存开销。幸运的是，Rust 语言为开发者提供了管理线程栈大小的机制，帮助你更好地控制内存占用，用 Rust 编写的应用程序能够获得更好的可扩展性。

多线程实际上是一种多任务处理的方式，一旦引入多线程，必然会增加应用程序的复杂性。相比于管理单线程应用程序，管理多个线程（每个线程都是独立的执行路径）无疑更加复杂。在多线程编程中，我们经常会遇到如下几种常见挑战：

- 竞争条件，多个线程竞争共享资源的情况。
- 死锁，一个线程无限期地等待另一个线程或资源变得可用。
- 不一致性，多线程应用程序如果实现不当会表现出不一致性。

尽管增加了额外的复杂性，多线程是创建可扩展、响应快和高性能应用程序的一个重要工具。

18.1 同步函数调用

在默认情况下，代码执行是同步进行的。下个例子将对此进行演示。

在代码清单 18.1 中，main 函数是主线程的入口点。在 main 中调用了 hello 函数。需要注意的是 main 和 hello 共享同一个执行路径（主线程）。因此在 hello 函数执行期间，main 会被暂时挂起。等到 hello 执行完毕后，main 才会恢复继续运行直至结束。当 main 函数退出时，主线程和整个进程也将随之终止。

代码清单 18.1　同步函数调用

```rust
fn hello() {
    println!("Hello, world!");
}

fn main() {
    println!("In main")
    hello();
    println!("Back in Main")
}
```

这是程序执行的结果：

```
In main
Hello, world!
Back in Main
```

代码清单 18.2 展示了另一个同步函数调用的例子，其中 main 调用 display 函数。这两个函数都有局部变量，这些变量被放置在保存线程状态的栈上。

代码清单 18.2　展示有线程状态的函数

```rust
fn display() {
    let b=2;
    let c=3.4;
    println!("{} {}", b, c);
}

fn main() {
    let a=1;
    println!("{}", a);
    display();
}
```

每个函数都会获得一块专门的存储区域，称为栈帧，用于保存自己的私有数据。随着同步函数调用的不断深入，新的栈帧会被持续压入栈中，导致栈的空间持续增长。相应地，当函数执行完毕退出时，对应的栈帧就会从栈中移除。

在前面的例子中，main 和 display 各自拥有一个包含它们局部变量的栈帧（见表 18.1）。

表 18.1　栈帧和局部变量

函数	局部变量	栈帧
main	vara	0
display	varb 和 varc	1

18.2　线程

Rust 标准库中的 thread 模块提供了线程相关的各种功能。其中 thread::spawn 函数用于创建并立即启动一个新线程，该函数只接收一个参数作为新线程的入口点，参数可以是一个函数，也可以是一个闭包，这部分代码将会在新线程中异步执行。spawn 函数的语法形式如下：

```
pub fn spawn<F, T>(f: F) -> JoinHandle<T> where
    F: FnOnce() -> T + Send + 'static,
    T: Send + 'static,
```

spawn 函数的返回值是一个 JoinHandle，用于线程同步和获取线程入口函数的返回值。其中 F 是入口函数的类型参数，T 是线程返回值的类型参数。Send 约束保证了该值可以安全地跨线程传递。'static 生命周期是必需的，因为我们无法预知一个线程何时启动或何时结束，新线程的生命周期甚至可能会超出父线程。因此，入口函数和返回值都必须具有静态生命周期。

"父线程"其实是比喻性的说法。当线程 a 创建线程 b 时，从逻辑上讲线程 a 是父线程，然而从技术上讲这两个线程之间并没有关系。

在代码清单 18.3 中，调用 spawn 函数以闭包作为入口函数来创建一个新线程，然后闭包输出一条问候消息。

代码清单 18.3　用闭包启动一个线程

```
use std::thread;

fn main() {  //主线程
    thread::spawn(|| println!(
        "Hello, world!"));  //另一个线程
    println!("In Main")
}
```

上一个例子会出现不稳定的行为。main 函数和闭包在独立的线程中同时运行。如果 main 函数率先执行完成，则程序将会退出，而闭包的问候消息甚至来不及显示。这是因为这两个部分（作为线程）运行的顺序是不确定的，谁先执行完谁就结束，这就是所谓的竞争条件。更糟糕的是，当你多次运行这段代码，结果可能每次都不同，问候消息可能显示也可能不显示，完全取决于 main 函数和闭包哪个更快运行完成。

当主线程退出时，程序就会终止，包括终止仍在运行的其他线程。然而对于非主线程来说，行为是不同的，当它们退出时，其他线程不受影响，仍然愉快地继续运行。

fork/join 模型可以避免并行线程在结束时互相抢占资源导致的竞争条件问题。spawn 函数实现了 fork/join 模型。spawn 函数会返回一个 JoinHandle，它是用来管理线程的特殊句柄。JoinHandle::join 方法可以让当前线程等待，直到由它管理的线程执行完毕之后才会继续运行。

这种等待会一直持续到关联的线程被分离，例如被丢弃。

正如代码清单 18.4 所示，join 方法可以避免竞争条件的发生。首先，我们将 JoinHandle 对象赋值给 handle 变量，然后调用 join 方法阻塞 main 线程，直到与其关联的新线程执行完毕。这表示 main 线程会等待该线程退出，然后才继续运行。

代码清单 18.4　创建线程并等待其运行完成

```
use std::thread;

fn main() {
    let handle=thread::spawn(|| println!("Hello, world!"));
    let result = handle.join();    //等待线程结束
    println!("In Main");
}
```

有时候可能需要获取线程的执行结果，也可以使用 JoinHandle，其 Join 方法会阻塞当前线程，直到与其关联的线程执行完毕，此时 Join 方法也会返回该线程的返回值。

在代码清单 18.5 中，我们启动了一个使用闭包的线程，该线程返回 1。使用 JoinHandle，我们调用 Join 方法来等待线程完成，之后在 Ok(value) 中取得线程的结果。我们解构 Result 以获取 value 的值，即 1。

代码清单 18.5　输出线程的执行结果

```
use std::thread;

fn main() {
    let handle=thread::spawn(|| 1);

    //等待线程结束并获取返回值
    let result = handle.join().unwrap();
    println!("Return value {}", result);
}
```

如果一个正在运行的线程没有成功地完成执行，例如遇到了未处理的 panic，那么会发生什么？如果这是主线程，通常是 main 函数，那么整个程序就会终止。对于非主线程，线程将在栈展开后简单地终止，但应用程序中的其他线程将会继续执行。如果该线程在 join 列表中，则 Join 函数会返回一个 Err 结果，作为对发生 panic 的通知。

在代码清单 18.6 中，我们在新线程中强制触发了一个未处理的 panic。在 main 函数中线程被加入 join 列表，join 的结果在 match 表达式中进行处理。因为有未处理的 panic，所以匹配了 Err 分支，并输出了错误消息。

代码清单 18.6　捕获线程的结果

```
use std::thread;

fn main() {
    let handle=thread::spawn(|| panic!("kaboom"));
    let result = handle.join();    //等待线程结束
    match result {
        Ok(value)=>println!("Thread return value: {:?}", value),
        Err(msg)=>println!("{:?}", msg)
    }
}
```

应用程序将显示以下信息，表明发生了 panic。

```
thread '<unnamed>' panicked at 'kaboom', src\main.rs:4:37
note: run with `RUST_BACKTRACE=1` environment variable
to display a backtrace
Any { .. }
```

当线程由闭包创建时，可以通过捕获变量的形式将数据传递给线程。这是线程最常见的输入来源。然而，线程以异步方式运行，不受父线程作用域的限制。新线程的存在时间甚至可能比父线程更长。因此，为了避免数据所有权问题，需要使用 move 关键字将捕获数据的所有权转移到线程中。

如代码清单 18.7 所示，变量 a 和 b 被移动到线程中，然后计算总和并输出。

代码清单 18.7　为线程捕获输入数据

```
use std::thread;

fn main() {
    let a=1;
    let b=2;
    let handle=thread::spawn(move || {
        let c=a+b;
        println!("Sum {} + {}: {}", a, b, c);
    });
    let result = handle.join();
}
```

作用域线程消除了普通线程使用捕获变量的一些限制。最重要的是，作用域线程的生命周期是确定的。它不会比创建它的代码块（作用域）存活更久，因此不需要使用 move 关键字。这让使用普通语法来捕获变量变得可能。

创建作用域线程需要使用 thread::scope 函数。该函数接收一个作用域对象作为参数，这个对象定义了作用域线程的生存范围（作用域）。需要注意的是，作用域对象本身也是一个函数，它可以用来创建和管理作用域线程。在作用域对象内部，可以像创建普通线程一样生成作用域线程。与普通线程不同的是，作用域线程会在作用域对象结束时自动调用 join 方法并获取线程的结果。

以下是 thread::scope 函数的定义：

```
fn scope<'env, F, T>(f: F) -> T
where
    F: for<'scope> FnOnce(&'scope Scope<'scope, 'env>) -> T,
```

类型参数 F 将作用域对象描述为函数，而 T 描述其返回类型。'scope 指作用域对象的生命周期。'env 用于任何借用值。因此，'scope 的生命周期不能长于 'env。

代码清单 18.8 展示了作用域线程，它借用了 count 值作为一个可变引用，而没有使用 move 关键字。

代码清单 18.8　创建作用域线程

```
fn main() {
    let mut count = 0;        // 'env
    thread::scope(|s| {       // 'scope
        s.spawn(|| {
            count+=1;
        });
        println!("{}", count);
    })
}
```

18.3　Thread 类型

Thread 是线程的句柄类型，同时它也是一种不透明类型。我们无法直接创建 Thread 类型的实例，只能通过工厂函数来创建，也就是使用 thread::spawn 或 Builder::spawn 函数间接创建。关于 Builder 类型稍后会详细介绍。

在大多数情况下，线程本身并不直接持有自己的句柄。拥有自身句柄将允许线程对自己进行管理。幸运的是，Rust 提供了 Thread::current() 函数，可以获取代表当前线程的句柄。有了这个句柄，我们就可以调用各种方法来操纵或查询线程的状态了。

在代码清单 18.9 中，我们获取了当前线程的句柄，然后使用该句柄来输出线程信息。

代码清单 18.9　获取当前线程信息并输出

```
use std::thread;

fn main() {
    let current_thread=thread::current();
    println!("{:?}", current_thread.id()); // ThreadId(1)
    println!("{:?}", current_thread.name()); // Some("main")
}
```

thread::id() 函数会返回一个 ThreadId 类型的值，这也是一种不透明的类型，代表了线程在所运行的进程中的唯一标识符。当一个线程终止后，它的 ThreadId 不会被重复使用。name() 方法则以 Result 枚举类型返回了该线程的名称，类型为字符串。对于未经显式命名的线程，默认的名称就是该线程的入口函数名。但如果线程是通过闭包的形式创建的，那么在初始状态下，线程是没有名称的。

18.4　CPU 执行时间

并发运行的线程会共享 CPU 的执行时间。不同的操作系统环境采用了不同线程调度算法。大多数现代操作系统使用抢占式调度，即系统运行一段时间后会强制将 CPU 从当前线程抢占并转移给下一个线程执行。线程也可以主动调用 `thread::yield_now` 函数，以主动让出剩余的时间片。这种方式更加友好，可以让其他线程有机会被调度以获得 CPU 时间。

此外，我们还可以要求某个线程在指定的时间段内睡眠，在睡眠期间，该线程将不会获得 CPU 执行时间。这种做法通常是为了实现线程执行的同步和协调，当然也有可能是因为线程暂时没有任何可做的工作。`thread::sleep` 函数会强制线程至少睡眠指定的时间，`Duration` 类型提供了以下几个函数，允许以不同精度指定睡眠的时间长度：

- `duration::as_micros`: microseconds
- `duration::as_millis`: milliseconds
- `duration::as_nanos`: nanoseconds
- `duration::as_secs`: seconds

在代码清单 18.10 中，我们演示了 `sleep` 函数的使用。在 `for` 循环内，我们根据一个元组数组中的信息创建了两个线程。每个 `tuple` 分别包含了线程名称和睡眠时长。对于每个线程，我们从 1 到 4 进行循环计数，并显示当前结果和计数值。在每次循环结束时，线程会根据元组中的持续时间字段睡眠指定的时长。最后一个 `sleep` 函数位于 `while` 循环之外，用于缓解潜在的竞争条件。

代码清单 18.10 使用 sleep 函数暂停线程

```
use std::thread;
use std::time::Duration;

fn main() {

    for (name, duration) in [("T2", 50), ("T3", 20) ]{
        thread::spawn(move ||{
            let mut n=1;
            while n < 5 {
                println!("{} {}", name, n);
                n=n+1;
                thread::sleep(Duration::from_millis(duration));
            }
        });
    }

    thread::sleep(Duration::from_secs(3));
}
```

各种操作系统在底层为阻塞同步提供了支持，即自旋锁。在自旋锁机制中，线程会持续"自旋"执行一段无谓的循环代码，耗费 CPU 时间，直到所需的同步资源变为可用状态。当资源竞争程度不高时，自旋锁往往比其他同步机制（如互斥和信号量）更加高效。

`thread::park` 函数启动一个自旋锁，并有效地阻塞当前线程。每个线程都关联着一个令牌。`park` 函数会让线程阻塞直到该令牌变为可用状态或者超时。`unpark` 方法会解除线程的阻塞状态（释放自旋锁）。park_timeout 函数会让线程阻塞指定的时长。如果在超时前线程未被 unpark，则线程会自动唤醒。

在代码清单 18.11 中，我们构建了一个模拟商店的模型。store_open 函数中包含了一个处理顾客的线程。但在正式开门营业之前，需要进行一些准备工作，如禁用警报系统、解锁收银机等。因此，负责开店的线程一开始是处于阻塞状态的。在 main 函数中，一旦完成了所有准备工作，就会调用 unpark 将 store_open 线程解除阻塞，线程随后开始接待顾客。

代码清单 18.11　使用商店场景类比演示如何挂起线程

```
use std::thread;
use std::time::Duration;
use std::thread::Thread;

fn store_open()-> Thread {
    thread::spawn(|| {
        thread::park();
        loop {
            println!("open and handling customers");
            // 期待不错的销量
        }
    }).thread().clone()
}

fn main() {
    let open=store_open();

    // 准备工作
    disable_alarm();
    open_registers();

    open.unpark();

    thread::sleep(Duration::from_secs(2));  // 等待给定时长
}
```

18.5　线程 Builder

线程有两个可配置的属性：线程名称和栈大小。线程名称使用字符串类型表示，而栈大小则需指定以字节为单位的值。可以通过 Builder 类型来配置这些属性，配置完成后调用 builder::spawn 方法即可生成新线程，它会返回一个 Result<JoinHandle<T>> 类型的结果，需要对 Result 进行 unwrap 操作才能获得新线程的 JoinHandle 句柄。

Builder::name 函数用于设置线程的名称。为线程指定合理的名称在调试应用程序时会特别有用，因为线程 ID 在不同进程之间是不一致的，所以不太适合用于调试目的。

线程的初始栈空间大小是由操作系统决定的。合理管理栈大小不仅可以提升性能，还能减小进程的内存占用，进而提高应用的可扩展性。在 Rust 中，我们可以为除主线程之外的任意线程设置栈空间大小，主线程的栈大小取决于运行环境。可以通过设置 RUST_MIN_STACK 环境变量来统一指定所有新线程的默认栈大小，也可以通过 Builder::stack_size 函数为单个线程进行特定的设置。

Builder::name 和 Builder::stack_size 函数都返回一个 Builder，这样就可以进行链式调用。

在代码清单 18.12 中，一个 Builder 被用来设置线程名称和栈大小。之后 builder 实例被用来创建一个新线程，在线程内部输出线程名称。

代码清单 18.12　设置线程名称和栈大小

```
use std::thread;
use std::thread::Builder;

fn main() {
    let builder = Builder::new()
        .name("Thread1".to_string())
        .stack_size(4096);
    let result = builder.spawn(|| {
        let thread = thread::current();
        println!("{}", thread.name().unwrap());
    });

    let handle=result.unwrap();
    let result=handle.join();
}
```

18.6　通信顺序进程

通信顺序进程（Communicating Sequential Process，CSP）理论为线程编程定义了一种新颖的模型，在该模型中，线程之间通过实现 FIFO 队列语义的异步消息传递对象来进行通信。1978 年，著名计算机科学家 Charles Antony Richard Hoare 为 ACM（计算机学会，Association for Computing Machinery）撰写了一篇标志性文章 "Communicating Sequential Processes"，系统阐述了 CSP 理论。CSP 所定义的线程模型要求线程之间通过消息传递对象交换消息，而非共享内存。除了 Rust 之外，一些新兴的编程语言（如 Go 语言和 Scala）也基于 CSP 理论，将 CSP 模型实现为通道这一核心抽象，用于实现线程间的消息传递和同步。

在 Rust 中，通道是线程之间的传输管道，它有两个部分，分别是一个发送者和一个接收者。发送者通过通道发送信息，接收者从通道接收信息。发送者和接收者是同一个通道的两端，如果任何一方变得无效，则通过通道的通信将会失败。最后，通道遵循多生产者单消费者模型，即每个通道有一个单一的接收者，但可以有多个发送者。

支持线程同步的工具在标准库的 `std::sync` 模块中，包括互斥、锁和通道。其中通道有各种类型，包括：

- Sender：异步通道。
- SyncSender：同步通道。

18.7 异步通道

异步通道没有大小限制，理论上可以无限存储数据。发送数据到通道时，发送者永远不会被阻塞，但同时也无法确定接收者何时真正从通道获取数据，可能是立即获取，也可能永远不会获取。只有当接收者试图从空通道读取数据时，通道才会阻塞。

使用 `mpsc::channel` 函数创建一个异步通道：

```
fn channel<T>() -> (Sender<T>, Receiver<T>)
```

这个函数会返回一个包含通道双端的元组 (Sender<T>,Receiver<T>)。类型参数 T 指定了可以通过该通道传输的数据类型。Sender 使用 Sender::send 函数将数据插入通道，如果需要多个发送端，则可以克隆 Sender。Receiver 使用 Receiver::recv 函数从通道中读取数据。

下面是异步通道的重要方法。

```
fn Receiver::recv(&self) -> Result<T, RecvError>
fn Sender::send(&self, t: T) -> Result<(), SendError<T>>
```

代码清单 18.13 给出了一个异步通道的简单示例。首先通过 `mpsc::channel` 函数创建一个异步通道，该函数返回一个包含 Sender 和 Receiver 的元组，代表通道的两端。在另一个线程中调用 send 方法向通道发送整数。在主线程中调用 recv 方法从通道接收数据。recv 方法会一直阻塞，直到有数据插入通道。

代码清单 18.13　插入和读取一个异步通道

```
use std::sync::mpsc;
use std::thread;

fn main() {
    let (sender, receiver) = mpsc::channel();
    thread::spawn(move || {
        sender.send(1);
        });

        let data=receiver.recv().unwrap();
        println!("{}", data);
    }
```

下面是另一个异步通道的例子，不过这次有多个生产者（发送者）。在代码清单 18.14 中，我们通过 channel 函数创建一个异步通道，解构返回值取得通道的双端。为了实现多个生产者，我们对 Sender 进行克隆操作。这样在不同的线程中，多个 sender 就可以向同一个通道插入数据了。在另一个接收线程中，使用 while let 表达式从通道中读取数据。当两个 Sender 都被丢弃时，while let 循环也将会结束。

代码清单 18.14　异步通道的数据插入和读取

```
use std::sync::mpsc::channel;
use std::thread;

fn main() {
    let (sender1, receiver) = channel();
    let sender2=sender1.clone();

    thread::spawn(move || {
        for i in 0..=5 {
            sender1.send(i);
        }
    });

    thread::spawn(move || {
        for i in 10..=15 {
            sender2.send(i);
        }
    });

    let handle = thread::spawn(move || {
        while let Ok(n) = receiver.recv() {
            println!("{}", n);
        }
    });

    handle.join();
}
```

如果通道的任何一端断开连接，则该通道将变得无法使用。这种情况可能发生在通道的 Sender 或 Receiver 被丢弃时，这种情况下你将无法继续向该通道插入数据，但你仍然可以从通道读取剩余的数据。

在代码清单 18.15 中，我们创建了一个异步通道，包含对应的 Sender 和 Receiver。在向通道发送一个整数后，Sender 端很快就被丢弃了，此时整个通道立即失效。你可以接收之前插入通道的那个整数，但是如果再次尝试从通道接收数据，程序就会出现 panic。这是因为通道已经失效且为空。

代码清单 18.15　尝试使用一个失效的通道

```
use std::sync::mpsc;
```

```
use std::thread;
use std::time::Duration;

fn main() {
    let (sender, receiver) = mpsc::channel();
    thread::spawn(move || {
        sender.send(1);
    }); // sender dropped

    let data = receiver.recv().unwrap();
    println!("Received {}", data);

    thread::sleep(Duration::from_secs(1));
    let data = receiver.recv().unwrap(); //在发生错误的时候 panic
}
```

下面是 panic 的错误信息:

```
thread 'main' panicked at 'called
    `Result::unwrap()` on an `Err` value: RecvError',
    src\main.rs:15:30
note: run with `RUST_BACKTRACE=1`
    environment variable to display a backtrace
error: process didn't exit successfully:
    `target\debug\sync_channel3.exe` (exit code: 101)
```

18.8 同步通道

与异步通道的无限大小不同,同步通道的大小是有界限的。在某些场景下,受限的通道大小反而更有益处,例如在实现消息队列时,我们可能希望限制队列中的消息数量以提高效率,这时同步通道就更合适。

使用 mpsc::sync_channel 函数创建同步通道:

```
fn sync_channel<T>(bound: usize) -> (SyncSender<T>, Receiver<T>)
```

bound 参数用于设置通道的最大容量,通道中的项目数量不能超过这个限制。返回值是一个元组,包含同步通道的发送者和接收者。发送者的类型是 SyncSender,使用 SyncSender::send 函数向通道发送数据。对于同步通道,如果通道已满,则 send 函数会阻塞直到另一个线程从通道接收数据,给通道腾出空间。通道的接收者类型为 Receiver,与异步通道使用的 Receiver 相同,使用 Receiver::recv 方法从通道接收数据,通道为空时会阻塞。

以下是 SyncSender::send 的定义:

```
fn send(&self, t: T) -> Result<(), SendError<T>>
```

在代码清单 18.16 中，我们创建了一个同步通道，然后创建一个新线程并向通道插入数据。主线程从通道中读取数据。

代码清单 18.16　同步通道的数据插入和读取

```
use std::sync::mpsc;
use std::thread;
use std::time::Duration;

fn main() {
    let (sender, receiver) = mpsc::sync_channel(1);
    let handle=thread::spawn(move || {
        sender.send(1);
        println!("Sent 1");
        sender.send(2);
        println!("Sent 2");
    });

    let data=receiver.recv().unwrap();
    println!("Received {}", data);
    handle.join();
}
```

通过调用 sync_channel 函数创建一个容量为 1 的同步通道，该函数返回一个元组分别包含通道的 sender（SyncSender）和 receiver（Receiver）。接下来创建一个新线程，并捕获 sender，通过调用 send 函数向通道插入两个条目。由于通道容量限制，因此一开始只有第一个数据项被发送成功。接下来在 main 函数中调用 receiver 的 recv 方法从通道中读取出一个数据项，这样就允许另一个线程将第二个数据项发送到通道。最后调用 join 等待新生成的线程执行完毕。

需要注意的是，虽然第二个数据项被发送到通道，但它从未被接收和消费。对于某些应用程序，这可能会造成问题。

18.9　rendezvous 通道

rendezvous 通道提供了数据可靠传输的保证，从而解决了之前提到的问题——如何确定通道中的数据何时被成功接收。rendezvous 通道实际上是一种容量为 0 的同步通道。对于这种通道，SyncSender::send 函数是阻塞的，只有在发送的数据被接收者取走后，该函数才会解除阻塞，可以把它视为一种可靠传输的通知机制。

在代码清单 18.17 中，我们先创建一个 rendezvous 通道，接着在新线程中调用 send 将一个数据项发送到通道，send 函数会阻塞直到数据被接收。在 main 线程中，等待一段时间后，调用 recv 从通道取出那个数据项，这个操作会解除之前被阻塞的 send 函数，作为数据已被接收的确认。这里使用 Instant 类型只是为了确认等待时长，并不是必需的。

代码清单 18.17　使用一个 rendezvous 通道

```
use std::sync::mpsc;
use std::thread;
use std::time::{Duration, Instant};

fn main() {
    let (sender, receiver) = mpsc::sync_channel(0);
    let handle = thread::spawn(move || {
        println!("SyncSender - before send");
        let start = Instant::now();
        sender.send(1);
        let elapsed = start.elapsed();
        println!("After send - waited {} seconds",
            elapsed.as_secs());
    });

    thread::sleep(Duration::from_secs(10));
    receiver.recv();
    handle.join();
}
```

以下是运行的结果：

```
SyncSender - before send
After send - waited 10 seconds
```

18.10　try 方法

试图向一个已满的通道继续发送数据时，发送者是会被阻塞的！既然这样，有时可能更倾向于先收到一个通知而不是直接阻塞，这就是 `try_send` 方法的作用。如果通道已满，则该方法会返回 `TrySendError` 作为通知。这样线程就知道通道已满，有机会执行一些其他操作，而不是直接被阻塞。以下是 `try_send` 方法的定义：

```
fn try_send(&self, t: T) -> Result<(), TrySendError<T>>
```

代码清单 18.18 展示了 `try_send` 函数的用法。我们创建了一个容量为 2 的同步通道，然后调用 `send` 函数两次，将通道填满至其容量。然后调用 `try_send` 尝试向已满的通道添加第三个数据项，调用没有发生阻塞，而是返回一个 `Err` 结果并继续执行，然后调用 `unwrap_err` 函数来展开错误，会得到一个错误消息，表明通道已满。

代码清单 18.18　应对同步通道已满的情况

```
use std::sync::mpsc;
use std::thread;

fn main() {
    let (sender, receiver) = mpsc::sync_channel(2);
    sender.send(1);
```

```
    sender.send(2);
    let result=sender.try_send(3).unwrap_err();
    println!("{:?}", result);  // Full(..)
    println!("Continuing ...")
}
```

接收者同样可能会被阻塞！这种情况发生在通道为空的时候调用 recv 函数。它会一直保持阻塞状态，直到有发送者向通道插入数据，一旦有数据项，recv 就会解除阻塞并从通道取走那个数据。try_recv 函数提供了一种非阻塞的替代方案，当通道为空时，try_recv 会返回一个 Err 结果，这样接收者线程将不会直接被阻塞，而是会继续执行。

```
|   fn try_recv(&self) -> Result<T, TryRecvError>
```

try_recv 方法的一个有效使用场景就是执行空闲任务。线程原本是会被阻塞的，有了 try_recv，就可以利用这个时机执行其他工作。

有两种常见的空闲任务场景：

- 分阶段完成工作。资源清理就是一个极好的例子。通常资源清理工作较为耗时，一般需要在应用程序结束时执行。但我们可以利用空闲时间提前做部分清理工作，从而减轻程序结束时的工作量。
- 空闲任务非常适合处理低优先级或可选的任务。这些任务可以在没有其他更重要的事情需要处理时执行，例如执行用户界面处理程序。

接下来是 try_recv 方法的一个例子。在这个例子中，通道被当作一个消息队列。发送者将消息插入消息队列，接收者从消息队列接收并处理。当消息队列为空时，接收者可以执行空闲任务。

代码清单 18.19 展示了应用程序的发送者部分。我们创建了一个消息队列，一个仅限 10 条消息的同步通道。使用 Builder 来创建并启动一个线程用于发送消息，并将其命名为 Messages，该线程捕获了消息队列（channel）的 sender。最后，通过循环将一些消息放入消息队列中。

代码清单 18.19　使用同步通道作为消息队列

```
let (sender, receiver) = mpsc::sync_channel(10);
let builder = Builder::new()
    .name("Messages".to_string())
    .stack_size(4096);
let result = builder.spawn(move || {
    let messages=["message 1".to_string(),
                  "message 2".to_string(),
                  "message 3".to_string(),
                  "".to_string()];
    for message in messages {
        sender.send(message);
    }
});
```

接下来，代码清单 18.20 中实现了一个消息处理线程，负责接收并处理消息队列中的消息。记住，消息队列使用通道来实现。和之前一样，我们使用 Builder 来创建它，并把它命名为 Message Pump，并在这个线程中捕获消息队列的 receiver。在 loop 内部，我们调用 try_recv 函数尝试从消息队列中接收下一个消息，并通过 match 表达式来判断接收结果。如果是 Ok 分支，则表示成功接收到了消息，接下来就可以处理这个消息；如果收到的消息内容为空，则表示退出程序。当消息队列为空时，程序会执行 Err 分支，并调用 idle_work 函数来处理空闲任务。

代码清单 18.20　使用 try_recv 实现空闲循环

```
let builder = Builder::new()
    .name("Message Pump".to_string())
    .stack_size(4096);
let result = builder.spawn(move || ->i8 {
    loop {
        match receiver.try_recv() {
            Ok(msg)=>{
                if msg.len()==0 {
                    break 0;
                }
                println!("Handling {}", msg);
            }
            Err(_)=>idle_work(),

        }
    }
});
```

代码清单 18.21 是完整的应用程序。

代码清单 18.21　完整的消息队列示例

```
use std::sync::mpsc;
  use std::thread;
  use std::time::Duration;
  use std::thread::Builder;

  fn idle_work() {
      println!("Doing something else...")
  }

  fn main(){
      let (sender, receiver) = mpsc::sync_channel(10);
      let builder = Builder::new()
          .name("Messages".to_string())
          .stack_size(4096);
      let result = builder.spawn(move || {
          let messages=["message 1".to_string(),
                      "message 2".to_string(),
```

```
                              "message 3".to_string(),
                              "".to_string()];
            for message in messages {
                sender.send(message);
                    thread::sleep(Duration::from_millis(2));
            }
        });

        let builder = Builder::new()
            .name("Message Pump".to_string())
            .stack_size(4096);
        let result = builder.spawn(move || ->i8 {
            loop {
                match receiver.try_recv() {
                    Ok(msg)=>{
                        if msg.len()==0 {
                            break 0;
                        }
                        println!("Handling {}", msg);
                    }
                    Err(_)=>idle_work(),

                }
            }
        });

    let handle=result.unwrap();
    handle.join();
    }
```

recv_timeout 函数是 recv 的另一种变体。recv_timeout 和 recv 函数都会在
通道为空时阻塞。然而，当指定的超时时间被超过时，recv_timeout 函数会被唤醒并返
回 RecvTimeoutError 作为 Err 结果。以下是该函数定义：

```
fn recv_timeout(&self, timeout: Duration) ->
Result<T, RecvTimeoutError>
```

代码清单 18.22 展示了如何处理 RecvTimeoutError 错误。我们创建了一个新的通
道用于线程间通信，并单独创建了一个线程作为发送者，这个线程会在向通道发送数据之
前等待 200 毫秒。主线程作为接收者，尝试使用 recv_timeout 方法从通道接收数据，但
是设置的超时时间是 100 毫秒。由于发送线程发送数据的时间（200 毫秒）比接收线程的超
时时间（100 毫秒）长，因此 recv_timeout 方法最终会超时，从而解除对接收者线程的
阻塞。接收线程的后续 match 表达式会走 Err 分支来处理这种超时情况，即输出一条超
时消息。

代码清单 18.22　为 recv_timeout 函数处理超时

```
use std::sync::mpsc;
use std::time::Duration;
use std::thread;

fn main() {
    let (sender, receiver) = mpsc::sync_channel(1);
    thread::spawn(move || {
        thread::sleep(Duration::from_millis(200));
        sender.send(1);
    });

    let data = receiver.recv_timeout(
        Duration::from_millis(100)); // 等待
    match data {
        Ok(value)=>println!("Data received: {}", value),
        Err(_)=>println!("Timed out: no data received")
    }
}
```

　　也可以用迭代器的方式从一个通道接收数据项，这样就得到了一个更熟悉的接口。此外，通过迭代器可以扩大通道的用例，使其更具扩展性。通过 Receiver 的 iter 方法可以获取一个通道的迭代器，然后就可以使用迭代器的方法，例如 next，来访问通道中的数据项。

　　代码清单 18.23 是一个使用迭代器访问通道的简单例子。调用 receiver 的 iter 方法来获取通道的迭代器，然后重复调用 next 函数来迭代通道中的数据项。

代码清单 18.23　使用迭代器访问通道

```
use std::sync::mpsc;
use std::thread;

fn main() {
    let (sender, receiver) = mpsc::sync_channel(4);

    sender.send(1);
    sender.send(2);
    sender.send(3);

    let mut iter=receiver.iter();
    println!("{}", iter.next().unwrap());
    println!("{}", iter.next().unwrap());
    println!("{}", iter.next().unwrap());
}
```

　　如前所述，使用迭代器让通道更具有扩展性。你甚至可以使用 for 循环来迭代一个通道。在代码清单 18.24 中，我们创建了一个新线程，它向通道中插入两个数据项。在

main 中，for 循环迭代 Receiver 以从通道中获取数据项。之所以能这样编码，是因为 Receiver 实现了 Iterator 接口。当通道中没有数据项或者通道变得无效时，for 循环会停止迭代。下面的例子中通道会因发送者被丢弃而变得无效。

代码清单 18.24 在 for 循环中迭代一个通道

```
use std::sync::mpsc;
use std::thread;

fn main() {
    let (sender, receiver) = mpsc::channel();

    thread::spawn(||{
        sender.send(1);
        sender.send(2);
    });   // 发送者被丢弃

    for item in receiver {
        println!("{}", item);
    }
}
```

18.11 商店示例

在本章的前面部分，我们介绍了一个模拟商店开业的例子。现在要介绍的更新版本可以实现商店的开启和关闭功能。这个例子展示了本章介绍的许多线程特性。

如代码清单 18.25 所示，让我们理解一下修改后的程序的每个部分，从 main 开始。我们使用 channel 函数创建一个异步通道用来通知商店即将关闭。当一个消息被发送到该通道时，商店应该关闭，因此接收者被命名为关闭（closing）。

代码清单 18.25 商店应用程序的 main 函数

```
fn main() {
    let (sender, closing) = channel::<()>();

    store_open(closing);

    thread::sleep(Duration::from_secs(2));

    store_closing(sender);
}
```

代码清单 18.26 中，store_open 函数负责管理商店的开启，closing 通道作为其唯一的参数。在函数内部，创建一个单独的线程来处理这个闭店操作。开店的准备工作（关闭报警系统以及打开收银机）可以并行执行，因此这些任务被作为单独的线程启动，并使用

join 方法来等待准备工作完成。准备工作完成后，商店就算开门了！之后的循环代表着持续处理顾客事件的过程。在循环内部是一个 match 表达式，调用 closing 的 try_recv 方法来检查商店是否应该关闭。如果从 closing 通道接收到数据，那就是要关闭商店的指示，进入 Ok 分支执行关闭操作，否则，进入默认分支，商店继续开放并接待顾客。

代码清单 18.26 store_open 函数

```rust
fn store_open(closing:Receiver<()>) {
    thread::spawn(move || {
        // 营业准备
        let alarms=thread::spawn(
            || println!("turning off alarm"));
        let registers=thread::spawn(
            || println!("open registers"));
        alarms.join();
        registers.join();

        //商店开始营业——接待客户
        loop {
            match closing.try_recv() {
                Ok(_)=> {
                    println!("cleaning up and exiting...");
                    break;
                },
                _=>{
                    println!("open and handling customers");
                    thread::sleep(Duration::from_secs(1));
                }
            }
        }
    });
}
```

代码清单 18.27 展示了 store_closing 函数，它接收一个 Sender 作为参数，这是 closing 通道的 sender。第一步是向 closing 通道发送一个值，可以是任何东西，这里选择了空元组，这通知了在 store_open 函数中的线程开始进行闭店操作（即停止接待顾客）。sleep 函数给了 store_open 中的线程一个机会来清理然后退出。接下来创建单独的线程来重新启用报警器和关闭收银机，等它们完成，商店就关闭了！

代码清单 18.27 store_closing 函数

```rust
fn store_closing(sender:Sender<()>){
    sender.send(());  //通知闭店
    thread::sleep(Duration::from_millis(300));
    let alarms=thread::spawn(|| {
        println!("turning on alarms");
    });
    let registers=thread::spawn(|| {
```

```
        println!("closing registers");
    });

    alarms.join();
    registers.join();
    println!("Store closed!");
}
```

代码清单 18.28 是整个应用程序的代码。

代码清单 18.28 整个商店应用程序代码

```
use std::thread;
use std::time::Duration;
use std::sync::mpsc::{channel, Receiver,
Sender, TryRecvError};

fn store_open(closing:Receiver<()>) {
    thread::spawn(move || {
        // 营业准备
        let alarms=thread::spawn(
        || println!("turning off alarm"));
        let registers=thread::spawn(
            || println!("open registers"));
        alarms.join();
        registers.join();

        // 商店开始营业——接待客户
        loop {
            match closing.try_recv() {
                Ok(_)=> {
                    println!("cleaning up and exiting...");
                    break;
                },
                _=>{
                    println!("open and handling customers");
                    thread::sleep(Duration::from_secs(1));
                }
            }
        }
    });
}

fn store_closing(sender:Sender<()>){
    sender.send(());
    thread::sleep(Duration::from_millis(300));
    let alarms=thread::spawn(|| {
        println!("turning on alarms");
    });
    let registers=thread::spawn(|| {
        println!("closing registers");
```

```
    });

    alarms.join();
    registers.join();
    println!("Store closed!");
}

fn main() {
    let (sender, closing) = channel::<()>();

    store_open(closing);

    thread::sleep(Duration::from_secs(2));

    store_closing(sender);
}
```

18.12　总结

　　线程是进程内的独特执行路径。通过线程，可以将一个进程分解为并行操作。由于多核架构处理器的普及和对可扩展及响应式应用程序的需求，线程已成为一项基本功能。

　　Rust 的无畏的并发有助于减轻并行线程引入的额外复杂性。尽管如此，作为最佳实践也应该只在必要时增加线程。

　　在 Rust 中，线程的大部分组件都在 thread 模块中。其中的 Thread 类型是一个线程的句柄。线程的创建可以用 thread::spawn 函数，也可以使用 Builder 类型和 Builder::spawn 方法。通过 Builder，可以在启动线程之前对其进行一定的设置，例如设置栈大小。

　　JoinHandle::join 函数用来协调两个线程，其中一个线程可以等待另一个完成。thread::spawn 和 builder::spawn 函数都会返回一个 JoinHandle，对于 builder::spawn，JoinHandle 以 Result 的 Ok 值进行返回。

　　Lambda 表达式（闭包）是线程中最常见的函数类型。你可以将数据作为捕获变量传递给线程。由于线程的生命周期是未知的，因此应该使用 move 关键字将捕获变量的所有权转移给 Lambda 表达式。

　　通道是线程之间用于交换数据的单向管道，例如传递操作的结果。有如下的通道类型：

- 异步通道。它是无界限的，可以容纳无限数量的数据项，通过 channel 函数创建。
- 同步通道。它是有界限的，只能容纳特定数量的数据项，通过 sync_channel 函数创建。
- rendezvous 通道。它是能保证交付的同步通道，容量大小为零。

　　一个通道分为发送者和接收者。发送者向通道发送数据，接收者从通道接收数据。以下是相关类型：

- Sender，将数据发送到异步通道。
- SyncSender，将数据发送到同步通道。
- Receiver，从两种类型的通道中接收数据。

Receiver 有多种 recv 方法来支持不同的用例。例如，try_recv 在通道为空时不会阻塞。

本章最后展示了商店应用程序的例子，其中通道也被用作事件通知。有些人可能会认为这是一个不够优雅的解决方案。用其他同步原语，例如条件变量（CondVar），是否可能是更优雅的解决方案？这会在第 19 章中进行讨论。

线 程 2

第 18 章介绍了线程的并行编程。在很多方面,进程内的线程就像住在一所房子里的多个家庭成员。他们必须共享资源,并且常常会无意中竞争这些资源。如果没有适当的协调,那么这可能会导致冲突和不可预测的行为。同样,有时也需要线程同步。在第 18 章中,我们通过 join 函数和通道开始了关于线程同步的讨论。这两者都能为线程之间的协调提供帮助。

增加必要的同步有助于创建一个安全的环境,从而促进更多并行化。你可以自信地增加并行化层,而无须担心线程之间的冲突。然而,过度同步可能会增加应用程序的复杂性,并降低性能。

并行编程本质上比顺序编程更复杂。当问题出现时,人们倾向于增加同步以获得更可预测的结果。当通过增加同步来解决问题的情况反复出现时,会产生大量的技术债务。最终,你将得到一个在并行应用程序外壳下运行的、本质上是顺序执行的程序。虽然同步往往是合理的,有时甚至是必要的,但请记住要保持并行程序的并行性。

在你的第一个程序(通常是一个"Hello,World"风格的应用程序)中,你可能已经体验到了线程同步。println! 宏通常用于显示问候语,它通过内部互斥确保了安全。如果没有这种同步,则多个线程可能会同时使用 println! 宏,从而导致不可预测的结果。

19.1 互斥

互斥是最知名的同步原语。它提供了对共享数据的互斥访问。因此,"mutex"是mutual exclusion(互相排斥)的缩写。通过使用互斥,你可以防止线程同时访问共享数据。

如果没有同步，则共享访问可能会导致不可预测的结果，尤其是在数据可变的情况下。互斥可以让数据顺序访问，以消除上述问题，从而保护共享数据。

互斥体可以被锁定或解锁。当被锁定时，互斥体强制执行互斥的并发策略。拥有锁的线程可以独占地访问数据，从而确保线程安全性。同时，另一个线程（或多个线程）在尝试获取已锁定的互斥体时会被阻塞。当互斥体解锁时，等待的线程可能会获取锁。如果成功，被阻塞的线程将被唤醒，并且可以访问共享数据。

互斥体具有线程亲和性。当它被锁定时，必须由同一个线程解锁。这可以防止其他线程窃取对互斥体的访问。想象一下那种混乱！任何想要访问互斥体的线程，都可以简单地解锁它并访问被保护的值，后果不堪设想。幸运的是，在 Rust 中这是被阻止的，因为这里没有解锁函数！稍后我们将详细介绍。

在许多语言中，互斥的使用与源代码中函数的正确放置有关。当访问被保护的数据时，你必须使用互斥体的 `lock` 和 `unlock` 方法将其包围起来。因此，同步的正确性完全基于程序员的自律性——将互斥体放在正确的位置。这在重构过程中可能会成为更大的问题，因为被保护的数据或任何互斥体可能会被无意间移动或甚至删除。出于这些原因，Rust 采取了不同的方法，并直接将被保护的数据与互斥体关联。这种直接的关联防止了在其他语言中发生的那种问题。

`Mutex` 类型是互斥体的一种实现。它位于 `std::sync` 模块中，与其他同步组件一样。`Mutex` 是泛型的，其中 `T` 代表被保护的数据。

你可以使用 `Mutex::new` 构造函数创建一个新的互斥体，该构造函数也是泛型的，类型为 `T`。唯一的参数是被保护的数据。以下是函数定义：

```
fn new(t: T) -> Mutex<T>
```

`Mutex::lock` 函数用于锁定 `Mutex` 以独占访问受保护的数据。如果 `Mutex` 处于解锁状态，那么你将获取锁并继续执行。而当 `Mutex` 已经锁定时，当前（尚未获取到锁的）线程将阻塞直到可以获取锁。

```
        fn lock(&self) -> LockResult<MutexGuard<'_, T>>
```

`lock` 函数返回一个 `MutexGuard`。它实现了 Deref（解引用）trait，从而提供对内部值（即受保护数据）的访问。`MutexGuard` 确保当前线程可以安全访问数据。重要的是，当 `MutexGuard` 被释放时，`Mutex` 会自动解锁。这就是 Rust 不需要解锁函数的原因。

代码清单 19.1 展示了一个单线程如何锁定、访问被锁定的数据，然后解锁一个互斥体的示例。互斥体在内部块中创建，并保护一个初始值为零的整数。在互斥体锁定之后，我们使用 `*` 操作符解引用 `MutexGuard`，以访问被保护的数据（在本例中是一个整数）。然后数据递增并输出。在内部块结束时，`MutexGuard` 被释放，从而解锁互斥体。

代码清单 19.2 展示了多线程环境使用互斥体的示例。为了便于共享互斥体，这里使用了第 18 章介绍的作用域线程。我们生成两个共享相同代码的线程。这里的互斥体保护对一个整数值进行跨线程访问。目标是安全地递增受保护的值，并输出它。

代码清单 19.1　锁定和解锁互斥体

```
use std::sync::{Mutex};

fn main() {
    {
        let mutex=Mutex::new(0);
        let mut guard=mutex.lock().unwrap();

        *guard+=1;
        println!("{}", *guard);
    }  //解锁互斥体
}
```

代码清单 19.2　使用互斥体在多个线程中保护一个值

```
use std::thread;
use std::sync::Mutex;

fn main() {
    let m=Mutex::new(0);
    thread::scope(|scope|{
        for count in 1..=2 {
            scope.spawn(||{
                let mut guard=mutex1.lock().unwrap();
                *guard+=1;
                 println!("{:?} Data {}",
                    thread::current().id(), *guard )[]
            });
        }
    });
}
```

你可能会在无意中导致互斥体泄露。因为互斥体会在 `MutexGuard` 的生命周期内保持锁定状态。如果 `MutexGuard` 从未被释放，或者只是延迟释放，那么互斥体将对其他线程不可用，这可能会导致死锁。当这种情况发生时，该互斥体被视为已泄露。这可能由多种原因导致，包括对 `MutexGuard` 管理不良。在代码清单 19.3 中，互斥体可能会被锁定一段较长的时间。

代码清单 19.3　MutexGuard 的生命周期控制着互斥体

```
 let mut hello=String::from("Hello");
 let mutex=Mutex::new(&mut hello);
{
    let mut guard=mutex.lock().unwrap();
    guard.push_str(", world!");
    // 做一些耗时的事情，其他线程会暂停并等待
}  // 解锁互斥体
```

代码清单 19.4 中的示例几乎是相同的代码。但 MutexGuard 没有与变量进行绑定。这意味着 MutexGuard 是临时的，并会在下一行代码中被释放。此时，互斥体会被解锁。我们无须等到代码块的结尾才解锁互斥体。

代码清单 19.4 几乎立即释放一个 MutexGuard

```
let mut hello=String::from("Hello");
let mutex=Mutex::new(&mut hello);
{
    (*mutex.lock().unwrap()).push_str(", world!");
    // 保护被丢弃——解锁互斥体
    // 做一些耗时的事情
}
```

最后，你可以显式地释放 MutexGuard 来解锁互斥体。

在代码清单 19.5 中，MutexGuard 被显式释放，互斥体在开始一个长时间任务之前被解锁。这意味着等待的其他线程（如果有的话）可以更早地恢复执行。这可能导致显著的性能提升。

代码清单 19.5 显式释放 MutexGuard 来解锁互斥体

```
{
    let mutex=Mutex::new(0);
    let mut guard=mutex.lock().unwrap();
    *guard+=1;
    drop(guard); // 解锁互斥体
    do_something_extended();
}
```

19.2 非作用域互斥体

你也可以与非作用域线程共享一个互斥体，而 Arc（原子引用计数）类型正是以这种方式共享互斥体的最佳解决方案。

所有权是本书中一个频繁且重要的话题。多线程应用程序常常需要共享所有权，即多个线程共享数据的所有权。Arc 类型支持共享所有权，并通过引用计数来跟踪所有者的数量。当最后一个共享所有者（即线程）退出时，计数降至零，此时，共享数据被释放。引用计数是以原子方式进行的，以防止竞争条件或引用计数被破坏。

Arc 类型位于 std::sync 模块中。你可以使用 Arc::new 构造函数创建一个新的 Arc。它的唯一参数是共享数据。以下是函数定义：

```
fn new(data: T) -> Arc<T>
```

你可以克隆 Arc 以与其他线程共享。每次克隆，引用计数都会增加。此外，Arc 实现了 Deref trait，以提供对内部值的访问。

代码清单 19.6 是 Arc 类型的一个例子。

代码清单 19.6 使用 Arc 实现共享所有权

```
use std::sync::Arc;
use std::thread;

fn main() {
    let arc_orig=Arc::new(1);
    let arc_clone=arc_orig.clone();
    let handle=thread::spawn(move || {
        println!("{}", arc_clone);  // Deref
    });

    println!("{}", arc_orig);  // Deref

    handle.join();
}
```

在代码清单 19.6 中，主线程为一个整数值创建了一个新的 Arc。然后克隆 Arc 并增加引用计数，克隆后的 Arc 随后被移动到另一个线程。现在两个线程共享着数据，两个线程的 `println!` 宏自动解引用 Arc 以显示底层值。因为值是共享的，所以线程显示相同的结果。

代码清单 19.6 中有两个 Arc：`arc_orig` 和 `arc_clone`。随着共享 Arc 的线程数量增加，命名可能会成为一个问题。这可能导致 Arc 被命名为 `arc1`、`arc2`、`arc3`、`arc4` 等。一个更好的解决方案是在各个线程中为 Arc 使用相同的名称。这可以通过变量遮蔽来完成，如代码清单 19.7 所示。

代码清单 19.7 变量遮蔽 Arc 的命名

```
let arc=Arc::new(1);
{  // 新代码块
    let arc=arc.clone();
    let handle=thread::spawn(move || {
        println!("{}", arc);  // Deref
    });
    handle.join();
} // 代码块结束

println!("{}", arc);
```

需要注意的是，Arc 提供了共享所有权的引用计数，但它不是一个 Mutex。Arc 不会对数据访问进行同步。然而，Arc 非常适合与非作用域线程共享 Mutex。Arc 共享 Mutex，而 Mutex 保护数据。

代码清单 19.8 中的示例演示了通过 Arc 共享一个 Mutex。

在此示例中，Mutex 保护一个整数值。Mutex 通过 Arc 类型的变量 `arc_mutex` 进行共享。然后，创建了一个向量来存储生成的线程的 JoinHandles。

代码清单 19.8　通过 Arc 共享 Mutex

```
use std::thread;
use std::sync::{Mutex, Arc};

fn main() {
    let arc_mutex = Arc::new(Mutex::new(0));
    let mut handles=vec![];

    for i in 0..=2 {
        let arc_mutex=Arc::clone(&arc_mutex);
        let handle=thread::spawn(move || {
            let mut guard=arc_mutex.lock().unwrap();
            *guard+=1;
            println!("{}", *guard);                });
        handles.push(handle);
    }

    for i in handles {
        i.join();
    }
}
```

进一步，在 for 循环中生成新线程，每个线程捕获 arc_mutex 的克隆版本。然后锁定 arc_mutex 以同步对整数值的访问。如果获得了锁，则返回 MutexGuard。它被解引用以访问内部值，然后该值被递增。在随后的 for 循环中，对每个 JoinHandle 调用 join 以防止任何竞争条件。

19.3　互斥体中毒

当一个线程在锁定互斥体时发生 panic，并释放 MutexGuard 时，该互斥体就会中毒。此时，底层数据的状态是不确定的，因此尝试锁定该互斥体将会返回一个错误。互斥体中毒会强制应用程序认识到潜在的问题。你也可以自行决定如何处理互斥体中毒的问题，甚至可以选择忽略它，但这样的话，就是"买者自负"了。

如前所述，锁定一个中毒的互斥体会返回一个 Result 类型的 Err。具体来说，它返回 PoisonError。PoisonError::into_inner 函数返回中毒的互斥体的 MutexGuard。如果你需要的话，那么你可以像往常一样访问底层数据。

在代码清单 19.9 中，第一个生成的线程将会发生 panic 并且释放 MutexGuard。因此，第二个线程在锁定互斥体时会收到一个错误。我们在一个 match 表达式中处理这个 Result。如果出现错误，则 into_inner 函数会用来访问潜在损坏的底层值。在这个例子中，我们只是简单地显示该值。

```
use std::thread;
use std::sync::{Mutex, Arc};
use std::time::Duration;

fn main() {

    let arc_mutex = Arc::new(Mutex::new(0));

    let arc_mutex1=Arc::clone(&arc_mutex);
    let handle1=thread::spawn(move || {
        let mut guard=arc_mutex1.lock().unwrap();
        *guard+=1;
        panic!("panic on mutex");
    });

    let arc_mutex2=Arc::clone(&arc_mutex);
    let handle2=thread::spawn(move || {
        thread::sleep(Duration::from_millis(20000));
        let mut guard=arc_mutex2.lock();
        match guard {
            Ok(value)=>println!("Guarded {}", value),
            Err(error)=>println!("Error: Guarded {}",
                *error.into_inner())
        }
    });

    handle1.join();
    handle2.join();
}
```

互斥体也有一个 try_lock 函数。与 lock 函数不同，try_lock 在互斥体已经锁定时不会阻塞。相反，代码将继续执行，并且函数会返回一个 Err 作为 Result。这允许你的应用程序在互斥体被锁定时做一些其他事情。

19.4　读写锁

读写锁（reader-writer lock），类似于互斥，用于保护数据。它允许多个读者同时访问数据，而写者对数据拥有独占访问权。自然地，读者只能读取数据，而写者可以修改数据。

RwLock 实现了读写锁。它包含了读者和写者的实现，解释如下：

- 读者调用 read 函数来获取读者锁。如果成功，则该函数返回一个 RwLockReadGuard 作为底层值。锁会一直有效，直到 RwLockReadGuard 被释放。而如果存在活跃的写入锁，则 read 函数将会阻塞。下面是一个示例：

```
        fn read(&self) -> LockResult<RwLockReadGuard<'_, T>>
```

- 写者通过 RwLock::write 函数获取写入锁。如果成功，则该函数会在 Result 类型内返回一个 RwLockWriteGuard。如果获取成功，则锁会在 RwLockWriteGuard 释放时解锁。如果存在未完成的读取锁或另一个活跃的写入锁，则 write 函数会阻塞。

以下是函数定义：

```
    fn write(&self) -> LockResult<RwLockWriteGuard<'_, T>>
```

读写锁也可能会中毒，但仅限于写线程。当 RwLockWriteGuard 在 panic 期间被释放，读写锁会变成中毒状态，此时，read 和 write 函数都将返回一个错误。

如果有多个等待中的写者锁，则获取锁的顺序是不可预测的。

在代码清单 19.10 中，我们创建了一个 RwLock 来保护一个整数。然后通过 Arc 在多个线程之间共享这个 RwLock。写线程（主线程）会增加这个整数。读线程会显示这个整数。

代码清单 19.10　读写锁示例

```
use std::thread;
use std::sync::{Arc, RwLock};
use std::time::Duration;

fn main() {
    let mut handles=Vec::new();
    let rwlock = RwLock::new(0);
    let arc=Arc::new(rwlock);

    for reader in 1..=3 {
        let arc =arc.clone();
        let handle=thread::spawn(move || {
            let mut guard=arc.read().unwrap();
            println!("Reader Lock {} Data {:?}", reader, guard);
            thread::sleep(Duration::from_millis(400));
            println!("Reader UnLock");
        });
        handles.push(handle);
    }

    for writer in 1..=3 {
        let mut guard=arc.write().unwrap();
        thread::sleep(Duration::from_millis(600));
        println!("Writer lock");
        *guard+=1;
    }

    for item in handles {
        item.join();
    }
}
```

这里一个 RwLock 被创建，用于保护一个整数。为了共享这个 RwLock，我们将它封装在一个 Arc 里。接下来，我们创建一个向量来保存每个读线程的 JoinHandle，如前面示例所示。在随后的 for 循环中，读线程被生成。每个读线程捕获了 Arc 的克隆。使用克隆的 Arc 读取 RwLock，并返回适当的锁。然后使用该锁来显示整数的值。

我们需要一个写者来更新受保护的整数。要获得写者，需要通过原始 Arc 访问 RwLock。这是在 for 循环中完成的。调用 write 函数以获取 RwLock 的写锁。然后解引用写锁以递增受保护的整数。

这里我们添加各种 sleep 语句是为了模拟一个正在运行的程序。

以下是应用程序执行的结果：

```
Writer lock
Reader Lock 1 Data 1
Reader Lock 3 Data 1
Reader UnLock
Reader UnLock
Writer lock
Writer lock
Reader Lock 2 Data 3
Reader UnLock
```

如代码清单 19.10 所示，读线程和写线程交错运行，RwLock 提供线程同步功能。read 和 write 函数将在必要时阻塞。此示例输出还展示了同时存在的读者锁，以及非确定性顺序。

RwLock 类型也有 try_read 和 try_write 函数。这些函数是非阻塞的。如果锁不可用，则这两个函数都会返回一个 Err，但执行会继续。

19.5　条件变量

条件变量提供基于自定义事件的线程同步。有些其他语言将条件变量称为事件。条件变量的语义是由你来定义的，这使得每个变量都具有独特性。因此，条件变量也被认为是自定义同步机制。当其他同步类型都不适用时，条件变量通常是最佳解决方案，因为它可以被定制。

将互斥体与条件变量配对使用可以用来提供锁机制。它们通常在一个元组中结合使用。这样可以防止条件变量不经意地与其关联的互斥锁解耦，避免使用错误的互斥锁。此外，条件变量有一个关联的布尔值，用以确认事件的状态。布尔值应该由互斥体保护。

条件变量是 Condvar 类型。你可以使用 Condvar::new 构造函数创建一个 Condvar。它不需要任何参数。以下是函数定义：

```
fn new() -> Condvar
```

为了等待一个事件，Condvar::wait 函数会阻塞当前线程，直到收到事件通知。

wait 函数的唯一参数是来自关联互斥体的 MutexGuard。因此，在调用 wait 函数之前，必须锁定互斥体。注意 wait 函数会解锁互斥体。以下是函数定义：

```
pub fn wait<'a, T>(
    &self,
    guard: MutexGuard<'a, T>
) -> LockResult<MutexGuard<'a, T>>
```

Condvar::notify_one 和 Condvar::notify_all 函数将通知等待的线程事件已经发生或完成。notify_one 函数唤醒一个等待的线程，即使有多个线程在等待。要通知所有等待的线程，请调用 notify_all 函数。以下是 notify_one 和 notify_all 函数的定义：

```
fn notify_one(&self)
fn notify_all(&self)
```

代码清单 19.11 中的示例展示了一个 Condvar 的典型应用场景。对于需要预先设置的程序，程序的某些部分可能需要等待设置完成才开始执行。

代码清单 19.11　使用 Condvar 管理应用程序设置

```
use std::sync::{Arc, Mutex, Condvar};
use std::thread;
use std::time::Duration;

fn main() {
    let setup_event=Arc::new((Mutex::new(false),
        Condvar::new()));
    let setup_event2=setup_event.clone();

    thread::spawn(move || {
        let mutex=&setup_event2.0;
        let cond=&setup_event2.1;

        let mut setup=mutex.lock().unwrap();
        println!("Doing setup...");
        thread::sleep(Duration::from_secs(2));
        *setup=true;
        cond.notify_one();
    });

    let mutex=&setup_event.0;
    let cond=&setup_event.1;

    let mut setup=mutex.lock().unwrap();
    while !(*setup) {
        println!("Wait for setup to complete.");
        setup=cond.wait(setup).unwrap();
    }
    println!("Main program started");
}
```

以下是步骤详解：

- 在 Arc 内部，程序声明了元组 setup_event，它将 Condvar 与 Mutex 配对。Mutex 保护一个布尔值，该值指示设置是否已完成。
- 接下来，我们创建一个专用线程来执行设置。它接收一个 setup_event 元组的克隆，其中包含配对的 Condvar 和 Mutex。在执行设置之前，我们锁定 Mutex 并接收相关的锁保护（setup 状态）。
- 当设置完成后，使用锁保护将 setup_status 更新为 true。然后我们使用 notify_one 函数，通知其他线程设置已经完成。

回到主线程，我们希望阻塞直到设置完成。

- 锁定互斥体，得到包含设置状态的 MutexGuard。
- wait 函数阻塞线程并从互斥体释放锁。
- 线程将保持阻塞状态，直到有通知表示事件已经发生。在这个例子中，事件是指设置已经完成。

请注意，这里在 while 循环中调用了 wait 函数。当从等待中唤醒时，线程需要重新检查条件以确保没有发生虚假唤醒。如果发生这种情况，则条件保持不变，线程应该继续等待适当的事件。这种检查对于设置事件来说可能是不必要的。事件状态不太可能从假（设置未完成）变为真（设置已完成），然后再变回假。然而总的来说，我们已经展示了 Condvar 的最佳使用模式。

19.6 原子操作

Rust 的基础数据类型中包含了全套原子类型。这些类型与 C++20 的原子类型密切相关。具体的原子类型清单在不同操作系统上会有不同。

尽管涉及多个汇编级别的步骤，但原子操作是在单个不可中断的步骤中执行的。这可以防止在跨线程共享操作时发生数据损坏，或者其他问题。使用原子类型，你可以将某些操作（如读和写）作为一个单元来执行。重要的是，原子类型的实现并不包括锁，从而提高了性能。

在本章，我们已经至少间接地使用了原子操作。例如，Arc 类型会原子性地增加引用计数。这样做是为了安全地修改引用计数。

原子类型位于 std::sync::atomic 模块中，包括以下内容：

- AtomicBool
- AtomicI8、AtomicI16 等
- AtomicU8、AtomicU16 等
- AtomicPtr
- AtomicIsize 和 AtomicUsize

19.6.1　存储和加载

所有原子类型的接口是一致的，这些接口用于存储（store）和加载（load）数据。此外，它们的值可以通过共享引用修改。

原子操作具有一个排序参数，该参数提供了对操作排序的保证。最不受限制的排序是 Relaxed，它保证了单个变量的原子性。然而，它对于多个变量的相对顺序没有任何保证，例如由内存屏障提供的那些保证。

load 和 store 函数是原子类型的核心功能。store 函数用于更新值，而 load 函数用于获取值。

下一个示例是计算一个冗长操作的完成百分比。当长时间的操作运行时，用户通常会希望看到进度更新。这最好通过并发线程来完成。例如，在读取一个大文件时，大多数用户希望在文件加载时获得反馈，例如加载完成的百分比。对于完成的百分比，我们可以使用 AtomicU8（原子 U8）类型，配合 store 和 load 函数。这样做是为了防止接收一个处于过渡状态的完成百分比。

以下是 AtomicU8::load 和 AtomicU8::store 函数的签名。这也代表了其他原子类型的 load 和 store 方法。

```
fn load(&self, order: Ordering) -> u8
fn store(&self, val: u8, order: Ordering)
```

代码清单 19.12 提供了示例。

代码清单 19.12　使用一个 AtomicU8 值来提供状态更新

```
use std::sync::atomic::AtomicU8;
use std::sync::atomic::Ordering::Relaxed;
use std::thread;

fn do_something(value:u8) {
    // 执行操作
}

fn main() {

    static STATUS:AtomicU8=AtomicU8::new(0);
    let handle=thread::spawn(||{
        for n in 0..100 {
            do_something(n);
            STATUS.store(n, Relaxed);
        }
    });

    thread::spawn(||{
        loop {
            thread::sleep(Duration::from_millis(2000));
            let value=STATUS.load(Relaxed);
```

```
            println!("Pct done {}", value);
        }
    });

    handle.join();
}
```

我们创建了一个静态类型的 AtomicU8 来表示完成百分比，它具有静态生命周期。这使得它更容易在多个线程之间共享。第一个新线程在一个 for 循环中执行一个冗长的操作。通过 store 函数，在每次迭代结束时更新完成百分比。在另一个伴随线程中，定期使用 load 函数检查完成百分比。然后将结果显示给用户。

19.6.2 获取和修改

获取（fetch）和修改（modify）操作比加载和存储操作更复杂。

这里有一些函数支持 fetch 和 modify 操作，包括 fetch_add、fetch_sub、fetch_or、fetch_and 等。

以下程序使用两个线程计算一个累加总和，使用 AtomicU32::fetch_add 函数实现。

以下是 AtomicU32::fetch_add 函数的定义：

```
fn fetch_add(&self, val: u32, order: Ordering) -> u32
```

该函数对当前值进行原子加法操作并返回先前的值。这个函数定义也代表了其他的 fetch 和 modify 函数。

代码清单 19.13 展示了计算累加和。这里创建了一个 AtomicU32 变量来跟踪累加和。然后生成了两个线程。通过 fetch_add 函数，每个线程都对累加和做出了贡献。最后，使用 load 函数获得最终总数。如果操作不是原子的，那么并行线程中的加法操作可能会破坏数据。

代码清单 19.13　使用 fetch_add 函数计算累加和

```
use std::sync::atomic::AtomicU32;
use std::sync::atomic::Ordering::Relaxed;
use std::thread;

fn main() {

    static TOTAL:AtomicU32=AtomicU32::new(0);

    let handle1=thread::spawn(||{
        for n in 1..=100 {
            let a=TOTAL.fetch_add(n, Relaxed);
        }
```

```
    });

    let handle2=thread::spawn(||{
        for n in 101..=200 {
            TOTAL.fetch_add(n, Relaxed);
        }
    });

    handle1.join();
    handle2.join();

    println!("Total is {}", TOTAL.load(Relaxed));
}
```

19.6.3 比较和交换

设想多个线程争相修改同一个值，第一个到达的线程会原子地修改这个值。稍后到达现场的线程应该注意到这一变化，并且不应再次修改该值。这种情景在并行编程中相对常见，也是比较并交换操作的基础。

在比较和交换操作中，你需要指明一个预期值。如果找到预期值，则将当前值更新为一个新值。这就是交换。然而，如果没有找到预期值，就假定另一个线程已经修改了该值。当这种情况发生时，不应该再进行另一次交换。

在下一个示例中，两个线程尝试更新一个 AtomicU32 类型。调用 compare_exchange 函数来更新值。以下是函数定义：

```
pub fn compare_exchange( &self, current: u32, new: u32,
    success: Ordering, failure: Ordering) -> Result<u32, u32>
```

current 参数是预期值。如果 current 参数与当前值相匹配，原子类型 AtomicU32 的值会更新为 new 参数的值。最后两个参数是独立的 Ordering 类型参数。第一个 Ordering 参数用于交换操作。第二个 Ordering 参数在操作未交换值时使用。此外，如果交换没有发生，则返回一个 Err。

在代码清单 19.14 中，我们创建一个静态 AtomicU32 值的例子。第一个调用 compare_exchange 函数的线程更新了该值。

代码清单 19.14　使用 compare_exchange 函数

```
use std::sync::atomic::AtomicU32;
use std::sync::atomic::Ordering::Relaxed;
use std::thread;

fn main() {

    static A:AtomicU32=AtomicU32::new(0);
    let handle1=thread::spawn(||{
        A.compare_exchange(0, 1, Relaxed, Relaxed);
```

```
    });

    let handle2=thread::spawn(||{
        A.compare_exchange(0, 2, Relaxed, Relaxed);
    });

    handle1.join();
    handle2.join();

    println!("Value is {}", A.load(Relaxed));
}
```

在本例中，compare_exchange 的结果没有被检查。你可以通过 Result 来处理错误。

19.7　总结

线程同步，或者说线程协调，是保证应用程序正确性所必需的。这可能出于几个原因，包括防止竞争条件、在核心活动之前进行设置，或者原子地执行操作等，它们通常会导致一个线程至少暂时被阻塞。

Rust 有多种同步类型，包括常见的类型如 Mutex、RwLock、Condvar 以及原子类型。以下是关于这些类型需要注意的一些关键点：

- Mutex 用于实现互斥。
- RwLock 是读写锁。使用 RwLock，你可以同时拥有多个并发读者，但一次只能有一个写者。
- Condvar 用于条件变量和事件。我们通常将 Condvar 和 Mutex 配对使用。你还需要一个布尔条件来表示事件的状态。Condvar 提供了自定义同步，其中事件的含义由应用程序确定。实现 Condvar 需要几个步骤。
- 原子类型为基本类型提供了执行基本操作的原子性保证。各种原子操作包括存储和加载、获取和修改以及比较并交换。

有时需要对同步组件共享所有权。Arc 类型通过引用计数封装共享所有权。你可以使用 Arc 类型在非作用域线程之间共享同步组件。共享同步组件的其他解决方案是作用域线程和静态变量。

内　存

没有内存，就没有数据。大多数应用程序，无论是服务器、区块链、人工智能、游戏还是其他领域，都需要数据。因此，理解内存的复杂性至关重要。

关于内存，你有多种选择。不同类型的内存都有其独特的特性和优势，有时也有局限性。正确的内存选择往往依赖于几个因素，包括数据大小、所有权、生命周期、可变性和持久性。这些因素综合起来，将帮助你做出明智的决定。而帮助你做出这种决定正是本章的目标。

其中，三个主要的内存区域是栈、静态和堆内存。你可以将数据放置在这些位置中的任何一个。有时，Rust 会提供一些指引，例如将向量的元素放置在堆上。然而，主要还是由你来决定数据的位置。

应当注意，Rust 没有正式的内存管理模型[⊖]。没有"幕后巫师"来神奇地处理内存问题，例如高效组织内存、根据需要减少内存压力，或者移动内存以提高性能。Rust 确实提供了一些帮助。Rust 的一些特性（例如默认不可变性、智能指针、所有权和生命周期）形成了一种非正式的内存管理模型。

20.1　栈

每个线程都拥有一个栈，它是一种专用内存。当线程调用一个函数时，栈会增长。相反，当线程从函数返回时，栈会缩小。每个函数都有一个栈帧，它为函数保留内存。栈帧

⊖　正式的内存管理模型通常指一套定义良好的规则和机制，用于自动管理内存的分配、使用和释放，从而确保内存高效、安全地使用。通常包括垃圾回收机制、自动内存压缩、内存分配策略等。——译者注

中的内存用于局部变量、参数、返回值和系统数据。这些数据会被系统自动释放。

栈的实现是一个后进先出（LIFO）队列。它类似于一摞盘子，新的盘子总放置在顶部，并按顺序从顶部开始移除。这种方式意味着数据高效地存储在连续的内存中。栈具有可预测的行为。因此，系统可以有效地管理栈。

对于 Rust，除了主线程外，默认栈大小为 2k 字节。当生成一个线程时，你可以使用 Builder 类型和 stack_size 函数明确设置最小栈大小。或者，你可以使用 RUST_MIN_STACK 环境变量更改默认栈大小。然而，这两种方法都没有设定栈大小上限。栈是可增长的，会在需要时扩展，直到达到可用内存容量的限制。

let 语句可以使用当前栈帧内的内存中创建一个本地变量。在代码清单 20.1 中，我们在栈上创建了几个本地变量。

代码清单 20.1　在栈上声明变量

```
let a:i32=1;
let b:i32=2;
let c:i32=do_something();

println!("{:p} + {} (i32) = {:p} + {} (i32) = {:p}",
     &a, &b-&a, &b, &b-&a, &c)
```

本地变量 a、b 和 c 在栈上占据连续的内存位置。每个变量需要 32 位的内存，即 4 字节。println! 宏显示了每个变量的内存地址，确认它们在栈上的内存是连续的。以下是一个例子：

```
0x5e552ff7bc + 1 (i32) = 0x5e552ff7c0 + 1 (i32) = 0x5e552ff7c4
```

在代码清单 20.2 中显示的示例无法编译。在内部块中，变量 c 被推入栈中。然后在同一个内部块的末尾从栈中移除，从而证明即使在函数内部，数据也可以被添加和从栈中移除。因此，c 不再位于栈中，无法使用 println! 宏来显示。

代码清单 20.2　在内部块中声明变量

```
let a:i32=1;
let b:i32=2;

{
    let c:i32=3;
}

println!("{a} {b} {c}");
```

unsized 类型[⊖]不能放在栈上，仅限于使用固定大小的类型。例如，trait 不是固定大小的。因此，代码清单 20.3 中的示例也无法编译。我们使用了 Copy trait 作为参数，它是

⊖　编译时无法确定大小的类型。——译者注

unsized 的。编译器阻止了不合条件的参数被放置在栈上。

代码清单 20.3　作为参数的 Copy trait

```
fn do_something(a:Copy){

}
```

你可以结合 dyn（dyn Copy）或 impl（impl Copy）关键字与 trait 参数来成功编译该函数。这些关键字用具体值替换了 trait，它们是定长的。

栈可能消耗大量的内存。因此，在栈上放置大量对象时要小心。另一个问题是递归函数。不经意间创建无限的递归函数可以迅速耗尽可用内存。

一些数据类型（例如向量和字符串）是智能指针。当使用 let 语句声明时，这些类型的值会在堆上分配，我们将在本章后面讨论它们。指向该值的指针会被放在栈上。在下面的例子中，值 [1,2,3,4] 被放置在堆上。而 vp 变量，它是一个胖指针，被放在栈上。

```
let vp=vec![1,2,3,4];
```

20.2　静态值

静态值在应用程序的生命周期内是持久的。这是通过将静态值存储在二进制文件本身中来实现的，这种方式使得这些值始终可用。这也意味着大量的静态值可能会导致二进制文件膨胀，这可能会影响性能。此外，为了保持线程安全，静态值很少是可变的。

可以使用 static 关键字来创建静态绑定。按照惯例，静态值的变量名全部使用大写字母。此外，静态变量的类型不能被推断，必须显式指明。

在代码清单 20.4 中，我们使用了黄金比例数，即 1.618。自然界中的许多比例都遵循黄金比例，即使对于蜜蜂也是如此。在蜂巢中，雌性蜜蜂与雄性蜜蜂的比例通常是黄金比例。

代码清单 20.4　定义一个静态变量表示黄金比例

```
static GOLDEN_RATIO:f64=1.618;
let male_bees=100.0;
let female_bees:f64=male_bees*GOLDEN_RATIO;
println!("{}", female_bees as i32);
```

与栈变量的地址相比，静态变量的地址应明确显示出它们位于内存的不同区域。代码清单 20.5 中的示例展示了静态变量和栈变量的内存地址。

代码清单 20.5　显示栈变量和静态变量的内存地址

```
static A:i8=1;
static B:i8=2;
let c:i8=3;
let d:i8=4;
```

```
println!(
    "[ Global A: {:p}  B: {:p} ]\n[ Stack c: {:p}  d: {:p}]",
    &A, &B, &c, &d);
```

基于它们的地址，结果显示静态变量和栈变量分别分组在内存的不同区域：

```
[ Global A: 0x7ff6339ee3e8   B: 0x7ff6339ee3e9 ]
[ Stack c:  0x5e9c6ff5ae     d: 0x5e9c6ff5af]
```

20.3 堆

堆是运行时可供应用程序使用的进程内存。这通常是应用程序可用的最大内存池，是应放置大型对象的地方。在运行时，应用程序根据需要在堆上分配内存。这通常被称为动态内存分配。当不再需要时，堆内存可以被释放，返回可用池中。

堆内存取自应用程序的虚拟内存。一个进程与设备上其他正在运行的进程共享物理内存。因此，一个应用程序并不拥有计算机上的所有内存。相反，应用程序被分配了一个虚拟地址空间，称为虚拟内存，然后操作系统将其映射到物理内存。

当请求堆内存时，操作系统必须首先找到足够的连续内存以满足请求。然后在该位置分配内存，并返回一个指向该地址的指针。定位和分配内存的过程可能会比较耗时。此外，堆可能会因为一系列不同大小的数据分配操作而变得碎片化。即使有足够的可用内存，但不是在单一位置的整块内存，也可能导致内存分配失败。一些操作系统提供了系统 API 来对堆进行整理，以帮助缓解这个问题。

与栈不同，堆是进程内所有线程都可以访问的共享内存。因此，堆上的数据可能不是线程安全的。幸运的是，存在像 RwLock 这样的类型来帮助我们管理共享内存。

在 Rust 中，Box 类型[⊖]用于在堆上分配内存。当 Box 被释放时，通常在当前块的末尾，堆内存被释放。然而，如果 Box 值一直未被释放，就会导致内存泄漏。或者，可以通过 drop 语句显式地释放 Box 及相关内存。

以下是 Box 类型的描述：

```
pub struct Box<T, A = Global>(_, _)
    where A: Allocator, T: ?Sized;
```

Box 是泛型结构体，它的类型参数为 T，T 是被动态分配的类型。类型参数 A 是对内存分配器的引用。Global 是默认的分配器，用于在堆上分配内存。如果需要，你可以将其替换为自定义分配器。例如，自定义分配器可以从预分配的内存池中取得内存。你可以使用 new 构造函数创建一个 Box。以下是函数定义：

```
fn new(x: T) -> Box<T, Global>
```

⊖ 也被翻译为装箱类型。——译者注

Box::new 函数在堆上创建一个值，并返回一个 Box 值，而不是一个指向堆的指针（这里作者应该指非原始指针）。要访问堆上的 Box 值，需要对 Box 进行解引用。然而，这并不总是必需的。有时会自动发生解引用。println! 宏就是一个自动解引用 Box 值的典型例子。

代码清单 20.6 展示了如何手动和自动地解引用一个 Box。Box::new 函数在堆上创建了一个整数值（1）。将其结果绑定到 boxa 变量。接下来，我们想要给 Box 值加 1。为此，需要使用 * 运算符对 boxa 进行解引用。这样可以让表达式访问到 Box 值。然后 println! 宏会显示表达式的结果和装箱值。因为 println! 宏会自动对 Box 进行解引用，所以这里不需要 * 运算符。

代码清单 20.6　访问堆上的 Box 值

```
fn main() {
    let boxa=Box::new(1);
    let stackb=*boxa+1;
    println!("{} {}", boxa, stackb);  // 1 2
}
```

代码清单 20.7 的目的是比较指向值的指针和指向 Box 值的指针。这将展示局部变量位于栈上，以及 Box 值位于堆上。

代码清单 20.7　Box 化的整数以及访问它们的原始指针

```
fn main() {
    let boxa=Box::new(1);
    let boxb=Box::new(2);

    let c=1;
    let d=2;

    println!("boxa:{:p} boxb:{:p} c:{:p} d:{:p}",
        &boxa, &boxb, &c, &d);

    let rawa=Box::into_raw(boxa);
    let rawb=Box::into_raw(boxb);

    println!("{:p} {:p} {:p} {:p}", rawa, rawb, &c, &d);

    let boxc;
    let boxd;
    unsafe {
        boxc=Box::from_raw(rawa);
        boxd=Box::from_raw(rawb);
    }

    println!("boxc value: {}", *boxc);
    println!("boxd value: {}", *boxd);
}
```

使用 Box::new 函数为整数分配堆上的内存。所以 boxa 和 boxb 都是 Box 类型变量。常规整数变量 c 和 d 在栈上声明。println! 宏列出了变量 boxa、boxb、c 和 d 的内存地址。这确认变量位于内存的同一区域：栈。即使一个 Box 引用了堆上的数据，Box 本身通常位于栈上。

| boxa:0x498aaff958 boxb:0x498aaff960 c:0x498aaff968 d:0x498aaff96c

接下来，我们使用 into_raw 函数来获取 Box 值的原始指针：rawa 和 rawb。原始指针直接指向堆内存，并且是 unsafe 的。当它被释放时，堆内存不会被移除。相反，你需要在将来某个时候负责释放内存。应用程序中的第二个 println! 宏显示了 Box 值的内存地址。此外，应用程序还显示了 c 和 d 的内存地址。这证实了 Box 值和局部变量 c 和 d 位于内存的不同区域。

| rawa:0x237291bff90 rawb:0x237291bffb0 c:0x55a6eff328 d:0x55a6eff32c

另外，你可以使用 from_raw 函数将原始指针重新放回 Box 中。此后，Rust 将恢复对堆上数据项的责任。请注意，必须将 from_raw 函数标记为 unsafe 来调用。

你也可以将值从栈移动到堆，其结果取决于值支持移动还是复制语义。例如，将 String 变为一个 Box<String> 变量时，所有权被转移到了堆上（String 智能指针本身被移动到了堆上）。在代码清单 20.8 中，一个整数变量被 Box 化，因为整数实现了复制语义，所以整数的一个副本被放置在堆上。可以看到，当 Box 被解引用并且值增加时，只有堆上的值发生了变化。

代码清单 20.8　将值从栈移动到堆

```
let a=1.234;
let mut pa=Box::new(a);
*pa+=1.0;
println!("{} {}", a, *pa);  // a:1.234 pa:2.234
```

20.4　内部可变性

内部可变性最好用一个场景来描述。

你管理着大型连锁超市内的一家杂货店。在结账时，顾客购物车里的商品会被合计并记录在收据上。收据上的商店 ID 和交易 ID 是固定的，而总金额字段是可变的。代码清单 20.9 展示了交易（Transaction）类型。

代码清单 20.9　杂货店的 Transaction 类型

```
struct Transaction {
    storeid: i8,
    txid: i32,
    mut total:f64,
}
```

不幸的是，`Transaction` 结构体无法编译。为什么？因为结构体内的单个字段不能是可变的。可变性是在结构体级别上定义的。

代码清单 20.10 是一个可行的解决方案，其中的结构体在声明为一个变量时定义为可变。然而，这个解决方案在语义上是不正确的，并且允许不恰当的更改。`storeid` 字段不应该被更改，但是应用程序确实修改了这个字段。

代码清单 20.10　更新的 `Transaction` 和示例代码

```
struct Transaction {
    storeid: i8,
    txid: i32,
    total:f64,
}

fn main() {
    let mut tx=Transaction{storeid: 100, txid: 213,
        total:0.0};

    tx.storeid=101  // oops
}
```

内部可变性因此有了存在的价值，它正是为了解决这些挑战（正如所描述的交易类型）而提出的一种方案。支持内部可变性的类型是一种内部值的包装器。包装器可以保持不变，而内部是可变的。包装器呈现一个不可变的外观，同时间接允许对内部值进行更改。

`Cell` 是一种支持内部可变性的类型。它是类型参数为 `T` 的泛型，其中 `T` 描述了内部值。`Cell` 位于 `std::cell` 模块中。

`Cell` 可以保持不变性，而内部值可以使用函数进行修改，如 `Cell::get` 和 `Cell::set` 函数。`set` 函数修改内部值，`get` 函数返回内部值的副本。因为它是副本，所以副本和内部值之间没有依赖关系。以下是 `get` 和 `set` 函数的定义：

```
fn get(&self) -> T
fn set(&self, val: T)
```

你可以使用 `Cell::new` 构造函数来创建一个 `Cell`，像这样：

```
fn new(value: T) -> Cell<T>
```

接下来，我们创建一个内部为整数值的 `Cell`，初始化为 1。请注意，`Cell` 是不可变的，但内部值可以通过 `set` 函数修改。在修改之前，我们获取了内部值的一个副本。显示更新后的内部值和原始值的副本，以展示它们的独立性（见代码清单 20.11）。

代码清单 20.11　获取和设置 `Cell` 的内部值

```
use std::cell::Cell;

fn main() {
    let a=Cell::new(1);
```

```
        let b=a.get();
        a.set(2);
        println!("a={} b={}", a.get(), b); // a=2 b=1
    }
```

Cell 解决了 Transaction 的可变性困境。让我们修改 Transaction，将 total 字段更改为一个 float 的 Cell（见代码清单 20.12）。这意味着 total 字段是可变的，即使结构体的其余部分是不可变的。因此，其他字段的完整性得以保持。

代码清单 20.12　将 Transaction 更新为 Cell 类型

```
use std::cell::Cell;

struct Transaction {
    storeid: i8,
    txid: i32,
    total:Cell<f64>,
}

fn main() {
    let item_prices=[11.21, 25.45, 8.24, 9.87];
    let tx=Transaction{storeid: 100, txid: 213,
        total:Cell::new(0.0)};

    for price in item_prices {
        let total=tx.total.get()+price;
        tx.total.set(total);
    }

    println!("Store {}\nReceipt {}\nTotal ${:.2}",
        tx.storeid, tx.txid, tx.total.get());
}
```

Cell 类型还有另一个好处。在 Rust 中，你可以拥有对同一值的不可变和可变引用（借用），但存在限制。你可以同时拥有多个不可变引用。然而，不允许对一个值有多个可变引用。代码清单 20.13 是一个简短示例，展示了对同一值的可变和不可变引用。

代码清单 20.13　无效的多个可变引用

```
let mut a=1;

let ref1=&a;   // 不可变引用
let ref2=&a;   // 不可变引用

let mut ref3=&mut a;   // 可变引用
let mut ref4=&mut a;   // 可变引用
*ref3=2;

println!("{ref3}");
```

在前面的例子中，有两个不可变和可变引用指向同一个值。我们允许不可变引用，但不允许多个可变引用。编译器生成以下错误，正确地识别了问题。

```
7 |        let mut ref3=&mut a;
  |                     ------ first mutable borrow occurs here
8 |        let mut ref4=&mut a;
  |                     ^^^^^^ second mutable borrow occurs here
9 |        *ref3=2;
  |        ------- first borrow later used here
```

在某些情况下，限制可变引用的数量可能过于严格。另一个内部可变性能提供帮助的场景如代码清单 20.14 所示。

代码清单 20.14　修改独立 Cell 中的内部值

```
let a=1;

let cell=Cell::new(a);
let ref1=&cell;
let ref2=&cell;

ref1.set(2);
ref2.set(3);
println!("{}", ref1.get());   // 3
```

在开始时，Cell 被初始化为一个整数值，并创建了两个引用指向不可变的 Cell。然后我们从不同的引用使用 set 函数修改其内部值，这类似于实现了多个可变引用的效果。

其他有用的 Cell 函数包括：

- replace：用一个新值替换内部值，然后返回被替换的内部（旧）值。
- swap：交换两个 Cell 的内部值。
- take：获取内部值然后将其替换为默认值。

20.5　RefCell

RefCell 与 Cell 相似，它也位于 std::cell 模块中。然而，RefCell 提供对内部值的引用，而不是副本。你可以通过 RefCell::borrow 函数或 RefCell::borrow_mut 函数获得对内部值的引用。borrow 和 borrow_mut 函数分别提供了不可变借用和可变借用。这里是函数定义：

```
fn borrow(&self) -> Ref<'_, T>
fn borrow_mut(&self) -> RefMut<'_, T>
```

可以使用 new 构造函数创建一个 RefCell：

```
fn new(value: T) -> RefCell<T>
```

代码清单 20.15 中的示例中同时使用了 RefCell 的 borrow 和 borrow_mut。在解引用时，我们使用了 borrow_mut 来改变内部值，然后使用 borrow 来显示内部值，在这里不需要可变性。

代码清单 20.15　borrow 和 borrow_mut 示例

```
let refcell=RefCell::new(1);
*refcell.borrow_mut()+=10;
println!("refcell {}", refcell.borrow());
```

对于 RefCell，可变性的规则完全适用。然而，这些规则是在运行时而不是编译时强制执行的。因此，请格外小心不要违反这些规则。例如，如前所述，不允许有多个可变引用。这是可变性最重要的规则之一。

代码清单 20.16 创建了两个可变引用（a 和 b）指向同一个对象。因此，当其中一个引用被使用时，程序将会出现 panic。

代码清单 20.16　不支持多个可变借用

```
let refcell=RefCell::new(1);
let mut a=refcell.borrow_mut();   // 可变借用
let mut b=refcell.borrow_mut();   // 可变借用
*a+=10;   // panic
```

通过 borrow 函数，你可以同时拥有多个不可变借用。然而，如果当前存在一个可变借用，你就不能调用不可变借用。在那时请求一个借用会导致发生 panic，如代码清单 20.17所示。

代码清单 20.17　borrow 因为之前的 borrow_mut 而产生 panic

```
let refcell=RefCell::new(1);
let mut a=refcell.borrow_mut();   // 可变借用
let mut b=refcell.borrow();       // 不可变借用——panic
*a+=10;
```

try_borrow 函数是 borrow 函数的一个替代方案。该函数返回一个 Result 类型。当已存在一个可变引用（borrow）时，它不会引发 panic，而是返回一个 Result 类型的Err。如果成功，则返回 Ok(reference)。示例见代码清单 20.18。

代码清单 20.18　当存在当前的 borrow_mut 时，try_borrow 避免了 panic

```
let refcell=RefCell::new(1);
let mut a=refcell.borrow_mut();
let result=refcell.try_borrow();

match result {
    Ok(b)=>println!("Interior value: {}", b),
    Err(_)=>println!("Do something else")
}
```

代码清单 20.19 是 Transaction 应用程序的更新版本。Cell 已经被 RefCell 替换。为了对内部值做加法，borrow_mut 函数获得了一个可变引用。之后，调用 borrow 函数来获取最终总金额。

代码清单 20.19　更新 Transaction 结构体以适用于 RefCell 类型

```
use std::cell::RefCell;

struct Transaction {
    storeid: i8,
    txid: i32,
    total:RefCell<f64>,
}

fn main() {
    let item_prices=[11.21, 25.45, 8.24, 9.87];
    let tx=Transaction{storeid: 100, txid: 213,
        total:RefCell::new(0.0)};

    for price in item_prices {
        *tx.total.borrow_mut()+=price;
      }

        println!("Store {}\nReceipt {}\nTotal ${:.2}",
            tx.storeid, tx.txid, tx.total.borrow());
    }
```

其他有用的函数包括以下内容：
- replace：用另一个值替换内部值，并返回当前值。
- swap：交换两个 RefCell 的内部值。

20.6　OnceCell

与 Cell 和 RefCell 类似，OnceCell 也支持内部可变性。然而，用 OnceCell，你仅能修改一次内部值。如果再次尝试修改内部值，则会导致错误。可以使用 new 构造函数来创建一个 OnceCell。set 函数用于初始化内部值。如果它已经初始化，调用 set 则会返回 Result 类型的 Err。get 函数返回内部值。当然，可以根据需要多次获取内部值。以下是 new、set 和 get 函数的定义：

```
fn new() -> OnceCell<T>
fn set(&self, value: T) -> Result<(), T>
fn get(&self) -> Option<&T>
```

在代码清单 20.20 中，我们尝试在 for 循环中多次更新 OnceCell 值。在循环的第一次通过，set 函数成功地修改了内部值。在后续迭代中，set 函数将返回一个 Err 值，因为内部值只能被修改一次。该程序最终的内部值是来自第一个 **set** 函数的 **1**。

代码清单 20.20　使用 OnceCell 更新内部值

```
let once=OnceCell::new();
let mut result;
for i in 1..=3 {
    result=once.set(i);
    match result {
        Ok(_)=>println!("Updated"),
        Err(_)=>println!("Not updated")
    }
}
println!("Final value: {:?}", once.get().unwrap());
```

结果如下：

```
 Updated
Not updated
Not updated
Final value: 1
```

其他有用的函数包括以下内容：

- **get_mut**：获取内部值的可变引用。
- **get_or_init**：获取内部值，如果未初始化，则使用闭包设置它。
- **take**：获取内部值然后重置为默认值。

20.7　总结

掌握内存机制对于开发成功的应用程序至关重要。这包括了解不同的内存区域及其各自的好处。三个主要的内存区域是静态内存、栈内存和堆内存。

- 栈是分配给每个线程用于本地变量的内存。它位于连续的内存中。**let** 语句、参数和返回值都属于本地变量。
- 静态内存用于全局内存，并且在应用程序的整个生命周期内一直存在。**static** 关键字在静态内存中创建值。
- 在运行时，内存可以从堆中分配。当不再需要时，应该释放内存。你可以使用 **Box** 类型在堆上分配内存。当 **Box** 被释放时，内存也会被释放。

某些类型，例如 **String**（字符串）和 **Vec**（向量）类型，在栈和堆上都有内存分配。对于这些类型，值在堆上分配，而引用（更准确的说法是智能指针）位于栈上。当它被释放时，堆上的值会被释放。

我们介绍了 **Cell**、**RefCell** 和 **OnceCell** 用于内部可变性。这些类型是内部值的包装器。包装器是不可变的，而通过函数改变内部值。内部可变性对于字段并非全部可变的结构体非常有帮助。

第 21 章 *Chapter 21*

宏

永远不要因为他人有限的想象力而限制自己。

——Mae Jemison

宏允许你在自己的愿景范围内重新构想 Rust。Rust 对宏的支持是一个强大的特性，提供了几乎无限的能力。你可以提供新功能、实现默认行为，或者简单地避免冗余。

`println!` 宏可能是 Rust 世界中最著名的宏。它提供了可变参数函数的功能。这是因为 Rust 不支持可变参数函数。因此，`println!` 宏提供了语言标准中没有的特性。然后，第二受欢迎的是 `derive` 属性宏。例如，用于 Clone trait 和 Copy trait 的 `derive` 属性宏，实际上实现了这些 trait 的默认行为。

本质上，宏是用于生成代码的代码——也就是所谓的元编程 (metaprogramming)。宏在编译时被展开。因此，宏中的错误，特别是代码格式错误，通常在编译时被发现。

宏在 Rust 中几乎无处不在。对于许多其他语言来说，宏只是开发者的附加工具。但对于 Rust 不是这样。宏在 Rust 语言核心中扮演着重要角色，例如，`println!`、`format!`、`vec!`、`assert!`、`hash_map!` 等都是宏。

Rust 没有提供完善的反射，例如 `any::type_name`。但是宏提供了有限的反射能力，这也凸显了宏在该语言中的重要性。

你可能会认为宏只是一些高级函数。然而，宏具有以下与函数不同的特性：

- 宏支持可变参数。
- 宏在编译时展开。
- 宏变量（元变量）是无类型的。
- 宏具有不同的错误处理模型。
- 宏的定义和使用的位置会有所不同。

宏有两种类型：声明宏和过程宏。`println!`宏是最常见的声明宏，而`derive`属性是最常见的过程宏示例。

Rust 中的宏非常多样化。不幸的是，与函数相比，这种灵活性可能会带来额外的复杂性。此外，宏有时可能不够透明或易读。基于这些原因，如果一个任务可以通过函数来充分完成，那么你应该选择使用函数！

因为宏可能很复杂，本章将展示许多可以作为宏使用的模板示例。

21.1　词条

编译时，Rust 程序首先被转换成一系列的词条（token）。这个编译阶段被称为词法分析（tokenization）。你可能对这个阶段创建的一些词条比较熟悉，如字面量和关键字。

在词法分析之后，编译的下一个阶段是将词条流转换成抽象语法树（Abstract Syntax Tree，AST），这是一个由词条、树和叶子组成的层次结构，用来描述应用程序的行为。

宏在抽象语法树创建阶段之后被展开。因此，宏必须包含有效的语法，否则程序将无法编译。在这一阶段，宏可以读取抽象语法树中的词条，以理解程序或代码片段并规划响应。响应可能是替换现有的词条或在词条流中插入额外的词条。

词条流使用以下不同类型的词条：

- 关键字
- 标识符
- 字面量
- 生命周期
- 标点符号
- 分隔符

图 21.1 显示了词条及其类型到示例代码中特定元素的映射。

图 21.1　标注了词条类型的示例

21.2　声明宏

如前所述，宏有两种类型：声明宏和过程宏。由于声明宏更为简单明了，因此我们将从这里开始。

声明宏类似于 match 表达式，但它针对代码而非值。对于声明宏，模式被称为宏匹配器。你将匹配一种代码片段类型，比如一个表达式。在匹配表达式中使用的匹配分支等价于声明宏中的宏转录器。如果匹配成功，那么宏转录器就是插入词条流中的替换代码。声明宏是自上而下展开的。在第一个匹配的模式处，转录就会扩展到词条流中。

使用 macro_rules! 宏声明一个声明宏是一种自举，即宏创建宏。以下是创建声明宏的语法：

```
macro_rules!identifier {
    (macro_matcher¹)=>{ macro_transcriber } ;
    (macro_matcher²)=>{ macro_transcriber } ;
    (macro_matcherⁿ)=>{ macro_transcriber }
}
```

以标识符（identifer）来命名宏，然后可以使用宏操作符（!）调用宏。

我们在代码清单 21.1 中创建了 hello! 声明宏。宏展示了著名的"Hello, world!"问候语。macro_rules 宏用于声明宏。该宏有一个空的宏匹配器，这意味着全包含。宏在编译时被替换为显示问候语的 println!。在 main 中，调用 hello! 宏，生成的 println! 显示问候语。

代码清单 21.1　创建 hello! 声明宏

```
macro_rules!hello{
    ()=>{   // 空的宏匹配器
        println!("Hello, world!")
    };
}
fn main() {
    hello!()   // 用 println! 替换
}
```

在非宏的代码中，值被赋予类型，如 i8、f64，甚至 String。宏也有一套类型。然而，宏操纵的是代码而不是值。因此，这些类型与代码相关，而与值不相关。宏的"类型"被称为片段说明符（fragment specifier）。

以下是片段说明符的列表：

- block：代码块
- expr：表达式
- ident：标识符，语法项或关键字的名称
- item：代码中的语法项
- lifetime：生命周期
- literal：字面量或标签标识符
- meta：元数据，属性的内容

- `pat`：模式
- `pat_param`：一个允许 or（|）词条的模式参数
- `path`：路径类型
- `stmt`：语句
- `tt`：词条树（TokenTree）
- `ty`：类型
- `vis`：可见性

你可以声明绑定到代码的变量，这与声明一个绑定到值的变量类似。绑定到代码片段的变量被称为元变量（metavariable），并且前面带有美元符号（`$`）。

代码清单 21.2 是一个更灵活版本的 `hello!` 宏，你可以在这个版本中更改问候语。因此，这个宏接受一个参数，用于问候语中的名称。它同时使用了一个片段指定符（`expr`）和一个元变量（`name`）。

代码清单 21.2　带有变量输入的 `hello!` 宏

```
macro_rules!hello{
    ($name:expr)=>{
        println!("Hello, {}!", $name);
    };
}
fn main() {
    hello!("Douglas");
}
```

在宏中，`expr` 是片段说明符，用于表达式，并且是唯一可接受的模式。`name` 元变量被绑定到宏输入。如果 `name` 是一个表达式，那么存在一个匹配，并且会使用元变量显示问候语。

在 `main` 函数中，当 `hello!` 宏被调用时，`Douglas` 作为表达式被提供。因此，宏匹配了一个匹配项并显示了这个 `name`。

让我们探索另一个片段说明符。在代码清单 21.3 中，`talk!` 宏只接受字面量。因此，宏匹配器是字面量片段说明符。转录器很简单，只是插入显示字面量的代码。在 `main` 中，宏成功地被调用了几次，每次输入不同的字面量值。然而，当将表达式输入宏时，它无法编译，因为表达式不是字面量。

代码清单 21.3　使用字面量片段说明符的宏

```
#[derive(Debug)]
struct Test;

macro_rules!talk{
    ($lit:literal)=>{
        println!("Literal: {:?}!", $lit);
    };
```

```
}
fn main() {
    let input=42;

    talk!("Douglas");
    talk!("Adams");
    talk!(input);    // 不工作
}
```

21.2.1 重复构造

重复构造允许在代码片段上进行重复转换。它可以在宏匹配器或转录器内发挥作用。这种能力很重要，因为它为变参宏提供了支持，而核心语言本身并不支持这一点。

以下是重复构造的语法：

```
($(code fragment), * |+|? )
```

图 21.2 展示了语法的标注版本。

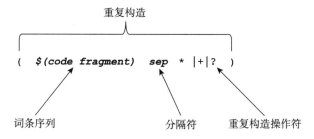

图 21.2　标注了词条类型的示例

以下是用于重复构造的操作符：

- 星号（*）：零个或多个
- 加号（+）：一个或更多
- 问号（?）：零个或一个

让我们创建一个使用重复构造的宏。vec_evens! 宏与 vec! 宏类似，但 vec_evens! 宏只会将偶数编号的整数值附加到向量中。奇数编号的整数将被忽略。该宏是可变参数的，可以接受可变数量的值。代码清单 21.4 展示了使用该宏创建一个偶数编号的整数的向量。

代码清单 21.4　调用 vec_evens! 可变参数宏

```
use evens_macro;

fn main() {
    let answer=evens_macro::vec_evens![2,4,5,9,12];
    println!("{:?}", answer);    // 2, 4, 12
}
```

代码清单 21.5 是 `vec_evens!` 宏的实现。宏匹配器有一个重复匹配 **expr** 模式的重复构造。在转录器内，创建一个新的向量。之后另一个重复构造生成代码，将每个表达式添加到向量中。在添加到向量之前，宏会检查表达式是否为偶数。

在这种情况下，宏被放置在一个单独的 crate 中。宏导出（`macro_export!`）属性使得宏在其 crate 外部可见。

代码清单 21.5　实现 vec_evens! 宏

```
#[macro_export]
macro_rules! vec_evens {
    ( $( $item:expr ),* ) => {   // 重复构造
        {
            let mut result = Vec::new();
            $(   // repetition
                if ($item % 2) == 0 {
                    result.push($item);
                }
            )*
            result
        }
    };
}
```

正如之前展示的，你甚至可以在宏内引用一个声明宏。代码清单 21.6 是一个更精细版本的宏，用于显示"Hello, world!"问候语。接下来展示的 `hello_world` 宏，依赖 `hello` 宏和 `world` 宏来显示问候语。这三个宏都是声明宏，并且位于同一个 **crate** 中。

代码清单 21.6　在同一个 crate 内调用宏的宏

```
#[macro_export]
macro_rules! hello_world {

    () => {
        println!("{} {}", hello!(), name!());
    }
}

#[macro_export]
macro_rules! hello {
    () => {"Hello"}
}

#[macro_export]
macro_rules! name {
    () => {"Bob"}
}
```

然而，这个 `hello_world` 宏是无法编译的，因为声明宏 `hello!` 和 `name!` 会在其调用点上展开。这并不包括当前未在范围内的宏，比如 `println!` 宏（在 `println!` 宏

中，看不到 hello! 和 name!）。因此，hello_world 宏中含有对无效宏的引用。使用 $crate 元变量前缀可以防止此类行为。作为分隔符，你还必须添加 :: 运算符。在使用 $crate 元变量时，代码清单 21.7 所示的 hello_world 宏版本可以成功编译。

代码清单 21.7　使用 $crate 元变量的 hello_world 宏版本

```
#[macro_export]
macro_rules! hello_world {
    () => {
        println!("{} {}", $crate::hello!(),
            $crate::name!());
    }
}
```

代码清单 21.8 是调用 hello_world 声明宏的应用程序。

代码清单 21.8　使用 hello_world 声明宏的应用程序

```
use say::hello_world;

fn main() {
    hello_world!();
}
```

21.2.2　多个宏匹配器

宏可以有多个宏匹配器，如代码清单 21.9 所示。有了两个宏匹配器，product 宏可以接受包含两个或三个表达式的代码片段。每个宏匹配器的转录器都在词条流中为该模式插入正确的代码。

代码清单 21.9　一个具有多个宏匹配器的声明宏

```
macro_rules! product{
    ($a:expr,$b:expr)=>{
        {
            $a*$b
        }
    };

    ($a:expr, $b:expr, $c:expr)=>{
        {
            $a*$b*$c
        }
    };
}

fn main() {
    let result=product!(1, 2);
    let result2=product!(3, 4, 5);
```

```
    println!("{} {}", result, result2);
}
```

我们现在已经完成了关于声明宏的讨论，是时候讨论过程宏了，这些宏有额外的能力。幸运的是，许多概念（如词条）保持不变。

21.3 过程宏

过程宏接收用以描述程序的某个部分的词条流作为输入，宏会展开输入并返回一个不同的词条流（TokenSteam）作为响应。然后，该响应会在宏的位置被插入应用程序的整体词条流中。过程宏没有模式匹配器，而是解析输入流并返回输出流。

有三种风格的过程宏：

- 派生宏
- 属性宏
- 类函数宏

TokenStream（词条流）是所有程序宏的基本组成部分。TokenStream 是一个词条序列的抽象，代表代码片段。过程宏的输入和输出是一个 TokenStream。TokenStream 类型定义于 proc_macro（过程宏）crate 中。

你需要一种方便的方法将源代码转换为 TokenStream。这对于创建输入词条的响应是必要的。TokenStream::FromStr 函数是一种解决方案。它将源代码片段（作为 str）转换为 TokenStream。如果代码片段格式错误，则转换为 TokenStream 将导致错误。

以下是 from_str 函数的定义：

```
fn from_str(src: &str) -> Result<TokenStream, LexError>
```

与声明宏不同，过程宏必须驻留在独立的 crate 中，并标记为过程宏 crate。为此，在 cargo.toml 文件的 lib 部分添加 proc-macro 键，如下所示：

```
[lib]
proc-macro=true
```

syn 和 quote crate 是用于过程宏的可选辅助工具箱：

- syn 具有将 TokenStream 和 DeriveInput 类型相互转换的功能。DeriveInput 代表了抽象语法树。它是一个层级化的词条结构，比 TokenStream 更易于遍历。parse_macro_input! 宏将 TokenStream 直接转换为 DeriveInput。作为另一个选项，parse_derive_input 函数提供了相同的行为。如果转换成功，则该函数会在 Result 中返回一个 DeriveInput。

以下是 parse_derive_function（解析派生函数）的定义：

```
pub fn parse_derive_input(input: &str) ->
    Result<DeriveInput, String>
```

- quote crate 包含了 quote! 宏，它可以将源代码作为字符串转换成一系列的词条。你可以调用 into 函数将词条转换为 TokenStream。或者使用 TokenStream::from 函数将词条转换为 TokenStream。

21.3.1　派生宏

作为 derive 属性，派生宏是最具标识性的过程宏。派生宏经常用于实现一个 trait，比如 Debug 或 Clone trait。下面是应用派生宏的语法：

```
[derive(macro_name)]
type
```

derive 属性适用于以下类型：

- 结构体
- 联合体
- 枚举体

在声明派生宏时，你必须用 proc_macro_derive 属性来修饰宏函数。唯一的参数是宏的名称。对于宏函数来说，TokenStream 是唯一的参数。

在代码清单 21.10 中，Hello 是一个派生宏，用于显示 "Hello, world!" 问候语。让我们假设宏位于一个专门的 crate 中。此外，proc-macro 条目已被添加到 cargo.toml 文件的 lib 部分。

宏在带有 proc_macro_derive 属性的 hello 函数中实现。这个宏的实现不需要 TokenStream 参数。因此，该参数被忽略了。我们接下来实现一个 hello_world 函数。parse 函数将字符串转换为 TokenStream，宏返回该 TokenStream。然后它被插入用于应用程序的 TokenStream。

代码清单 21.10　Hello 宏作为一个过程宏和派生宏

```
use proc_macro::TokenStream;

#[proc_macro_derive(Hello)]
pub fn hello(input: TokenStream) -> TokenStream {
    r##"fn hello_world(){ println!("Hello, world!")}"##
        .parse().unwrap()
}
```

在代码清单 21.11 中，使用了 Hello 派生宏。我们将派生宏应用到 Bob 结构体上。宏会将 hello_world 函数插入 TokenStream。然后你可以像在 main 中展示的那样调用 hello_world 函数。

代码清单 21.11　使用 Hello 派生宏

```
use hello::Hello;

#[derive(Hello)]
struct Bob;

fn main() {
    hello_world();
}
```

让我们创建一个新版本的 Hello 派生宏。这个版本的宏集成了目标的类型，这更加真实！前一个版本的宏忽略了作为输入的 TokenStream 参数。TokenStream 代表了结构体、枚举，或者任何宏的目标的部分代码。在这个例子中，宏为目标类型实现了 Hello trait。现在的问候将会是 "Hello 类型名称"，代码清单 21.12 展示了这个宏。

代码清单 21.12　接受变量输入的 Hello 派生宏的版本

```
#[proc_macro_derive(Hello)]
pub fn hello(input: TokenStream) -> TokenStream {
    let token_string = input.to_string();

    let derive_input =
        syn::parse_derive_input(&token_string).unwrap();
    let name=&derive_input.ident;
    let code=format!(r##"impl Hello for {name} {{
            fn hello_world() {{
                println!("Hello {name}");
            }}
    }}"##);

    code.parse().unwrap()
}
```

在这个宏的版本中，parse_derive_input 函数将输入 TokenString 转换为 DeriveInput。然后 DeriveInput::ident 字段返回目标的名称，再将其绑定到 name 变量。之后该名称被整合到实现 Hello trait（参见 println! 宏）的代码片段中。最后，parse 函数将代码片段转换回 TokenStream，并从宏中返回。

在 main 函数中，我们定义了 Hello trait，包括 hello_world 函数。接下来，我们将 Hello 宏应用于 Bob 结构体，为该类型实现 Hello trait。然后在 Bob 上调用 hello_function 来显示问候语（见代码清单 21.13）。

代码清单 21.13　使用修订后的 Hello 宏

```
use hello_world::Hello;

trait Hello {
    fn hello_world();
```

```
}

#[derive(Hello)]
struct Bob;
fn main() {
    Bob::hello_world();   // Hello Bob
}
```

代码清单 21.14 展示了 Hello 宏的最终版本。结果与前一个版本相同——它实现了
Hello trait。在这个版本中，我们使用 parse_macro_input! 宏将 TokenStream 转换
为 DeriveInput。此外，hello_world 函数在 quote! 宏中被实现，而不是使用字符
串。为了在 quote! 宏中包含宏函数中的变量，可以在变量前加上 #，例如 #variable。
quote! 宏的结果可以通过 TokenStream::from 函数转换为 TokenStream。quote!
宏在编写扩展或复杂宏时更加透明。

代码清单 21.14　Hello 宏的最终版本

```
use proc_macro::TokenStream;
use quote::quote;
use syn;

#[proc_macro_derive(Hello)]
pub fn hello(input: TokenStream) -> TokenStream {
    let syn::DeriveInput { ident, .. } =
        syn::parse_macro_input!{input};

    let tokens = quote! {
        impl Hello for #ident {
            fn hello_world() {
                println!("Hello from {}", stringify!(#ident));
            }
        }
    };
    TokenStream::from(tokens)
}
```

另一个实用的例子可能会有所帮助。在这个例子中，Type trait 提供了运行时类型信息
（Runtime Type Information, RTTI）的接口。该 trait 的 get 函数返回一个值的类型。Type
宏实现了该 trait。在 get 函数中，调用 any::type_name 函数来获取当前类型的名称
（参见代码清单 21.15）。

代码清单 21.15　实现 Type 宏

```
use proc_macro::TokenStream;
use quote::quote;
use syn;

#[proc_macro_derive(Type)]
```

```
pub fn get_type(input: TokenStream) -> TokenStream {
    let syn::DeriveInput { ident, .. } =
        syn::parse_macro_input!{input};
    let tokens = quote! {
        impl Type for #ident {
            fn get(&self)->String {
                std::any::type_name::<#ident>().to_string()
            }
        }
    };
    TokenStream::from(tokens)
}
```

在代码清单 21.16 中，我们使用了 Type trait。它被应用于 MyStruct 类型。然后调用 get 函数来返回类型名称 MyStruct。

代码清单 21.16　使用 Type 宏来显示类型名称

```
use get_type_macro::Type;

trait Type {
    fn get(&self)->String;
}

#[derive(Type)]
struct MyStruct;

fn main() {
    let my=MyStruct;
    println!("{}", my.get()); //MyStruct
}
```

21.3.2　属性宏

属性宏作为自定义属性被调用。这与派生宏不同，后者在 derive 属性中呈现。属性宏和派生宏之间有几个不同点：

- 属性宏以 proc_macro_attribute 来修饰。
- 属性宏定义新属性，而不是 derive 属性。
- 属性宏也可以应用于结构体、枚举、联合体以及函数。
- 属性宏用于替换目标对象。
- 属性宏有两个 TokenStream 类型参数。

以下是属性宏的定义：

```
#[proc_macro_attribute]
pub fn macro_name( parameter1: TokenStream,
    parameter1: TokenStream) -> TokenStream
```

属性宏有两个 TokenStream 类型参数。第一个 TokenStream 描述宏的参数。当没有参数时，TokenStream 为空。第二个 TokenStream 描述属性宏的目标对象，例如结构体或函数。当然，宏返回一个 TokenStream。与派生宏不同，TokenStream 替换了目标。例如，如果你将属性宏应用于一个结构体，那么该宏会在词条流中完全替换掉该结构体。

代码清单 21.17 是一个属性宏的例子。info 宏简单地展示了两个 TokenStream 参数的内容，这有助于传达每个 TokenStream 参数的目的和角色。这将给每个参数提供描述。理解这些信息将有助于你在规划属性宏时做出决策。

代码清单 21.17　实现一个用于显示 TokenStream 的属性宏

```
use proc_macro::TokenStream;
use quote::quote;

#[proc_macro_attribute]
pub fn info( parameters: TokenStream, target: TokenStream)
        -> TokenStream {
  let args=parameters.to_string();
  let current=target.to_string();
  let syn::DeriveInput { ident, .. } =
          syn::parse_macro_input!{target};
  quote!{
    struct #ident{}

    impl #ident {
      fn describe(){
        println!("Token 1: {}", #args);
        println!("Token 2: {}", #current);
      }
    }
  }.into()
}
```

在 info 宏中，两个 TokenStream 参数都被转换成了字符串：args 和 current。宏 parse_macro_input! 将目标转换成 DeriveInput。然后我们可以解构 ident 字段以获取类型名称。在 quote 宏中，我们创建了一个带有类型名称（#ident）的结构体。对于该类型，我们实现了 discribe 函数，以显示两个 TokenStream 的内容。

代码清单 21.18 是一个使用 info 属性宏的应用程序。我们将宏应用于 sample 结构体。在 main 中，调用 describe 函数来显示两个 TokenStream。

代码清单 21.18　使用 info 属性宏

```
use example_macro::info;

#[info(a,b)]
struct sample{}
```

```
fn main(){
    sample::describe();
}
```

结果如下：

```
Token 1: a, b
Token 2: struct sample {}
```

21.3.3 类函数宏

最后要讨论的过程宏是类函数宏。类函数宏带有 #[proc_macro] 属性声明，并直接使用宏操作符 (!) 调用。以下是一个类函数宏的定义：

```
#[proc_macro]
pub fn macro_name( parameter1: TokenStream
                            -> TokenStream
```

代码清单 21.19 是一个类函数宏的例子。create_hello 宏创建了 hello_world 函数。这与本章之前展示的代码类似。

代码清单 21.19　create_hello 宏是一个类函数宏

```
use proc_macro::TokenStream;

#[proc_macro]
pub fn create_hello(_item: TokenStream) -> TokenStream {
    r##"fn hello_world(){ println!("Hello,
    world!");}"##.parse().unwrap()
}
```

在代码清单 21.20 中，应用程序中使用了 create_hello 类函数宏。它实现了 hello_world 函数，随后在 main 中被调用。

代码清单 21.20　使用 create_hello 类函数宏

```
use hello_macro::create_hello;

create_hello!();

fn main() {
    hello_world();
}
```

21.4　总结

宏，如 println! 和 vec! 宏，为 Rust 语言提供了额外的功能。你可以通过创建自己的宏进一步扩展语言的功能。

宏是一个代码生成器。它是一种元编程，元编程是用于创建其他代码的代码。在编译时，宏的结果替换宏本身，并插入应用程序的 TokenStream 中。

更具体地说，宏接受描述应用程序部分的词条序列。关键字、字面量、语句和其他语言元素都有不同类型的词条。TokenStream 类型是这些词条流的抽象。

宏有两种类型：声明宏和过程宏。声明宏类似于 match 表达式，但用于代码，而不是值。println! 宏就是一个声明宏的例子。对于声明宏，代码的模式表达为片段说明符，例如 expr 和 ident。在宏内部，你可以使用美元符号（$）前缀来创建元变量。这些元变量可以用于输出代码。此外，在声明宏内，你可以使用重复构造来创建一个可变参数宏。使用 macro_rules! 宏来创建声明宏。

对于过程宏，输入参数和返回值都是 TokenStream 类型。宏检查一个输入 TokenStream，应用一些转换，并将结果作为输出 TokenStream 返回。你可以将一个输入 TokenStream 转换成 DeriveInput，它是一个抽象语法树。有了 DeriveInput，通常更容易解析和分解 TokenStream 中的特定数据。

有三种类型的过程宏，每种都与一个特定属性相关联：

派生宏	#[proc_macro_derive(*Name*)]
属性宏	#[proc_macro_attribute]
类函数宏	#[proc_macro]

每种过程宏的应用方式都不同。derive 宏作为派生宏被调用。属性宏作为自定义属性被调用。最后，类函数宏是通过宏操作符（!）来调用的。

唯一限制宏的功能的是你的想象力，所以开始探索吧！

互 操 作 性

"没有人能自全，没有人是孤岛，每人都是大陆的一片，要为本土应卯"是英国诗人 John Donne 的一句著名格言。它同样适用于大多数编程语言，尤其是系统编程语言，包括 Rust。

有时，Rust 需要与其他编程语言编写的程序或库进行通信，包括调用操作系统 API 等。尽管 crates.io 和 Rust 生态系统提供了很多功能，但有时我们仍然需要更多。这意味着你可能需要在某个时候离开 Rust 的舒适区，去与另一种编程语言或操作环境本身进行交互。互操作性提供了与外部语言通信的能力。

Rust 支持 C 应用程序二进制接口（Application Binary Interface, ABI）。尽管有一些限制，C ABI 仍然是许多编程语言和操作系统的首选公共接口。另外，C 语言（或 C 的其他变体）已经存在超过 50 年了。因此，用 C / C ++ 编写的应用程序非常广泛，几乎涵盖了所有计算需求。互操作性为 Rust 开发人员提供了对这一庞大功能库的访问能力。

在不同语言之间安全交换数据是一个重大挑战，尤其是在处理字符串时。例如，C 语言的字符串是以空字符结尾的，而 Rust 语言的字符串则不是。Pascal 语言的字符串也不同，它是以长度为前缀的字符串。这些语言之间的不同类型系统可能会引起困难。另一个潜在问题是指针的管理方式，这在不同语言之间也可能存在差异。解决这些问题的方案是外部函数接口（Foreign Function Interface, FFI），它提供了在 Rust 和其他（外部）语言之间传输数据的能力，以处理这些差异。数据编组⊖（Marshaling）是在不同类型模型和标准之间来回

⊖ 在某些上下文中，"marshaling"和"unmarshaling"可以被理解为"序列化和反序列化"。然而，在涉及跨语言的数据交换时，"marshaling"更强调数据在不同类型系统和内存布局之间的转换，而不仅仅是简单的序列化。——译者注

转移数据的能力。

在本章中，我们专注于 Rust 与 C/C++ 互操作性。

22.1 外部函数接口

外部函数接口是确保互操作性成功的黏合剂。它在 Rust 和 C 之间创建了一个翻译层。FFI 的组成部分可以在 `std::ffi` 模块中找到。在那里，你可以看到在大多数情况下将数据从 Rust 编组到 C 所必需的标量、枚举和结构体。

字符串是最难正确编组的类型。这一点在考虑 Rust 和 C/C++ 字符串之间的差异时就能理解。

- C 字符串以空字符结尾，而 Rust 字符串不以空字符结尾。
- C 字符串不能包含空字符，而 Rust 字符串允许空字符。
- C 字符串可以通过原始指针直接访问。Rust 语言字符串通过一个胖指针访问，该指针包含了额外的元数据。
- Rust 字符串主要使用 Unicode 字符集和 UTF-8 编码。对于 C 语言，Unicode 的使用可能会有所不同。

甚至 Rust 中的 char 与 C 的字符也不同。在 Rust 中，char 是一个 Unicode 标量值，而 C 的 char 支持 Unicode 代码点。一个 Unicode 标量值是 Unicode 核心字符序列。相反，Unicode 代码点仅限于七种 Unicode 值分类。因此，你可以在 C 语言中使用在 Rust 中不可用的字符[⊖]。

在 FFI 中，`CString` 类型可用于在 Rust 和 C 之间编组字符串，`CStr` 类型用于将 C 字符串转换为 Rust 的 `&str`。还有 `OsString` 和 `OsStr` 类型，用于读取操作系统字符串，例如命令行参数和环境变量。

`std::ffi` 模块还提供了用于编组原生值的类型（见表 22.1）。

表 22.1　原生类型的编组类型列表

Rust	C/C++	Rust	C/C++
c_char	char (i8)	c_long	long
c_char	char (u8)	c_ulong	unsigned long
c_schar	signed char	c_longlong	long long
c_uchar	unsigned char	c_ulonglong	unsigned long long
c_short	short	c_float	float
c_ushort	unsigned short	c_double	double
c_int	int	c_void	void
c_uint	unsigned nut		

⊖ C 语言中的 char 类型默认仅支持 8 位字符值，这里作者指的 char，不是 C 语言中的 char 类型，而是指 C 语言中可以表达 Unicode 代码点的字符类型，如 wchar_t 类型。

此外，一些 Rust 类型可以"按原样"完全兼容。这包括浮点数、整数和基本枚举。相反，动态大小类型不受支持，例如 trait 和切片。

对于有限数量的条目，创建适当的接口以进行编组是可行的。然而，当有数百个条目需要编组时，这种方式很快就变得难以维持。编组 C 标准库的部分内容是一个很好的例子。例如，你不会想要将整个 **stdlib.h** 头文件进行编组。幸运的是，libc crate 提供了绑定，来对 C 标准库的部分内容进行编组。

22.2 基础示例

作为第一个示例，我们从"Hello, World"开始。与之前不同，现在准备从 Rust 调用一个 C 函数。

代码清单 22.1 展示了 C 源文件。它提供了一个 **hello** 函数。我们想要导出这个函数并且在 Rust 中调用它。

代码清单 22.1 带有 hello 函数的 C 程序

```
// Hello.c
#include <stdio.h>

void hello () {
    printf("Hello, world!");
}
```

我们使用 **clang** 编译器和 LLVM 工具编译 C 源代码，并创建一个静态库，如下所示。该库将用于将 **hello** 函数实现绑定到我们的 Rust 程序中。

```
clang hello.c -c
llvm-lib hello.o
```

在 Rust 程序中，将从 C 语言导出的函数定义放在 **extern "C"** 块中，该块可看作 Rust 风格的头文件。现在你可以调用这个函数。然而，你必须在一个 **unsafe** 块中调用该函数。Rust 无法保证外部函数的安全性。

hello 函数既没有参数也没有返回值。因此，你只要简单地调用该函数即可，如代码清单 22.2 所示。

代码清单 22.2 调用 C 函数的 Rust 程序

```
// greeter.rs
extern "C" {
    fn hello();
}

fn main() {
    unsafe {
```

```
        hello();
    }
}
```

是时候构建应用程序了。使用 `rustc` 编译器，你可以从 Rust 源文件构建一个可执行的 crate，同时链接到一个外部库。通过以下 `rustc` 命令来创建可执行 crate：

```
rustc "greeter.rs" -l "hello.o" -L .
```

该命令编译 `greeter.rs`。`-l` 选项链接到 `hello.o` 库。此外，`-L` 选项指定库的位置。"`.`"表示库在当前目录中。该命令将为本示例创建一个可执行的 crate，greeter.exe。当你运行 `greeter` 时，将显示问候语：

```
Hello, world!
```

你可以通过 build.rs 脚本来自动化构建过程，包括链接库。该脚本类似于其他语言中的 makefile。它在构建包括多个步骤、管理构建管道线或只自动化过程时非常方便。build.rs 文件在构建过程中由 Cargo 自动检测和执行。幸运的是，与可能看起来像外星语言的 makefile 不同，build.rs 文件看起来像正常的 Rust 代码，构建指令如函数调用般自然。

代码清单 22.3 是之前 `hello` 程序的 build.rs 文件。

代码清单 22.3　构建一个与 C 库链接的 Rust 二进制文件的 build.rs 文件

```
extern crate cc;

fn main() {
    cc::Build::new().file("src/hello.c").compile("hello");
}
```

与大多数 Rust 应用程序一样，`main` 是构建应用程序的入口点。第一步是使用 `Build::new` 构造函数创建一个 `Build` 类型。`Build::file` 函数识别输入文件（一个 C 源文件）以进行编译。`file::compile` 函数执行实际的编译并链接到库（.lib）文件。这些函数都在 cc crate 中被定义。你必须在 cargo.toml 文件的 build-dependencies 部分添加 cc（crates.io 中的 cc），如下所示：

```
[build-dependencies]
cc = "1.0"1
```

为 greeter 包列出的分层文件显示在图 22.1 中，包括被加粗显示的 build.rs 文件。

在 build.rs 中编写构建过程脚本后，你可以调用 `cargo build` 来构建可执行的 crate。或者，你也可以调用 `cargo run` 来构建并运行它。

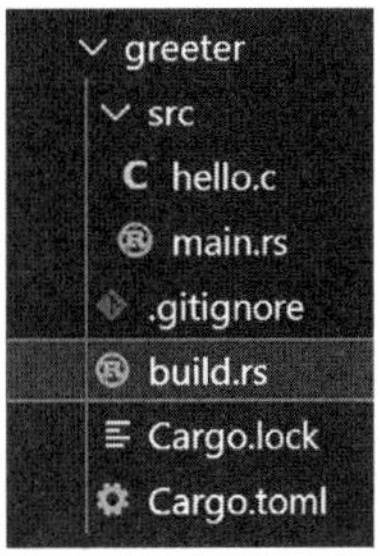

图 22.1　自动化构建过程的文件层次结构

22.3 libc crate

如前所述，libc crate 包含了与 C 标准库的一部分进行编组的 FFI 绑定，包括 stdlib.h 的 FFI 绑定。在 **extern** 块中，你只要列出将在应用程序中使用的 C 标准库的数据项，而不需要其他任何东西。这就是 libc crate 的好处。现在，你可以在需要的地方使用所选数据项。

如代码清单 22.4 所示，该程序使用了 stdlib 中的 **atof** 和 **atoi** 函数，将存储为字符串的数字转换为标准数字。**atof** 函数将字符串转换为浮点数，而 **atoi** 函数将字符串转换为整数。

代码清单 22.4 Rust 程序使用 libc 访问 C 标准库

```rust
use std::ffi::{c_longlong, CString, c_double};

extern "C" {
    fn atof(p:*const i8)->c_double;
    fn atoi(p:*const i8)->c_longlong;
}

fn main() {

    // 将"字符串浮点数"转换为浮点数
    let f_string = "123.456".to_string();
    let mut f_cstring: CString =
        CString::new(f_string.as_str()).unwrap();
    let mut f_result:c_double;

    // 将"字符串整数"转换为长整型
    let i_string = "123".to_string();
    let mut i_cstring: CString =
        CString::new(i_string.as_str()).unwrap();
    let mut i_result:c_longlong;

    unsafe {
        f_result=atof(f_cstring.as_ptr());  // 转换为浮点数
        i_result=atoi(i_cstring.as_ptr());  // 转换为整数
    }

    println!("{}", f_result);
    println!("{}", i_result);
}
```

atof 和 **atoi** 函数都接收字符串作为参数，并分别返回一个浮点数或整数。我们创建字符串"123.456"和"123"用来测试。**CString::new** 构造函数将 **String** 类型的测试值转为 **CString** 类型。我们需要 **CString** 来编组函数参数。**as_ptr** 函数将 **CStrings** 转换为指针，这等同于 char*。调用函数的结果被保存到适当的类型——**c_double** 和 **c_longlong**。

由于使用了 libc crate，构建该程序无须额外的特殊考虑，可以像平常一样正常编译。

22.4 结构体

到目前为止，我们专注于基本类型（如整数、浮点数和字符串）的互操作性。然而，你需要经常对复合类型（如结构体）进行编组。例如，系统 API 通常需要结构体作为参数或返回值。

编组复合类型需要额外的考虑。内存对齐可能有所不同。此外，C 结构体的内存布局可能会受到用户定义的打包和内存边界的影响。而且，Rust 并不保证其结构体的内存布局。这些差异可能会让编组变成一场噩梦。解决方案是采用 C 语言模型来编组结构体。你可以应用 #[repr(C)] 属性到 Rust 结构体上，这将消除 C 与 Rust 结构体之间的内存布局差异。

代码清单 22.5 展示了一个例子。

代码清单 22.5　Rust 结构体与 C 内存布局

```
#[repr(C)]
pub struct astruct {
}
```

结构体将按其组成部分进行编组。只有这样，你才能确定正确的编组方法。代码清单 22.6 是一个典型的 C 结构体，其中组成部分是整数字段，每个字段都可以进行编组。

代码清单 22.6　C 风格的结构体

```
struct astruct {
        int field1;
        int field2;
        int field3;
};
```

在 Rust 中，结构体可以按照代码清单 22.7 所示进行编组。字段被赋予了适当的 FFI 类型。在本例中，组成部分完全描述了结构体的组成，这是必需的。

代码清单 22.7　Rust 结构体与 FFI

```
struct astruct {
    field1:c_int,
    field2:c_int,
    field3:c_int,
}
```

在代码清单 22.8 中，C 源代码中有一个结构体 Person，代表一个人，并且包含了表示他们的名字（first name）、姓氏（lastname）和年龄（age）的字段。此外，还有一个全局的 Person 实例，名为 gPerson。还有 get_person 和 set_person 函数来管理 gPerson。这些是典型的 getter 和 setter 函数。get_person 函数返回一个指向 gPerson 的指针，而 set_person 则用其输入参数替换 gPerson。

代码清单 22.8　C 源文件，用于管理 Person 类型

```
// person.c

#include <stdio.h>

struct Person {
    char *first;
    char *last;
    int age;
};

struct Person gPerson;

struct Person* get_person(){
    if(gPerson.last == 0) {
        gPerson=(struct Person) {"Bob", "Wilson", 23};
    }
return &gPerson;
};

void set_person(struct Person new_person) {
    gPerson=new_person;
}
```

我们想要在 Rust 中调用 get_person 和 set_person 函数。这需要编组 Person 结构体，如代码清单 22.9 中所示。char* 字段被编组为 64 位常量指针，它们是等效的。对于 age 字段，C 语言中的 int 被编组为 c_int。

代码清单 22.9　Rust 中的 Person 类型

```
#[repr(C)]
 pub struct Person{
    pub first:*const i8,    // C: char*
    pub last:*const i8,     // C: char*
    pub age: c_int,         // C: int
 }
```

代码清单 22.10 展示了 Rust 应用程序的剩余部分。

代码清单 22.10　使用 Person 类型的 Rust 应用程序

```
extern "C" {
    fn get_person()->*mut Person;
    fn set_person(new_person:Person);
}

fn main() {
```

```
let mut person;
let new_person;

unsafe {
    person=get_person();
    println!("{:?}", (*person).age);
    println!("{:?}", CStr::from_ptr((*person).first));
    println!("{:?}", CStr::from_ptr((*person).last));
}

let first=CString::new("Sally".to_string()).unwrap();
let pfirst=first.as_ptr();
let last=CString::new("Johnson".to_string()).unwrap();
let plast=last.as_ptr();

new_person=Person{
    first:pfirst,
    last:plast,
    age:12
};

unsafe {
    set_person(new_person);
    person=get_person();
    println!("{:?}", (*person).age);
    println!("{:?}", CStr::from_ptr((*person).first));
    println!("{:?}", CStr::from_ptr((*person).last));
}
}
```

以下是应用程序中各个部分的描述:

- extern "C" 块从 C 库中导入 get_person 和 set_person 函数。
- 在第一个 unsafe 的代码块中,获取并显示 gPerson 的默认值。我们调用 get_ person 来返回 *Person 类型的默认值。对指针进行解引用来访问 Person 字段, 使用 CStr::from_ptr 函数将 first 和 last 字段转换为字符串字面量。然后我 们可以在 println! 宏中显示这三个字段。
- 接下来,我们使用 set_person 函数更新 C 库中的 Person。为每个 Person 字段 创建单独的值,然后用这些值更新一个新的 Person。
- 在第二个 unsafe 代码块中,调用 set_person 来更新 gPerson。
- 最后,我们调用 get_person 函数来获取最近更新的值,并且展示 Person,如前所示。

22.5 bindgen

你可以花费大量的时间创建正确的 FFI 绑定,以便在 Rust 和 C 之间传输数据。当转换可能包含数十甚至数百个需要编组定义的头文件时，这个过程会更加烦琐。此外，如果处理不当，你可能会花费更多时间来调试编译错误和运行时 panic。幸运的是，bindgen（绑定生成）工具可以为你自动化这个过程。

bindgen 为 C 定义创建正确的 FFI 绑定，使你免于自己手工创建映射的烦琐工作。bindgen 可以读取 C 头文件并为其自动生成包含所有相应 Rust 绑定的源文件。这对于 libc 未包含的 C 标准库部分特别有用。

Bindgen 可以从 crates.io 下载。你也可以直接使用 `cargo` 安装 `bindgen`。以下是安装命令：

```
cargo add bindgen
```

下一个示例是将当前日期和时间作为字符串显示。我们将使用 C 标准库的一部分——time.h。以下的 bindgen 命令读取 time.h 头文件，并生成适当的 FFI 绑定，该绑定被保存到 time.rs：

```
bindgen time.h > time.rs
```

在 time.rs 文件中有许多映射。如代码清单 22.11 中 `tm` 结构体所示。

代码清单 22.11　来自 time.h 头文件的 `tm` 结构体

```
#[repr(C)]
#[derive(Debug, Copy, Clone)]
pub struct tm {
    pub tm_sec: ::std::os::raw::c_int,
    pub tm_min: ::std::os::raw::c_int,
    pub tm_hour: ::std::os::raw::c_int,
    pub tm_mday: ::std::os::raw::c_int,
    pub tm_mon: ::std::os::raw::c_int,
    pub tm_year: ::std::os::raw::c_int,
    pub tm_wday: ::std::os::raw::c_int,
    pub tm_yday: ::std::os::raw::c_int,
    pub tm_isdst: ::std::os::raw::c_int,
}
```

在代码清单 22.12 中，应用程序依赖以下从 time.h 中导入的函数和类型：

- `time64` 函数返回自 1970 年 1 月 1 日午夜以来的秒数（UTC/GMT）。
- `_localtime64` 函数将本地时间（作为 `const __time64_t`）转换为 `tm` 结构体。
- `asctime` 函数将时间（`tm`）转换为字符串。

代码清单 22.12　使用 C 标准库中的 time.h 的 Rust 代码

```
mod time;
use time::*;
use std::ffi::CStr;

fn main() {
```

```
let mut rawtime:i64=0;
let mut pTime:* mut __time64_t=&mut rawtime;

unsafe {
  let tm=_time64(pTime);
  let ptm=&tm as *const __time64_t;
  let tm2=_localtime64(ptm);
  let result=asctime(tm2);
  let c_str=CStr::from_ptr(result);
  println!("{:#?}", c_str.to_str().unwrap());
}
}
```

22.6　C 调用 Rust 函数

到目前为止，我们主要专注于 Rust 程序通过 C ABI 调用外部函数。你可能希望反向操作，从外部程序调用 Rust 函数。在这种情况下，大部分编组的语义保持不变，包括使用 FFI。

为了互操作性，我们在要导出的 Rust 函数前加上 extern 关键字。

Rust 为其函数的名称进行混淆，以赋予它们独一无二的身份。混淆后的名称结合了 crate 名称、哈希值、函数本身的名称以及其他因素。这意味着其他语言（不知道这个方案）将无法识别 Rust 函数的内部名称。因此，我们通过使用 no_mangle 属性禁用导出函数的名称混淆，使函数名称保持透明。

代码清单 22.13 是一个 Rust 函数的示例，display_rust 函数可以从其他语言调用。注意函数上方的 no_mangle 属性和 extern 关键字。

代码清单 22.13　导出的 Rust 函数

```
#[no_mangle]
pub extern fn display_rust() {
    println!("Greetings from Rust");
}
```

为了与其他语言互操作，你必须为 Rust 应用程序构建一个静态或动态库。其他语言可以通过该库访问其导出函数。将 lib 部分添加到 cargo.toml 文件中，为 crate 创建一个库。将 crate-type 字段设置为 staticlib，表示将创建一个静态库。将 crate-type 字段设置为 cdylib，则将创建一个动态库。默认将以包名为库名。如果需要，你可以使用 name 字段显式设置库名。

这是一个 cargo.toml 文件的片段，它要求 Rust 程序同时支持静态库和动态库：

```
[lib]
name = "greeting"
crate-type = ["staticlib", "cdylib"]
```

要从 C 语言调用 Rust 函数，你应该创建一个包含函数定义（C 语言）的头文件。如果有函数参数和返回值，这也将决定需要进行的数据编组。以下是包含前面示例中的 `display_rust` 函数的头文件：

```
// sample.h
void display_rust();
```

在包含了头文件之后，你现在可以像调用普通函数一样调用导出函数，如代码清单 22.14 所示。

代码清单 22.14　C 程序调用 Rust 函数

```
// sample.c
#include "hello.h"

int main (void) {
    display_rust();
}
```

在构建 C 程序时，你必须包含 C 源文件并链接到为 Rust 程序创建的库。在以下的 `clang` 命令行中，则是 `greeting.dll.lib`：

```
clang sample.c greeting.dll.lib -o sample.exe
```

这行命令执行将产生一个 C 可执行文件，`sample.exe`。

22.7　cbindgen

我们之前学习了 bindgen 工具，我们用它来创建 FFI 绑定以进行编组 Rust 和 C ABI 之间的数据。cbindgen 工具在功能上与 bindgen 正好相反。cbindgen 工具从包含必要定义以实现互操作性的 Rust 源文件来创建 C 头文件，以便替代你自己手工创建 C 头文件。cbindgen 也可以在 crates.io 中找到。

你可以将 cbindgen 与 build.rs 结合使用来自动化该过程。如代码清单 22.15 所示，`max3` 是一个 Rust 函数，它返回在三个整数中找出的最大值。我们想在 C++ 中调用这个函数。

代码清单 22.15　要导出的 Rust 函数

```
#[no_mangle]
pub extern fn max3(first: i64, second: i64,
        third: i64) -> i64 {
    let value= if first > second {
        first
    } else {
        second
```

```
    };

    if value > third {
        return value;
    }

    third
}
```

在 cargo.toml 文件中，我们将 cbindgen 添加为构建依赖项。它将会被 build.rs 在构建过程中使用。我们还要求一并生成静态库和动态库。代码清单 22.16 是最终的 cargo.toml 文件。

代码清单 22.16　带有 cbindgen 依赖的 cargo.toml 文件

```
[dependencies]

[build-dependencies]
cbindgen = "0.24.0"

[lib]
name = "example"
crate-type = ["staticlib", "cdylib"]
```

接下来，在构建文件中调用 cbindgen 工具以创建适当的 C 头文件。每当 Rust 源文件更新时，C 头文件会随着构建过程自动更新。代码清单 22.17 是使用 cbindgen 的 build.rs 文件。我们首先创建一个新的构建器，然后是一些链式命令。最重要的是，`Builder` 生成了适当的绑定，这些绑定通过 `write_to_file` 函数写入 `max3.h` 头文件中。

代码清单 22.17　使用 cbindgen 的构建文件

```
extern crate cbindgen;

fn main() {
    cbindgen::Builder::new()
    .with_crate(".")
    .generate()
    .expect("Unable to generate bindings")
    .write_to_file("max3.h");
}
```

代码清单 22.18 展示了 `max3.h` 头文件的内容。它包含了 `max3` 函数的定义，这是从 Rust 示例中导出的唯一函数。我们不需要自己创建适当的定义，cbindgen 为我们完成了这项任务。这对于从 Rust 导出多个项时非常有帮助，如下所示。

代码清单 22.18　使用 cbindgen 工具创建的 `max3.h` 头文件

```
// max3.h
#include <cstdarg>
```

```
#include <cstdint>
#include <cstdlib>
#include <ostream>
#include <new>

extern "C" {

int64_t max3(int64_t first, int64_t second, int64_t third);

}
```

代码清单 22.19 展示了一个调用 **max3** 函数的 C++ 应用程序。为此，它包含了 cbindgen 生成的头文件。

代码清单 22.19 调用 max3 函数的 C++ 程序

```
//  myapp.cpp
#include <stdio.h>
        #include "max3.h"

        int main() {
          long answer=max3(10, 5, 7);
          printf("Max value is: %ld", answer);
          return 0;
        }
```

以下命令将编译 C++ 程序并链接到 Rust 库：

```
clang myapp.cpp example.dll.lib -o myapp.exe
```

需要注意的是，我们与 C++ 应用程序进行互操作其实并没有想象中的轻松，因为 C++ 没有稳定的 ABI，在通常情况下，Rust 与 C++ 安全交互需要通过 C ABI 完成。

22.8 总结

互操作性在扩展 Rust 应用程序可用能力方面非常重要！因为目前 crates.io 中并未包含生态所需的全部功能，现阶段你必然要和其他语言编写的库交互。

互操作性是一个广泛的话题。在本章中，我们专注于 C ABI，这是最普遍的编程接口。然而，通过 C ABI，Rust 可以与多种语言交互。

导入到 Rust 中的外部函数必须位于 **extern "C"** 块中。因为 Rust 无法确保来自另一种语言的函数的安全性，你必须将对这些函数的任何引用放在一个 unsafe 块中。对于从 Rust 导出的函数，你应该在函数前加上 **no_mangle** 属性和 **extern** 关键字。

在互操作性方面的一个主要考虑因素是在 Rust 和外部语言之间正确地交换数据。Rust FFI 模块提供了必要的互操作类型，以成功地在不一致的语言之间传递数据。

尽管 FFI 很有帮助，但是正确编组仍然取决于你做出正确的决策。bindgen 工具有助于自动选择正确的 FFI 绑定。该工具使用 C 头文件并生成相关的 FFI 绑定，保存在 Rust 源文件中。

cbindgen 是 bindgen 工具的反向工具。它从 Rust 源代码创建 C 头文件。然后可以在 C/C++ 程序中包含该头文件以调用 Rust 函数。

构建与 C 对接的 Rust crate 可能需要额外的步骤和复杂的命令行任务。在 cc crate 中，你会发现有助于自动化构建过程的功能。

Chapter 23 第 23 章

模　　块

模块能让开发者更好地管理代码。可以按层级或者根据具体情况来组织代码。如果不用模块，就得把整个程序都放在一个源文件里，这就是所谓的单体式开发。如果程序有成百上千行代码，这种做法就会变得很麻烦。在这种比较大的单体程序中，找东西和维护都是非常困难的。为了避免这些问题，可以把程序拆分成多个模块。

从本质上讲，模块用于组织相关的程序元素，这些元素可以是结构体、枚举、函数和全局变量等。但是模块可以为空，不包含任何元素。模块的命名最好反映其语义上下文。举例来说，一个名为"calculus"的模块可能封装与微积分领域相关的算法实现和常量定义。同理，一个"solar system"模块可能包含关于太阳系八大行星相关的信息，当然还有冥王星（这说来话长）。

Rust 本身就大量使用模块，把各种语言功能分门别类，让大家更容易理解。在本书里，我们已经提到过不少模块了。以下是到目前为止提到的一些常见模块：

- `std::string` 模块包含与字符串相关的项，包括常用的字符串类型。
- `std::fmt` 模块为 `format!` 宏提供支持。
- `std::io` 模块将与输入 / 输出相关的项进行分组，例如 Stdout（标准输出）、Stdin（标准输入）和 StdErr（标准错误）类型。

在上面的列表中，模块的名称反映了其内容的上下文。例如，`std::io` 模块具有输入 / 输出上下文。Rust 还可以使用模块构建逻辑层次结构，例如 `std::os::linux::net` 模块路径。模块路径中的模块使用 `::` 作为分隔符。例如，`std` 是包含 os 模块的 crate。其他两个模块是子模块，如图 23.1 所示，这是一个模块树。net 模块的上下文结合了其祖先模块的上下文，即操作系统和 Linux 网络。因此，net 模块包括 **TcpStreamExt** 和

SocketAddrExt 类型的 Linux 特定实现。

当谈到模块时，许多开发者会不可避免地将其与其他语言中的命名空间进行比较，包括 C++、Java 和 Python，这些语言的命名空间与模块有一些相似之处。然而，模块还有其他功能（例如模块文件），所以直接比较不是很有帮助。

模块可分为两种类型：模块项和模块文件。模块项是包含在单个源文件内部的模块定义，而模块文件则是以独立文件形式存在的模块。

由于存在两种模块模式——新模式和遗留模式，因此模块的讨论变得更加复杂。新模式是在 Rust 1.30 中引入的。两种模式都仍然被支持且使用广泛，更让人容易混淆。因此，本章将介绍两种模式，先从当前的新模式开始介绍。

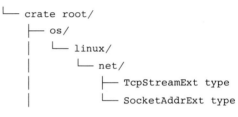

图 23.1　net 模块的模块层次结构

23.1　模块项

模块使用 mod 关键字声明。你可以在源文件中声明一个模块项。以下是语法：

```
mod name {
    /*    模块内容 … */
}
```

在花括号内，你添加模块中包含的项，例如结构体和其他项。为了在模块外部可见，请在项前加上 pub 关键字。在默认情况下，项是私有可见的。私有项在模块外部是无法访问的。以下是引用模块外部公共项的语法：

```
module::item_name
```

在代码清单 23.1 中，该程序以英语和澳大利亚语显示问候语。因此，我们定义了两个 hello 函数。第一个函数位于根模块，这是默认模块。它也是隐式模块。另一个 hello 函数定义在 australian 模块中。在 main 中，我们调用默认的 hello 函数和在 australian 模块中的 hello 函数。

代码清单 23.1　包含 hello 和 australian::hello 函数的应用程序

```
fn hello() {
    println!("Hello, world!");
}

mod australian {

    pub fn hello(){
        println!("G'day, world!");
    }
}
```

```
fn main() {
    hello();
    australian::hello();
}
```

此程序的模块树如图 23.2 所示。

注意前面 australian 模块中 hello 函数的 pub 前缀，它会使函数在模块外部可见，这样我们才可以在 main 中调用该函数。

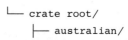

```
└── crate root/
    ├── australian/
```

图 23.2 australian 模块的模块树

避免名称冲突是模块的一个主要好处。hello 函数同时出现在 root 模块和 australian 模块中。这些模块解决了 hello 函数的名称冲突问题。hello 函数和 australian::hello 函数不存在任何歧义。对于有适量源代码的应用程序，模块有助于防止名称冲突。

模块与结构体、枚举以及其他类型共享相同的命名空间。因此，在相同的作用域内，你不能让类型和模块使用相同的名称。代码清单 23.2 展示了这一点可能的问题。

代码清单 23.2 模块和结构体有相同的名称

```
mod example {

}

struct example {

}

fn main(){

}
```

在应用程序中，模块和结构体都命名为 example。因为它们处于相同的作用域，这将产生如下所示的编译错误：

```
  |
1 | mod example {
  | ----------- previous definition of the module `example` here
...
5 | struct example {
  | ^^^^^^^^^^^^^^ `example` redefined here
  |
  = note: `example` must be defined only once in the
          type namespace of this module
```

可以在模块中声明模块。嵌套的模块称为子模块。通过这种方式，可以在程序中创建逻辑层次结构。子模块的深度没有限制。在访问某项时，你必须以完整的模块路径作为前缀。假设 addition 函数出现在 algebra 模块中，而该模块在 math 模块中声明。以下是调用该函数的语法：

```
math::algebra::addition(5, 10);
```

在代码清单 23.3 中，我们使用模块对太阳系进行建模。太阳系是一个模块，其中包含的每个行星各为一个子模块。每个行星的模块都有 get_name 函数，用于返回行星名称。每个行星模块中的 constants 子模块包含与该行星相关的各种常量。注意，这些子模块使用 pub 关键字声明为公共可见。所以，子模块在父模块之外可见。我们在 main 中显示地球（Earth）的信息。

代码清单 23.3　模拟太阳系的模块

```
mod solar_system {
    pub mod earth {

        pub fn get_name()->&'static str {
            "Earth"
        }

        pub mod constants {
            pub static DISTANCE:i64=93_000_000;
            pub static CIRCUMFERENCE:I32=24_901;
        }
    }

    /* 另外八个行星 */
}

fn main() {
    println!("{}",
        solar_system::earth::get_name());
    println!("Distance from Sun {}",
        solar_system::earth::constants::DISTANCE);
}
```

图 23.3 显示了代码清单 23.3 的模块树。

封装是模块的另一个特性。在一个模块中，你可以为用户定义一个公共接口，同时隐藏其他细节。使用 pub 关键字定义的公共项构成公共接口。其他所有内容都是隐藏的。这允许开发者在应用程序中更好地建模现实世界的实体，从而得到更易维护、扩展和预测的应用程序。

接下来，我们将对汽车进行建模。在汽车模块中，car 结构体实现了公共和私有接口，如代码清单 23.4 所示。公共接口包括点火器（ignition）和油门踏板

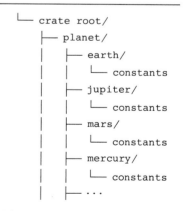

```
└─ crate root/
   ├─ planet/
   │  ├─ earth/
   │  │  └─ constants
   │  ├─ jupiter/
   │  │  └─ constants
   │  ├─ mars/
   │  │  └─ constants
   │  ├─ mercury/
   │  │  └─ constants
   │  ├─ ···
```

图 23.3　太阳系应用程序的模块树

（gas_pedal）。这开放了任何驾驶员都可以轻松使用的功能。所有其他功能，如发动机（engine）、交流发电机（alternator）和节气门（throttle），涉及车辆的内部工作，都保持私有。

在 main 中，我们首先创建一个 Car 的实例，然后调用各种公共函数。然而，调用私有函数 throttle 将会导致编译器错误。没有 pub 关键字，它只允许在 Car 模块内部访问。

代码清单 23.4　用于模拟一辆汽车的模块

```rust
mod car {

    pub struct Car {}

    impl Car {
        pub fn ignition(&self) {  // 公共
            self.engine();
        }

        pub fn gas_pedal(&self) {  // 公共
            self.throttle();
        }

        fn engine(&self) {  // 私有
            self.alternator();
            println!("engine started");
        }

        fn alternator(&self) {  // 私有
            println!("alternator started");
        }

        fn throttle(&self){  // 私有
            println!("throttle open...");
        }
    }
}

fn main() {
    let mycar=car::Car{};
    mycar.ignition();
    mycar.gas_pedal();
    mycar.throttle();  // 不工作
}
```

23.1.1　模块文件

模块文件包括整个文件。这与模块项不同，模块项使用大括号来定义模块的范围。对于模块文件来说，文件本身定义了模块的范围，因此不需要使用大括号。用 mod 关键字和名称定义一个模块文件。这个示例的模块文件将是一个名为 mymod.rs 的文件。

```
mod mymod;    // mymod.rs
```

无论是模块文件还是模块项，模块的逻辑路径不会改变。你仍然需要使用 :: 来分隔模块路径中的模块。

代码清单 23.5 展示了一个模块文件。在 main.rs 中，mod hello 语句声明了一个模块文件 hello.rs。因此，这个代码列表包含两个文件：main.rs 和 hello.rs。在 main 函数中，我们调用 hello 模块中的 hello 函数。

代码清单 23.5　使用 hello.rs 作为模块文件

```
// main.rs
mod hello;

fn main() {
    hello::hello();
}
// hello.rs
pub fn hello(){
    println!("Hello, world!");
}
```

在前面的例子中，main.rs 和 hello.rs 位于同一目录中。然而，你可能希望为模块文件创建子目录，以保持物理和逻辑层次结构。使用 mod 关键字，你可以在模块文件内部声明子模块文件。子模块文件根据模块名称（即 module.rs）放置在子目录中。

我们通过一个示例来更好地展示这一点。我们将创建一个用各种语言显示"Hello, world!"的程序，包括英语、法语、韩语和印地语。该程序定义了一个模块树，如图 23.4 所示。

图 23.4　带有子模块的模块树

代码清单 23.6 展示了应用程序。在 main.rs 中，我们将 greeting 声明为一个模块文件 greeting.rs。main.rs 和 greeting.rs 都位于同一目录中。在 main 函数中，使用模块路径调用各种 hello 函数，如模块树中描述的那样。

代码清单 23.6　访问各语言子模块

```
// main.rs

mod greeting;

fn main() {
    greeting::english::hello();
```

```
    greeting::french::bonjour();
    greeting::hindi::नमस्ते();
    greeting::korean::안녕하세요();
}
```

    greeting.rs 中声明了每种语言的子模块，如代码清单 23.7 所示。每个子模块都将创建一个外部文件，如 english.rs、french.rs 等。因为父模块是 greeting，所以外部文件放在 greeting 子目录中。

代码清单 23.7　在 greeting 子目录中定义子模块

```
// greeting.rs

pub mod english;
pub mod french;
pub mod korean;
pub mod hindi;

pub fn hello(){
    println!("Hello, world!");
}
```

    在 greeting 子目录中，你会找到每个子模块的文件。各个文件如代码清单 23.8 所示。

代码清单 23.8　greeting 子目录中的子模块

```
// english.rs

pub fn hello(){
    println!("Hello, world");
}


// french.rs

pub fn bonjour(){
    println!("Bonjour le monde!");
}

// hindi.rs

pub fn नमस्ते(){
    println!("हैलो वर्ल्ड!");
}

// korean.rs

pub fn 안녕하세요(){
    println!("안녕, 세계!");
}
```

23.1.2　path 属性

使用 path 属性，可以通过显式设置模块的物理位置来覆盖默认设置。可以直接将 path 属性应用于模块。该属性指定了模块的文件名，包括目录路径和模块的位置。在代码清单 23.9 中，path 属性将 cooler.rs 文件作为 abc 模块使用。在 main 函数中，以 abc 模块为路径名则可调用定义在 cooler.rs 文件中的 funca 函数。

代码清单 23.9　使用 path 属性

```
#[path =".\\cool\\cooler.rs"]
mod abc;

fn main() {
    abc::funca();
}

// cooler.rs ".\cool\cooler.rs"

pub fn funca(){
    println!("Doing something!")
}
```

23.2　函数和模块

也可以在函数内声明模块，其原理是相同的。模块可用于在函数内对项进行分组、创建层次结构、消除歧义等。

在函数中定义的模块与函数的可见性相同。因此，无法在函数外访问模块或其项。函数内定义的模块中的项必须是公共可见的，才能在模块内访问，但只限于在函数内访问。

在模块中声明的变量必须是静态的或常量的。

在下一个例子中，funca 包含两个模块，如代码清单 23.10 所示。这些模块消除了 do_something 函数的歧义。根据函数参数调用正确的 do_something 函数。

代码清单 23.10　在 funca 函数内实现模块

```
fn funca(input:bool) {

    if input {
        mod1::do_something();
    } else {
        mod2::do_something();
    }

    mod mod1 {
        pub fn do_something(){
            println!("in mod1");
```

```
        }
    }
    mod mod2 {
        pub fn do_something(){
            println!("in mod1");
        }
    }

}
```

23.3   crate、super 和 self 关键字

可以在模块路径中使用 crate、super 和 self 关键字。以下是每个关键字的解释：

- crate 关键字用于从 crate 根模块进行导航。在任何模块内部，这都是一个绝对路径，将始终导航到同一个模块节点。
- super 关键字从父模块开始导航。这是一条相对路径，相对于模块树中子模块的位置。这通常比使用带有 crate 关键字的绝对路径更可靠。
- self 关键字指的是当前模块。

俗话说，"条条道路通罗马"。使用导航关键字，也是这样，通常有多条路径通向相同的模块。选择什么路径有时是主观的，两个最常见的选择标准是简洁性和复杂性。这意味着选择到模块的最短或最简单的路径。此外，相对路径比绝对路径更受欢迎。

下一个示例演示了使用 crate、super 或 self 关键字进行导航。图 23.5 显示了这里创建的模块树。

在代码清单 23.11 中，我们创建了一个模块层次结构。在funca 中，这三个关键字被用来导航模块树。

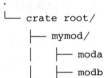

图 23.5   应用程序的模块树

代码清单 23.11   包含 crate、super 和 self 关键字的示例

```
mod mymod {
    pub mod moda {
        pub fn funca(){
            crate::mymod::modb::funcb();
            super::modb::funcb();
            self::funcc();
        }

        pub fn funcc(){println!("moda::funcc")}
    }

    pub mod modb {
        pub fn funcb(){println!("modb::funcb")}
    }
}
```

让我们回顾一下这个例子中呈现的模块路径：

- 模块路径 crate::mymod::modb 从根模块开始导航。从那里，我们导航到 mymod 和 modb，可以找到 funcb 函数。
- 对于 super::modb 模块路径，super 关键字指的是父级，即 mymod。从 mymod，我们可以继续前往 modb 并调用 funcb。
- Self 路径指的是当前模块，即模块 moda。然后你可以调用 funcc。

23.4 遗留模式

如前所述，Rust 1.30 引入了模块的新模式。然而，遗留模式仍然可用且正在被一些开发者使用。此外，还有很多遵循这个模式的旧 Rust 代码。因此，熟悉遗留模式是有帮助的。正如本章前面部分所示，使用遗留模式和新模式创建的模块没有区别。

两种模式之间的主要区别涉及模块文件和 mod.rs 文件。对于遗留模式，创建模块文件的步骤如下：

1. 在模块中声明一个子模块，如 mod name（模块名称）。

2. 使用该模块名称创建一个子目录。

3. 在子目录中，放置一个 mod.rs 文件。

4. 在 mod.rs 中，使用 mod 关键字命名所有额外的子模块。

5. 在模块子目录中，为之前命名的每个子模块创建同名的模块文件。应该称为 submodule.rs.

在下一个例子中，我们将重复一个类似于 greeting 的例子，其中 hello 以各种语言显示。图 23.6 展示了应用程序的模块树。在 all 模块中，hello_all 函数显示每种语言的问候语。每个语言模块，如 english，以该语言显示"Hello, world!"。

在 main.rs 中，我们声明了 hello 模块，如代码清单 23.12 所示。此外，我们调用 hello_all 函数以显示各种语言中的 hello。

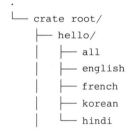

```
└── crate root/
    ├── hello/
    │   ├── all
    │   ├── english
    │   ├── french
    │   ├── korean
    │   └── hindi
```

图 23.6 每种语言都有一个子模块的模块树

代码清单 23.12 调用位于子模块中的 hello_all 函数

```
// main.rs

mod hello;

fn main(){
    hello::all::hello_all();
}
```

在代码清单 23.13 中，我们为在 main.rs 中声明的子模块创建了 hello 子目录。mod.rs 的存在表明该目录包含模块文件。以我们的例子来说，我们列出了每种语言的模块。

代码清单 23.13　在 main.rs 中，声明 hello 模块

```
// mod.rs - crate::hello

pub mod english;
pub mod french;
pub mod korean;
pub mod hindi;
pub mod all;
```

代码清单 23.14 显示了每个语言子模块的模块文件。每个都包含一个用于显示该语言问候语的函数。

代码清单 23.14　列出每个语言子模块的各个模块文件

```
// all.rs - crate::hello::all

pub fn hello_all(){
    super::english::hello();
    super::french::bonjour();
    super::korean::안녕하세요();
    super::hindi::नमस्ते();
}


// english.rs - crate::hello::englsh
pub fn hello(){
    println!("Hello, world!");
}


// french.rs - crate::hello::french
pub fn bonjour(){
    println!("Bonjour le monde!");
}

// hindi.rs - crate::hello::hindi
pub fn नमस्ते(){
    println!("हैलो वर्ल्ड");
}


// korean.rs - crate::hello::korean
pub fn 안녕하세요(){
    println!("안녕, 세계!");
}
```

23.5　总结

模块帮助开发者更好地组织应用程序。与其创建单体应用程序，不如使用模块创建层次结构并将相关项分组在一起。使用 mod 关键字声明模块，然后可以使用 module::item 语法访问模块中的公共项。

模块有几个好处：

- 分层组织。
- 避免名称冲突。
- 创建公共接口。
- 对内部项进行分组。

模块有两种类型。模块项包含在源文件中，并使用大括号定义范围。甚至可以在函数内包含模块项定义。模块文件是将整个文件作为一个模块。

模块有两种模式，新模式和遗留模式。这两种模式创建的模块之间没有区别。它们的主要区别是 mod.rs 文件。新模式不使用 mod.rs 文件。

子模块是嵌套模块，可以有多个层级的模块。在描述子模块的路径时，需要用 :: 操作符来分隔路径中的每个模块。

模块路径可以用 crate、super 和 self 关键字作为前缀。crate 关键字创建一条从 crate 根模块开始的固定路径。super 关键字相对于父模块开始模块路径。self 关键字指的是当前模块。